·中国科学技术协会 主编·

中国力学学科史

中国力学学会　编著

中国科学技术出版社
·北 京·

图书在版编目(CIP)数据

中国力学学科史/中国科学技术协会主编;中国力学学会编著 . —北京:
中国科学技术出版社,2012.4
(中国学科史研究报告系列)
ISBN 978 - 7 - 5046 - 6045 - 9

Ⅰ.①中…　Ⅱ.①中…　②中…　Ⅲ.①力学-物理学史-中国
Ⅳ.①03-092

中国版本图书馆 CIP 数据核字(2012)第 042631 号

选题策划	许　英
责任编辑	夏凤金
封面设计	照　心
责任校对	林　华
责任印制	王　沛

出　版	中国科学技术出版社
发　行	科学普及出版社发行部
地　址	北京市海淀区中关村南大街 16 号
邮　编	100081
发行电话	010－62173865
传　真	010－62179148
网　址	http://www.cspbooks.com.cn

开　本	787mm×1092mm　1/16
字　数	350 千字
印　张	15.75
印　数	1—2500 册
版　次	2012 年 4 月第 1 版
印　次	2012 年 4 月第 1 次印刷
印　刷	北京华联印刷有限公司

| 书　号 | ISBN 978 - 7 - 5046 - 6045 - 9/O・157 |
| 定　价 | 63.00 元 |

序

　　学科史研究是科学技术史研究的一个重要领域,研读学科史会让我们对科学技术发展的认识更加深入。著名的科学史家乔治·萨顿曾经说过,科学技术史研究兼有科学与人文相互交叉、相互渗透的性质,可以在科学与人文之间起到重要的桥梁作用。尽管学科史研究有别于科学研究,但它对科学研究的裨益却是显而易见的。

　　通过学科史研究,不仅可以全面了解自然科学学科发展的历史进程,增强对学科的性质、历史定位、社会文化价值以及作用模式的认识,了解其发展规律或趋势,而且对于科技工作者开拓科研视野、增强创新能力、把握学科发展趋势、建设创新文化,都有着十分重要的意义。同时,也将为从整体上拓展我国学科史研究的格局,进一步建立健全我国的现代科学技术制度,提供全方位的历史参考依据。

　　中国科协于2008年起启动了学科史研究试点,开展了中国地质学学科史研究、中国通信学科史研究、中国中西医结合学科史研究、中国化学学科史研究、中国力学学科史研究和中国地球物理学学科史研究6个研究课题,分别由中国地质学会、中国通信学会、中国中西医结合学会与中华医学会、中国科学技术史学会、中国力学学会和中国地球物理学会承担。4年来,圆满完成了《中国地质学学科史》、《中国通信学科史》、《中国中西医结合学科史》、《中国化学学科史》、《中国力学学科史》和《中国地球物理学学科史》6卷学科史的编撰工作。

　　上述学科史以考察本学科的确立和知识的发展进步为重点,同时研究本学科的发生、发展、变化及社会文化作用,与其他学科之间的关系,现代学科制度在社会、文化背景中发生、发展的过程。研究报告集中了有关史学家以及相关学科的一线专家学者的智慧,有较高的权威性和史料性,有助于科技工作者、有关决策部门领导和社会公众了解、把握这些学科的发展历史、演变过程、进展趋势以及成败得失。

研究科学史,学术团体具有很大的优势,这也是增强学会实力的重要方面。为此,我由衷地希望中国科协及其所属全国学会坚持不懈地开展学科史研究,持之以恒地出版学科史,充分发挥中国科协和全国学会在增强自主创新能力中的独特作用。

前　言

力学是一门研究力、运动及其关系,研究物质宏观力学行为的学科。由于它是人类进化和生产活动中最基本的运动形式,因此,它和数学、天文学一起,成为人类最早积累的经验和知识。早在公元前 4 世纪至前 3 世纪,阿基米德建立静力学。到了 17 世纪,牛顿在伽利略力学实验和开普勒总结的行星运动规律基础上,提出了三大运动定律和万有引力定律,创立了经典力学,这是最早通过观测、计算和推演得到自然界的普遍规律,是自然科学的先导。随着两次工业革命,机械、结构、土木、水利等众多的工程技术得到发展,到 20 世纪,近代力学成为航空、航天工程的基石。20 世纪下半叶人类进入信息社会,现代力学以宏微观结合和学科交叉为特征,依靠先进计算和测试技术获得新的生命力,它仍然是认识自然和生命现象,解决各种工程问题不可或缺的学科领域,展示了广阔的发展前景。

为了深入了解和分析力学学科发展的历程,中国力学学会根据中国科学技术协会的规划,组织了《中国力学学科史》编研组,开展了力学学科史的研究工作。科学史的创始人萨顿曾说过:"科学史是自然科学与人文学科之间的桥梁,它能够帮助学生获得自然科学的整体形象、人性的形象,从而全面地理解科学、理解科学与人文的关系。"力学学科史作为整个科学史的组成部分也是如此。因此,编研组一方面积累与力学发展有关的史料,另一方面就隐含在这些史料之中起支配作用的人文社会因素的影响进行分析和研讨。众所周知,中国是历史悠久的文明古国,文化遗产和四大发明充分体现了中国劳动者很早具有丰富的力学知识,曾几何时是世界上的先进科技国家。由于闭关自锁政策丧失了时机,转瞬间中国的科学技术又大大落后于西方。一个半世纪以来,经过多少仁人志士艰苦奋斗,中国最终跨入了世界经济与科技大国的行列。因此,编写《中国力学学科史》不仅是保存这一段珍贵的学科发展历史资料的需要,也是为了通过思考,进一步梳理和探索力学学科发展的脉络和道路,使这门经典而又现代的学科能在我国建设现代化创新型工业国家的进程中发挥其应有的作用。

编研组在编写过程中,突出学会特点,体现学科特色,注意处理好学科史和科学史、中国史和世界史、古代史和近代史以及学术研究和史料积累的关系,侧重学科史,侧重中国史,侧重现代史,侧重学术研究史。全书分为五编十章:第一编,世界力学简史是中国力学学科发展的大背景,包括:古代人类力学知识的积累、17—19 世纪经典力学学科的形成、19—20 世纪初理论和应用力学的进展三章，由余寿文、邓学鉴编写；第二编，中国力学学科的孕育是中国力学从发生、停滞到再起步的阶段，包括中国古代力学知识的积累、明清时期西方力学的传入、20世纪上半叶的中国力学三章，由武际可、金和编写；第三编，20世纪下半叶中国力学学科的发展。该编描述了我国力学从奠定基础到全面发展的历程，包括20世纪50—70年代中国近代力学学科的形成、20世纪80—90年代中国力学学科的全面发展两章，由李家春、方岱宁编写；第四编和第五编分别是有关力学教育和学术共同体的章节，探讨人文环境、学科制度对于力学学科发展的影响，分别由朱克勤、汤亚南和刘洋编写。全书正文、世界和中国力学大事年表分别由李家春、武际可、金和统稿，刘洋负责全书文字加工工作。

在《中国力学学科史》的编写过程中，我们得到了力学界同行和专家的热情支持和大力帮助。中国力学学会所属的"中国力学学会力学史与方法论专业委员会"和《力学与实践》编辑委员会有一批专家长期从事力学史的研究。中国力学学会的学科史专家胡海岩、刘人怀、吴承康、郭尚平、戴念祖、贾书惠、梅凤翔、张双寅、王克仁、隋允康、蒋持平等对本书的讨论稿提出了宝贵的意见。朱照宣、李毓昌、郭尚平、梅凤翔、隋允康为本书提供了大事年表和学科规划等的有关文字和段落。谭文长、尹协远、尹协振、林建忠、黄志龙、王振东、梅凤翔、刘延柱、刘桦、周又和、刘沛清对力学教育的编写给予了大力支持，并提供了资料。当然，如果没有中国科学技术协会的指导和支持，要在短时间内完成这项工作也是不可能的。《中国力学学科史》编研组谨向他们表示衷心的感谢。

这是我们第一次编写《中国力学学科史》，经验不足，为了抛砖引玉，期望本书能为今后开展研讨或编写同类书籍提供有益的参考。由于编写时间仓促，不当之处，敬请广大读者批评指正。

《中国力学学科史》编研组
2012年2月于北京

目　录

绪　论

在人类进化、社会发展和文明进步的历史长河中,始终伴随着力学发展的踪迹。力学的经验和知识是人们通过观察外部世界现象和生产实践中逐步积累起来的。在此基础上,通过科学实验、逻辑推断与理性思维,总结成科学的原理和定量的规律,这是力学学科发展的基本模式,世界的和中国的力学学科发展历程都是如此。

《中国力学学科史》一书,在世界力学学科发展的大背景下,概括了中国力学学科的发展历程,分析了生产方式、人文环境、学科制度对力学学科发展的影响,总结了力学学科发展的内在规律。最后,本书展望了在21世纪我国建设现代化强国过程中力学学科面临的机遇和挑战。力学学科史的研究表明,现代力学不仅是一门重要的基础学科,而且由于应用了现代的超级计算机和先进的测试技术,凸显了宏微观结合和学科交叉的特征,它将在航空航天、近岸海洋、能源环境、材料信息和生物医学工程等众多领域中得到广泛应用,并仍将发挥不可或缺的重要作用。

《中国力学学科史》由五编十章构成,分别涉及世界力学史、中国古代力学史、中国近代力学史、力学教育和学术共同体等诸多方面。全书按照如下的思路和线索展开。

一、梳理学科发展的主要脉络

由于对狩猎采集和农耕畜牧的需要,从先人利用和制造工具开始,到古人构筑居所、墓寝、舟船、桥梁、水利设施、制作乐器等,逐渐积累了力学的知识,并在古希腊出现了阿基米德的静力学。17世纪,人类冲破中世纪宗教神学羁绊、确立了日心说以后,在前人天文观测和科学实验的基础上,创立了牛顿力学体系,使力学成为自然科学的先导,这是力学学科发展的重要里程碑。商贸的发展促进了欧洲工业革命,生产方式的变革催生了刚体力学、分析力学、连续介质力学的建立,经典力学日臻成熟。19-20世纪初,受到美国工业突飞猛进的刺激,出现了哥廷根应用力学学派,欧洲、俄罗斯的理论力学研究亦同步发展,世界进入了与航空工程紧密结合的近代力学发展阶段。

中国是历史悠久的文明古国,反映我国劳动者智慧的发明创造众多,我国古代力学知识的点滴积累主要体现在一些特定工艺和技术中,但没有最终形成力学理论。发源于西方的严密、系统、科学的力学理论,从明末开始通过传教士传入中国。后来由于闭关自锁政策,使我国在经典力学大发展时期隔绝于世,从此,我国的科学技术落后于西方。从清末开始,中国人意识到要主动学习西方的必要性,主要的途径是派遣留学生、开办洋学堂、聘请西方人讲授力学等,同时发展了机械、造船、铁路、采矿、航空、兵工业,中国力学从学习西方到独立发展的过程是漫长的。

1949年以后,中国力学开始走上独立发展的道路。这一时期大致可以分为两个阶段:在第一阶段,我国的力学工作者以国家初步实现工业化、特别是以实现"两弹一星"任务为奋斗目标,通过自力更生、艰苦奋斗,建立教育和科研体制、制定中长期学科发展规划、培养力学人才、进行力学学科建设等,奠定了我国近代力学的基础。在第二阶段,我们以促进经济社会发展、全面建设小康社会为目标,通过改革开放、自主创新,加强国际学术交流、瞄准学科前沿、倡导学科交叉,实现了现代力学的全面发展。半个世纪以来,中国现代力学取得了诸如:载人航天、探月工程、三峡工程、油气开采、青藏铁路、高速列车等举世瞩目的成就,为我国的经济社会发展和国家安全作出了积极的贡献。

至于中国在世界力学史中的地位与贡献,由于中国传统思想没有像古希腊那样理性的逻辑思维方式,也没有后来欧洲那样严密的科学实验手段,所以,一直停留在综合而不是分析,定性而不是定量的描述上,没有提出新的概念、归纳普适的规律,因而最终未能建立力学的科学体系。另一方面,近年来,越来越多的人感到在物理科学中"还原论"方法的缺陷,主张在运用分析手段的同时,结合综合方法是十分必要的。于是,普利高津想到了中国的传统,主张把西方科学方法和中国科学传统结合起来,我们正是以这样的认识来看待牛顿力学、看待中国传统的科学方法。我国科学传统方法中整体的观点、系统的观点远比西方多些,但我们也不会忽视固有传统中的不足。

二、分析学科发展的影响因素

人类生产方式的变革是学科发展的永恒动力

从原始社会到农耕社会的过渡过程中,古人通过利用和制造工具,经旧石器、新石器时代进入青铜、铁器时代。15-17世纪,航海、贸易的发展、手工工场的出现和提高劳动生产力的需求,导致了第一次工业革命,人类进入了以蒸汽机为动力的工业时代。随着劳动生产力的进一步提高,人类开始利用电力、石油等新能源,这是第二次工业革命的标志。于是,资本主义的大规模生产方式成为可能,极大地促进了工程技术,包括航空工程的发展。20世纪中叶,第一台电子计算机的出现,使数值模拟成为科学研究的手段,并改变了人类社会的生产和生活方式,这就是托夫勒的"第三次浪潮"和信息时代的开端。与不断变革的生产方式相适应,力学学科经历了古代力学、经典力学、近代力学和现代力学四个阶段,不仅学科分支不断细化,而且出现了众多的前沿和交叉学科。我们可以看到,与人类进化相伴的古代力学发展是极其漫长的,跨越了百万年时间;从有文字记载到经典力学的诞生需几千年的时间;从经典力学到近代力学只用了300年,而半个世纪以后,就出现了现代力学。可见,人类文明的发展,促进了发明创造、技术进步,这又为学科的发展创造了更加优良的物质条件,科学和技术就是在这样相互影响、相互促进中加速发展的。

人文社会环境对学科发展的作用

在人类社会发展过程中,既要看到经济基础的决定性作用,也不可忽视上层建筑,即人文社会环境的反作用,古希腊的城邦制度和中世纪文艺复兴运动对于学科发展的推动作用是两个典型的例子。

公元前8世纪至公元前6世纪,在氏族社会组织逐渐解体的过程中,形成了以一个城市为中心、连同周边乡村地区的独立国家,这就是希腊的城邦制度。由于各邦长期独立自治;新兴工商业者阶层渴望民主权利;平民与贵族的直接斗争,使雅典城邦走上了古代民主政治的道路,并在众多的城邦中,以其民主政治、经济发达和文化繁荣而成为典范。到了伯里克利时代,雅典实行了"直接民主制":所有官职向全民开放;官员实行任期制;重大事务由委员会集体作决定和负责,这是雅典古希腊城邦社会中最先进的政治制度,有利于调动城邦公民的积极性和创造性,有利于推动社会经济和文化的进步,因此,在这个时期希腊的哲学和艺术(建筑、绘画、雕刻、戏剧等)繁荣兴旺,并在这种人文社会环境中,产生了古希腊的科学精神。

正如亚里士多德在他的《形而上学》一书中一开始就说的:"求知是人的本性。"他区分了经验、技艺和科学:经验是个别事物的知识,技艺是普遍事物的知识,科学则是超脱功利的知识;超越任何功利的考虑、为科学而科学、为知识而知识,这就是古希腊的科学精神。另一方面,科学精神强调理性思维方式,探究事物的本质、缘由和规律。显然,要发展自由的科学,从而为产生古希腊在数学、力学、医学、地理学等方面的辉煌科学成就,这只有在希腊当时的社会背景下才有可能。因此,阿基米德的静力学、杠杆原理和浮力原理在希腊出现也就是必然的了。所以,古代希腊城邦制度的形成和发展,既是当时希腊社会经济发展和文化进步的结果,反过来它又进一步促进了经济发展和文化繁荣,城邦制度与当时希腊的经济社会发展、科学文明进步相辅相成。

公元5—15世纪欧洲处于中世纪,基督教教会成了当时封建社会的精神支柱,建立了一套严格的等级制度,把上帝当作绝对的权威,文学、艺术、哲学、科学都得符合基督教的经典《圣经》的教义,否则,教廷有权制裁,甚至处以极刑。在科学领域中,托勒密的地心说占统治地位,并被天主教教会接纳为世界观的"正统理论",凡是持不同意见的科学家都要受到迫害,极大地阻碍了科学的进步。

在这一时期,由于资本主义萌芽,随着工场手工业和商品经济发展,人们追求生产资料和产品的自由交易,因此,欧洲需要提倡思想的自由解放。15—17世纪,欧洲贸易中心集中在地中海沿岸,那里最早产生资本主义的萌芽,意大利保存大量古希腊、古罗马文化典籍,也较早接受了东方文化(造纸术、印刷术)。于是,一场源于佛罗伦萨、后扩展至欧洲各国的资产阶级在思想文化领域里反对封建思想、反对宗教神权、倡导个性解放的文艺复兴运动发生了。这场文艺复兴运动不仅促进了资本主义商品经济的发展,由于人的思想解放,也导致了科学的进步,出现了像达·芬奇这样的科学巨匠。

哥白尼也是欧洲文艺复兴时期的一位巨人,他的《天体运行论》确立了"日心说",沉重地打击了教会的宇宙观,使天文学从宗教神学的束缚中解放出来,自然科学从此获得了新生,恩格斯对其给予高度评价。不久,牛顿便在伽利略的科学实验和第谷、开普勒的天文观测的基础上,创立了经典力学,从此,开创了自然科学的新纪元。

与其他学科在互相影响中共同发展

由于先人在从事原始的生产劳动时最需要的是数学、天文学和力学的经验,所以,在古代这三门知识几乎同时得到积累,所以,他们是自然科学中最最古老的学科。除了力学以外,古代天文学的萌生一是源于渔猎和农耕社会判断方向、观象授时、制定历法等的需要,二是源于星象与人事神秘关系的占星术。天文学家托勒密也是大占星术家;中国在战国、秦汉时期就已经形成了以历法和天象观测为主体的天文学体系,它们对现代天文学也有重要参考价值。数学是有关数和形的科学,它的出现源自人类对物品计数、土地丈量、天文计时的需要。比如:在古埃及纸草书中发现了象形数字、10进制计数法;古巴比伦泥板楔形文字,采用 60 进位制记数法;在古希腊则有了毕达哥拉斯定理和欧几里得的《几何原本》。在古代中国,西安半坡出土的陶器有等边三角形和正方形的图案,在商代中期甲骨文中已产生一套十进制数字和记数法,殷人用十个天干和十二个地支组成甲子、乙丑、丙寅、丁卯等 60 个名称来记 60 天的日期。随后就有了《周髀算经》和《九章算术》。到了17 世纪,圆锥曲线的知识、微积分的发明,开普勒的天体运行规律成为创立牛顿力学的科学基础。实际上,在那个时代数学、力学、天文是密不可分的,因此,一些知名科学家,如:亚里士多德、阿基米德、欧几里得、牛顿、伽利略、拉格朗日、拉普拉斯往往既是力学家,也是数学家或天文学家。18 世纪的物理学科的建立是从力学开始的,人们曾试图用经典力学理论来解释机械运动以外的各种形式的运动,如热、电磁、光、分子和原子内部的运动等。即使到了 20 世纪,由于经典力学的局限性,发展了相对论和量子力学,但是,它们都是在牛顿力学基础上衍生出来的。这一阶段,出现了动力气象学、物理海洋学、地球构造动力学、生物力学,体现了力学与地球科学和生命科学的交缘。今天,力学与其他学科的交叉融合成为普遍现象,交叉学科往往是力学学科的前沿和新生长点。所以,学科的发展经历了并行发展、独立发展再到交叉发展的过程,不同学科知识的相互启发,相互借鉴、相互补充、相互利用促进了学科知识体系的建立、认识水平的飞跃和新学科分支的诞生。

三、建立有利学科发展的体制

力学教育 从人类社会发展的角度看,学科教育对于传播、发展和继承专门知识是非常重要的,只有这样,人类的科学知识才能在前人工作的基础上不断地向前发展,而不致中断。教育的另一个功能就是培养人才,特别是在科学知识传承过程中,会不时地涌现出杰出人才。他们可能做出重大贡献是:知识创新和认识飞跃,从而导致技术革命、文明进步和社会发展。因此,力学教育史是力学史不可缺少的重要内容,也是人类教育史的一个重要组成部分。以科学的态度回顾力学教育发展的历史,总结力学教育的成功经验,目的在于明确今后力学教育的目标和途径,进一步改革力学教育的内容和模式,使其为人类文明、社会的发展做出更大的贡献。

西方的力学教育有悠久的历史,从公元前 4 世纪亚里士多德的吕克昂学校至今有两千多年的历史。1088 年意大利创立的博洛尼亚大学是最早的高等学府,其他一些著名的大学也有 800 年左右的历史,比如:牛津大学(1168)、巴黎大学(1180)和剑桥大学(1208)等。在西方的大学中,力学教育形成自己的体系经历了一个相当漫长的过程,并真正地为培养力学大师做出了重要贡献。这些力学大师不仅在经典力学领域中成就卓著,他们同时也执教于这些名牌大学,形成独特的学术风格,进一步培养从事经典力学研究的后继人才。继欧洲之后,俄国彼得大帝为学习欧洲成立了彼得堡科学院,吸引了欧拉和伯努利来从事研究工作,推动了俄罗斯理论力学的发展。19 世纪末,德国哥廷根大学成为欧洲科学中心和应用力学学派的中心与发源地,后来中心又转移到了美国西部的加州理工学院。目前,力学已成为理工科学生学习的基本内容,并在近代西方科学和工程技术中发挥着重要作用。

中国古代有杰出的科学发明和尊师重教的理念,但大学的出现和力学教育的实施却远远晚于西方。在清朝末年,一些有识之士倡导的"洋务学堂",开始取代几千年封建社会的"私塾"和"书院",并进一步发展成大学,这在中国近代教育史上是一个质的飞跃,也是中国得以走上强国之路的第一步。20世纪50年代以前,中国高等院校都没有力学专业,当时力学知识是作为理工科基础课的一部分来进行传授的。设置课程主要有应用力学、材料力学和水力学等。大部分学校没有统一的力学教研室,相关力学课程分别由土木、机械、航空等系的教师开设。1952年北京大学设立力学专业是中国力学教育史上的一个标志性事件,以后相继成立了工程力学班和一批力学专业。在建国初的近30年间,通过学习苏联和在应用力学学派工程科学思想的影响下,力学教学的水平逐渐提高,培养了一批优秀人才,他们活跃在国家的各行各业,特别是航天航空等重大工程领域。改革开放以来,通过学术交流、人才和研究生培养,力学学科得到了全面发展,中国力学已经融入世界力学的潮流。

在科技发展日新月异的今天,力学教育已经成为当代工程师和科研人员所受教育的重要组成部分。国家经济社会发展的需求对教育制度和力学教育提出了挑战。钱学森晚年十分关心我国的教育事业,多次提出:为什么我国的大学总是培养不出杰出人才? 这就是钱学森的"世纪之问",发人深省。因此,我们必须提倡通才教育,鼓励创新思维,创造自由讨论的学术氛围,摒弃应试教育,实现素质教育,建立利于优秀人才成长的学术环境,这不仅是力学学科,也是我国教育事业发展的当务之急。

学术共同体 著名科学社会学家默顿说:"科学是公共而不是私人的……对于科学的发展来说,只有其工作被其他科学家察觉和使用,此时此刻才是最重要的。"也就是说,科学发展的自身规律要求科学家将其研究成果与其他科学家进行交流,通过这种交流,科学成为公共的领域,在遵循一定规范的前提下,参与科学交流的科学家形成了一个学术共同体。学术共同体的一项主要功能是开展学术交流,从而促进了科学知识的迅速传播,同时又为科学知识的进步和传承创造条件。另一方面,学术共同体将根据科学家在研究活动中对科学发现所做出的贡献给予专业承认和奖励。由于他们以追求科学真理为目标,往往可以超脱国家、单位、个人的利益,所以,可以保证他们的活动的客观性和公正性,从而为鉴定和保护知识产权奠定基础。

与其他学会相比,尽管中国力学学会的历史不算长,但从1957年成立至今50余年来,她在制定学科发展规划、把握学科发展方向、凝聚和培养人才队伍、促进交流学术思想中发挥了核心作用。中国力学学会通过发展会员、设立学科专业委员会、创办期刊、与国际力学组织建立联系等一系列工作,一步步发展壮大起来。进入21世纪,国家提出了科教兴国和可持续发展战略,为科技事业和科技社团的发展创造了前所未有的良好环境。在中国科协于2001年发布《关于推进所属全国性学会改革的意见》后,中国力学学会率先在科协系统的全国学会中进行了改革尝试,在不断完善会员服务、推进学会制度建设、搭建国际交流平台、加强人才队伍培养、创立自主学术品牌、大力发展数字平台以及完成办事机构职业化等方面取得进展,为进一步在促进学科发展中发挥作用创造条件。

现在,我国的力学学科分支齐全、装备先进、队伍壮大,现代力学得到了全面发展。从而使我国从一个落后贫穷的国家发展成为一个经济大国,从一个力学基础薄弱的国家发展成为一个力学大国。尤其是21世纪以来,我国在"两弹一星"成就的基础上,进一步实现了载人飞行、出舱行走、交会对接,我国的空间科学技术进入了建立空间站和系统空间应用的新阶段,这是我国力学学科发展水平的重要标志。另一方面,我们也充分认识到要步入世界力学强国行列尚需经过几代人数十年的艰苦努力,国家经济增长的迫切需求为中国力学展示了无限广阔的发展前景。

总之,力学学科是一门重要的基础学科,又是科学与工程的桥梁,不仅在过去,而且在未来的经济社会发展中起着不可替代的作用。展望未来,在理论和应用力学的范畴,机遇和挑战并存。我们希望通过《中国力学学科史》的编写,抛砖引玉,推动学术界同仁一起来研究和总结中国力学发展的道路与规律、经验和教训,使力学学科得到进一步发展,为把我国建成创新型的现代工业和科技强国作出新的贡献。

第一编　世界力学简史

　　我国知名化学家傅鹰(1902—1979)说:"一门科学的历史是那门科学最宝贵的一部分,科学只给人知识,而历史却能给我们智慧。"[①]

　　力学学科史是力学的一个分支,也是科学史的重要组成部分,它记述和研究人类从观察自然现象和从事生产活动中认识和应用物体机械运动规律的历史。只有当力学知识和概念逐渐积累和丰富起来,并形成学科,发展成体系以后,需要分门别类和建立分支学科之时,记述和分析这个过程的历史才成为必要。无论如何,力学学科是建立在人类对力学的经验和知识积累的基础上,并在随后总结成规律和上升为理论的。因此,本书的叙述必须从古至今人类积累力学经验和知识的过程开始,然后才开始讨论力学及其分支学科孕育、形成和发展的历史。

　　人类力学知识的积累与人类进化过程同步,需要极其漫长的过程。直至2000多年前,静力学起源于古希腊,而力学学科是在经典力学出现以后才形成和发展起来的。牛顿力学的建立是力学发展过程中的重要里程碑。此后,经典力学奠定基础,并根据学科自身的逻辑规律,通过分析和综合相结合的方法不断发展。一般说来,牛顿力学建立以前的力学发展历史大致可分为三个时期:①史前远古时期,从200万年前到公元前3000年左右,是先人从生产活动中积累力学经验和知识的过程;②古代力学时期,从公元前3000年到公元5世纪左右,人类对静力学,即平衡和运动有初步的了解;③中世纪的力学,从6世纪到16世纪,这个时期由于天文观测和农业的发展,在冲破宗教思想的羁绊以后,对力、运动以及它们之间的关系的认识有了进展,为牛顿力学的建立作了准备。牛顿力学建立后,力学研究的历史大致可分为几个时期:①从17世纪到18世纪末,经典力学的建立和进一步发展;②19世纪,力学各主要分支学科逐步形成阶段;③20世纪进入了近代和现代力学的发展阶段,前沿交叉学科不断涌现。

---

① 付鹰.化学通报,1956(4).

第一章 古代人类力学知识的积累

第一节 远古时期的力学[1-3]

根据古人类学的研究,人类是从古猿进化来的,并经历了早期猿人(南方猿人)、晚期猿人(能人与直立人)、早期智人(古人)和晚期智人(新人)四个阶段,能人是从猿进化到人的过渡阶段。20 世纪 70 年代,古人类学家约翰逊在非洲东部埃塞俄比亚发现距今 400 万－300 万年的南方古猿骨骼化石。随后,利基在坦桑尼亚发现距今 200 万年左右的能人化石。至于生活在距今 200 万－20 万年间的直立人,在肯尼亚、爪哇、周口店均有发现。典型的早期智人距今 20 万－4 万年间,他们的化石在德国尼安德特河、法国圣沙拜尔遗址发现,故又称"尼人"。晚期智人生活在距今 4 万年左右,除了非洲、亚洲和欧洲,他们也生活在大洋洲和美洲。

历史学家把上古史分为旧石器时代与新石器时代,他们又可各自分为早、中、晚三个阶段。如果在时间上对应起来,早期猿人和晚期猿人相当于旧石器时代的早期,距今约 400 万－20 万年,早期智人相当于旧石器时代的中期,距今 20 万－4 万年,晚期智人相当于旧石器时代晚期,距今 4 万－1.1 万年。新石器时代的早、中、晚期(距今 1.1 万－7500 年,7500－5000 年和 5000－3000 年)和青铜时代(距今 3000 年)则逐步开始有了象形文字和图画的记载。

从猿到人的进化过程中,直立行走起了关键的作用。直立使头部和感官位置提高,开阔视野,增加信息,促进大脑发育;被解放的上肢可以进行采集、狩猎、提携和自卫,并制作工具。尽管这种进化需要漫长的时间,但从猿到人的进化终究发生了质的飞跃变化。

南方古猿过着狩猎的群居生活,除了会用天然木棒、石块外,还会把树枝进行粗加工变成简单的工具,利用石块的尖刃和尖劈分割食物和自卫,懂得抛扔石块和木棒进行捕食的方式,等等。在能人阶段,人们发现他们已经会使用自己加工过的手斧和球形石块。尽管这时直立人也只会使用石器,但加工工艺有了很大进步,品种也有所增加,如:各种刮削器和尖状器。当时也用木材和竹材制作狩猎和自卫工具。考古发现我国元谋人使用火的证据,标志了人类控制自然力的开始。在早期智人阶段,对各种材料的性能有所了解,加工经验日益丰富,学会了砸击法、指压法制作石片,出现了石铲、石砧、石锥、石雕等。有的地方出现了骨器,也有了复合工具。旧石器时代中期具有代表性的工具是绊兽索和飞石索。旧石器时代晚期,除了石器、木器、骨器,还用了角器、蚌器,品种增加,出现了用不同材料制作的复合工具,如:木柄石斧、骨鱼镖、投矛器、弓箭等。

新石器时代开始时冰河期结束,地球上出现了一些温暖、潮湿、野生动植物丰富的地区,如:埃及、希腊、西亚、印度和中国,人类开始从采集、狩猎的游牧生活向农业畜牧经济的定居生活转变。人们在考古中发现在两河流域、埃及阿斯旺、西亚的巴勒斯坦和中国华北、江淮地区有播种作物、饲养家畜的证据,出现了用于农牧业的工具,如:石锄、石耙、石磨盘等,发明了制陶技术。先人们还会编织渔网和使用重物做网坠等。

第二节 古代的力学[1,2]

在新石器时代的中、晚期（距今 7500－3000 年），由于文明的进步，在巴比伦、埃及、希腊、印度、中国等文明古国逐步开始了有文字、图画记载的历史，这些记载帮助我们考证当时的生产活动和经验积累。人们从埃及陵墓中的壁画发现，在前皇朝时期已经会用紫砂草编织或用竹木捆绑成船。在两河流域有独木舟，依靠桨划动在水面上行驶。中国西安半坡村遗址（新石器时代仰韶文化，公元前 3000 多年）出土的汲水壶采取尖底的形式（图 1－1），且壶空时在水面上会倾倒，而壶满时又能自动恢复竖直位置。古希腊罗马有一种提水壶（amphora），它的外形和力学特点同中国半坡村的汲水壶类似。埃及第四王朝建立的胡夫金字塔（约公元前 2600 年）每边长 232 米，高 146 米，斜面倾角约为 5°（图 1－2），用 230 余万块巨石垒成，平均每块重 2.5 吨，建造运用滑轮组。中国河南安阳出土的甲骨文（约公元前 1400 年）已有日食和月食的常规记录（图 1－3）。又如有一种灌溉设备，用短柱或树杈支承一根横木，横木一端挂水桶，另一端系重物，提水时可以省力，中国称这种器械为桔槔（最早记载见《庄子·天地》，约公元前 300 年）；在埃及也使用它，称为"shadoof"。美索不达米亚人从公元前 3000 年开始就发明和使用了阿拉伯语称为"schaduf"的"汲水树"。

公元前 3000 年左右，人类进入农业社会，先人们逐渐懂得引水灌溉的道理，古代水利工程得到充分发展。公元前 2100 年，在美索不达米亚南部的乌尔城建立起一个强大的王朝。在南方地区的农业需要人工灌溉，他们在苏美尔拉格斯城的总督带领下，开凿了许多灌溉河渠，长达 62 千米，

图 1－1 汲水壶

图 1－2 金字塔

图 1－3 日食和月食的常规记录

这就是底格里斯河畔的水利工程。在以后的 1000 多年里，它一直是该地区供灌溉和航运用的庞大运河网系中的第一条，它的部分遗迹迄今仍清晰可见。公元前 2200 年前，埃及开展了一项规模宏大的水利综合治理工程，即法雍地区的垦拓工程。法雍是位于开罗南 80 千米处地势低洼的沼泽湖泊，通过一条长 15 千米、宽 1.5 千米的天然河道与尼罗河相通，该工程包括：疏浚和利用巴尔于苏夫河，修建拉洪水坝，便于控制洪水、调节水量，治理

沼泽芦苇地区,建造莫伊瑞斯人工湖,建设永久性的灌溉和排水系统。这项工程延续了若干王朝,被认为是中王国时期最大的成就之一[3]。在中国,则有闻名遐迩的都江堰水利工程,它科学地解决了江水自动分流、排沙,控制流量等问题。

力和力学的早期概念 "力"是个象形字,对"力"字在甲骨文中形体的含义有不同的见解:①有的学者认为:力颇像古代的犁形,上部为犁把,下部为耕地的犁头,古代称为"耒耜(lěisì)"。耕田要用力,所以"力"字就用为"力量"之"力"。②有的学者认为:力是手连臂的象形,手和臂加起来表示有力量。③有的学者认为:力像"人筋之形"。《说文》:"力,筋也。象人筋之形。"筋下曰:"肉之力也。筋者其体,力者其用也。"

在古代,无论是西方还是东方,使劲、费力的劳动大部分与搬运和起重有关,所以,很长一段时间里,力学是指平衡、重心和起重的学问,属于静力学的范畴。中国古代文献《墨经》里有一说为:"力,重之谓"。第二种说法为"力,形之所由奋也"。就是说,力是使物体奋起运动的意思,似乎与现代的"力"的意思相去不远。可是,《墨经》里的"形"指的是身体,"奋"是举的意思,所以,两种说法一样,还是属于静力学的内涵。至于力学的概念,Mechane 专指以机械力学原理为基础制造出来的设备,而 Mechanike techne 指的是阐述力学原理以及机械工具的学科。所以,力的概念是那样自然地反映到人的意识中来的。但是人们从直觉意识到"力"的概念到获得"力"的严格科学定义,却经历了长期的努力。

静力学的发端 公元前 500 年,工程师在兴修建筑工程和供水系统的同时,也涉足其他领域:雅典的戏剧演出越来越需要更加复杂的舞台设备,便转而采用"机械装置"。所谓"机械装置"一词在这里指的是能移动物体从而造成惊奇效果的设备,当时的文字还记载了"机械师"一词。除了人手的灵巧性和工匠的经验之外,包括力学在内的工程技术理论知识也大大成就了许多技术创新,所以,技术与古希腊的力学有紧密的渊源关系。此外,力学工具的工作原理首先在公元前 5 世纪下半叶外科手术文献的记载中有详细的描述。外科医生用这些工具给折断的手足安上夹板,拉伸弯曲的脊柱或让关节复位。《论骨折》一书中,作者在讲到治疗方法时就建议采用铁制杠杆。采用此方法是基于一个论断,即在人类发明的种种工具中最重要的有三种:绞车、杠杆和斜面楔。当时正值古希腊城邦制度兴起和发展时期,思想文化活跃,出现了亚里士多德、阿基米德等人,他们把经验归纳成理论,对力学的形成和发展有重大的贡献。

图 1-4 亚里士多德

亚里士多德(Aristotle,前 384－前 322) 柏拉图(Platon)的学生,是马其顿的一位科学家,通晓哲学、数学、力学、天文、气象、植物、动物等知识(图 1-4)。除了创立逻辑学外,他的著作《力学》对力学理论做了详尽的研究。在引言部分重述了古希腊文献的一些观点:自然界在很多方面有悖于人类的利益,为此人类需要"技术";人类在使用辅助工具克服困难的一部分"技术"被称为"力学装置";他赞同安提丰(Antiphon)的观点:"凭借'技术'我们能掌控天生比我们强大的东西",并认为在"四两拨千斤"的情况下尤其如此,这就是力学的主要内容。由此,力学被定义为一门与物理学和数学有诸多联系的学科。亚里士多德的力学理论核心是杠杆原理,旨在用很小的力就能移动重物。他通过考察圆周运动和杠杆秤的特点:距离支点较远的力容易移动重物,因为它画出一个较大的圆,据此解释了杠杆的作用,说明了杠杆原理:动力和阻力的大小与其同杠杆支点的距离成反比,因此,动力与支点的距离越远,就越容易移动某一特定重物。在以后的各章节中,亚里士多德用杠杆原理解决了许多与各种工具相关的问题。此书的重要性在于涵盖了作为技术学科的力学理论和方法诸领域,为工程师的实践提供了一个整体框架,也为技术的进一步发展创造了前提。

阿基米德(Achimedes,前 287－前 212) 伟大的古希腊哲学家、数学家、力学家,静力学和流体静力学的奠基人(图 1－5)。他在研究杠杆平衡、平面图形重心位置时,先建立一些公设,而后用数学论证的方法导出一些定理,成果之一是用类似求和数再取极限的方法,求出一个抛物线和它们两平行弦线(与抛物线斜交)所围成平面图形面积的重心位置。经过一千多年的发展,运动方法演化为虚位移原理,几何方法演化为用力矩表达的平衡条件。阿基米德还用推理方法证明了关于浮体或潜体的浮力定律。阿基米德所著的《论平面图形的平衡》(上、下),是静力学理论的最早记录。其中有各种复合图形重心位置的求法。《论浮体》(上、下)列出许多关于流体静力学和流体平衡稳定性的定理,其中包括著名

图 1－5 阿基米德

的阿基米德原理。两书都采用公理和严格的数学演绎来确立命题或证明定理。

此外,古希腊阿尔库塔斯的著作中也有关于静力学的记录。中国墨翟(前 4 世纪－前 3 世纪)及其弟子的著作《墨经》中,有涉及力的概念、杠杆平衡、重心、浮力、强度和刚度的叙述。

对力和运动关系的认识 除了静力学外,人们对运动也有了初步认识。亚里士多德认为运动是永恒的。他说:"从前没有过,将来也不会有任何时间是没有运动的。"这里他把所有的自然变化都归结为运动,并说:"有量的运动,质的运动和我们称之为位移的空间运动","空间运动必然是先于一切的"。这个说法表明他已经认识到机械运动是物质最基本的运动形态。亚里士多德认为世间万物都有它在宇宙界的"自然位置",离开自然位置的物体必然要回到它原来的自然位置,所以,上抛的物体还要回到地面来。关于物体运动的原因,亚里士多德认为:任何运动着的物体(除了自我推动者外),必然还有另外一个推动者在推动着它,即他把运动的原因归咎于推动者。关于落体运动的观点是:"体积相等的两个物体,较重的下落得较快",他甚至说,"物体下落的快慢精确地与它们的重量成正比",当时这个认识尔后经试验证明是错误的。此外,在中国春秋末年的著作《考工记》、汉代的著作《尚书纬·考灵曜》中也有有关对运动认识的记载。

第三节　中世纪的力学[1,4－6]

公元 476 年,西罗马帝国灭亡后,欧洲进入了中世纪。这一时期科学技术发展的特点是:①古希腊罗马科学通过阿拉伯人得以继承和发展;②欧洲科学由于宗教统治而发展迟缓;③中国的科学技术保持原有传统发展,并在 12－13 世纪达到高峰。

在7—8世纪以后,阿拉伯人从古希腊罗马典籍里搜集了包括数学、天文、物理等方面的著作,并译成阿拉伯文,如:亚里士多德的《物理学》、《论天》,阿基米德的《论支承》,欧几里得(Eucleides)的《几何原本》,托勒密(Claudius Ptolemaeus)的《天文学大成》等。阿拉伯的塔比·本·库拉的《秤书》(后译为拉丁文 Liber charastonis)从运动学观点讨论了杠杆平衡条件,指出平衡时的"运动力"由力和运动距离决定。哈齐尼(al-Khazini)的《智慧之重》记载了多种金属的比重,如银、水银、铁等。天文学家巴塔尼(al-Battani)观测了太阳远地点的进动。阿维森纳(即伊本·西那,Avicenna)和比鲁尼(al-Birūni)对亚里士多德的《物理学》、《论天》进行了注释,并深化了对运动的理解。如:阿维森纳定量地计算出传给物体的推动力;比鲁尼提出了地球绕太阳运动的思想,指出行星轨道可能是椭圆而不是圆。

由于受到宗教神学的束缚,欧洲的科学进展很慢。14世纪30年代,英国牛津大学默顿学院"计算学派"的布雷德沃丁(T. Bradwardine)、海特斯伯里(W. Heytesbury)等注意到非匀速运动,把运动分为均匀的(uniform)和非均匀的(difform)两种,逐渐有了瞬时速度与平均速度的概念,并证明运动距离等于平均速度与时间的乘积(默顿定理)。后来,奥尔斯姆(N. Oresme)提出速度的强度概念,进而形成了早期的加速度思想。法国学者布里丹(J. Buridanus)论证了物体被抛出时,推动者施加给物体冲力(impetus),物体在运动中不断受到推动,而冲力由速度与物质的量决定。这一时期的欧洲学者虽然在努力探讨动力学规律,但都不敢违背亚里士多德的观点。

在中国,力学按照固有传统一直保持着与工程技术和生产应用结合,但没有出现逻辑推理和定量分析。从一些至今尚存的建筑物的结构中我们可以推断出当时所具备的力学知识:赵州桥(安济桥),591—599年建造,净跨37.02米,采用只有7米拱券高的浅拱;山西应县木塔,1056年建成,采用筒式结构和各种斗拱,经受了数次地震仍然屹立不倒。沈括在《梦溪笔谈》(1088)中记载了频率为1:2的琴弦共振等力学知识。总的来说在这一时期中国的技术水平居于世界领先地位,但当欧洲资本主义萌芽、科学开始复苏时,中国的封建社会仍处于鼎盛时期,科学技术以旧方式缓慢前进,科学水平渐渐落后于欧洲。明末宋应星的《天工开物》(1637)标志着中国传统科学技术的终结。

宗教的黑暗统治　中世纪的欧洲,基督教教会成为封建社会的精神支柱,它建立了严格的等级制度,把上帝当作绝对的权威,文学、艺术、哲学、科学,一切都必须遵循基督教的经典《圣经》,不可违背。否则,就会受到制裁,甚至处以死刑。在教会的管制下,中世纪的科学技术没有什么进展。在科学领域中,托勒密的地心说占统治地位,凡是持不同意见的科学家都要受到迫害,这极大地阻碍了科学的进步。

地心说的起源很早,最初由古希腊学者柏拉图(Platon)提出,经欧多克斯(Eudoxus)、亚里士多德完善,托勒密进一步发展而成。在"日心说"创立之前的1000多年中,"地心说"是天主教会公认的世界观,一直占统治地位。中国古代的"盖天说"和"浑天说"也都属于地心说。亚里士多德认为,天体次序是:月亮、水星、金星、太阳、火星、木星、土星和恒星天,在恒星天之外还有一层"宗动天"。一个物体需要另一个物体来推动,才能运动。于是他在恒星天之外,加了一个原动力天层——宗动天。宗动天的运动是由不动的神来推动的,神一旦推动了宗动天,宗动天就把运动逐次传递到恒星、太阳、月亮和行星上去。这样,亚里士多德就把上帝是第一推动力的思想引进宇宙论中来了。托勒密将"地心说"发展完善,为了解释某些行星在某些时候从地球上看会反向行走的逆行现象,提出本轮理论,即这些星体除了绕地轨道外,还会沿着一些小轨道运转。后来,天主教教会将此作为世界观的"正统理论"。一些科学家因反对地心说而受到迫害,如:1576 年,布鲁诺(Giordano Bruno)因反对罗马教会的腐朽制度而流亡西欧。在此期间他先后到英国(1583)和德国(1585)批判经院哲学和神学,反对亚里士多德和托勒密的"地心说",宣传哥白尼的"日心说",引起了罗马宗教裁判所的恐惧和仇恨。1592 年,布鲁诺在威尼斯被捕入狱,最后被宗教裁判所判为"异端"烧死在罗马鲜花广场。1632 年,伽利略(G. Galilei)发表了《关于托勒密和哥白尼两大世界体系的对话》,反对托勒密的地心说,维护和发展了哥白尼的日心说,因而触怒了罗马教皇。1633 年,他被罗马梵蒂冈宗教裁判所判处 8 年软禁,《对话》一书被禁止流传。

文艺复兴运动 发生在 14—17 世纪,发源于佛罗伦萨,后扩展至欧洲各国,是一场资产阶级在思想文化领域里的反对封建思想、倡导个性解放、反对愚昧迷信神学的革命。中世纪后期,资本主义萌芽,工场手工业和商品经济得到发展,人们追求市场交易和生产资料的自由,因此,陈腐的欧洲需要一场提倡人的自由的思想运动。城市经济的繁荣,使富商、作坊主和银行家等更加相信个人价值,更加充满创新进取精神。奥斯曼帝国入侵时,带来了古希腊和罗马的艺术珍品和文学、历史、哲学等书籍,在佛罗伦萨办了一所叫"希腊学院"的学校,传播希腊的历史文明,这种辉煌的文化成就与黑暗的中世纪形成鲜明对照,为文艺复兴的发生提供了深厚的物质基础和适宜的社会环境。这场文艺复兴运动产生于意大利,其主要原因是:中世纪的欧洲贸易中心集中在地中海沿岸,意大利最早产生资本主义的萌芽;意大利保存了大量古希腊、罗马文化典籍;14—17 世纪意大利人才济济;意大利处于丝绸之路的重要路段,较早接受了东方文化(造纸术、印刷术)。这场文艺复兴运动促进了人的思想解放和科学的进步。于是,出现了像达·芬奇这样的科学巨匠。

达·芬奇(Leonardo da Vinci,1452—1519) 欧洲文艺复兴时期意大利画家、科学家(图 1—6),他除了给后人留下众多传世名画之外,还留下了众多科学研究成果。他反对把教义和言论作为知识基础,鼓励学习大自然,到自然界中寻求知识和真理。他认为学习知识应该从实践出发,进而去探索科学的奥秘。他说"理论脱离实践是最大的不幸","实践应以好的理论为基础"。达·芬奇通过实践进行科学研究,在自然科学方面作出了巨大的贡献。他的实验工作方法为后来哥白尼、伽利略、开普勒、牛顿等人的科学研究开辟了新的道路。他在天文、力学、建筑、水利、机械、地质等诸多方面作出了杰出贡献。

达·芬奇对"地心说"持否定观点。他认为地球只是一颗绕太阳运转的行星,而不是太阳系的中心,更不是宇宙的中心;月亮本身并不发光,它只是反射太阳光。他提出的这些观点早于哥白尼的"日心说"。达·芬奇提出了连通器原理:在连通器内,同一液体的液面高度是相同的,不同液体的液面高度是不同的,液体的高度与密度成反比。他最早开始研究物体之间的摩擦学理论。他发现了惯性原理,后来被伽利略的实验所证明。他还研究了抛物体运动。在建筑方面,达·芬奇设计过桥梁、教堂、城市街道和城市建筑。达·芬奇的研究和发明还涉及了机械领域,发明了簧

图 1—6 达·芬奇

图 1—7 机械设计(达·芬奇)

轮枪、子母弹、三管大炮、坦克车、双层船壳战舰、滑翔机、扑翼飞机和直升机、旋转浮桥等(图 1—7)。达·芬奇对水利学也有研究,为了排除泥沙,他作了疏通亚诺河的施工计划。他设计并亲自主持修建了米兰至帕维亚的运河灌溉工程。由他经手建造的一些水库、水闸、拦水坝至今仍在发挥作用。达·芬奇根据高山上有海中动物化石的事实推断出地壳有过变动,指出地球上洪水的痕迹是海陆变迁的证明,这个思想与 300 年后赫顿(J. Hutton)在地质学方面的发现颇为近似。在麦哲伦(F. de Magalhães)环球航行之前,达·芬奇计算出地球的直径为 7000 余英里。

印刷术在欧洲的再发现,以及从东方传过来的造纸、指南针、火药(中国的四大发明),促使科学思想的迅速传播。技术的发展亦得到更新,更有效的商品与服务应运而生。制造、农耕、贸易和航海技术都得到改进与发展,大幅超越古代的成就。

第二章　17－19世纪经典力学学科的形成

　　15世纪,经过了文艺复兴运动的欧洲,资本主义生产方式陆续取代了封建的生产关系,促进了科学的发展。数学方面在代数学方面三、四次方程的解法被发现。德国数学家雷格蒙塔努斯(Regiomontanus)的《论各种三角形》是欧洲第一部独立于天文学的三角学著作,书中对平面三角和球面三角进行了系统的阐述。哥白尼的学生雷蒂库斯(G. J. Rheticus)在重新定义三角函数的基础上,制作了更多精密的三角函数表。法国人笛卡儿(René Descartes)于1637年,在创立了坐标系后,成功地创立了解析几何学。费马(P. de Fermat)建立了求切线、求极大值和极小值以及定积分方法,对微积分作出了重大贡献。他和帕斯卡(B. Pascal)在相互通信以及著作中建立了概率论的基本原则——数学期望的概念。培根(F. Bacon)所倡导的实验科学开始兴起:伽利略通过多次实验发现了自由落体、抛物体和振摆三大定律,使人对宇宙有了新的认识。他的学生托里拆利(E. Torricelli)经过实验证明了空气压力,发明了水银柱气压计;法国科学家帕斯卡发现液体和气体中压力的传播定律;英国科学家波义耳(R. Boyle)发现气体压力定律。笛卡儿运用他的坐标几何学从事光学研究,在《屈光学》中第一次对折射定律提出了理论上的推证。他还第一次明确地提出了动量守恒定律:物质和运动的总量永远保持不变。笛卡儿对碰撞和离心力等问题曾作过初步研究,为后来惠更斯(C. Huygens)的成功创造了条件。

第一节　日心说地位的确立[1,4—6]

　　15世纪,西欧的葡萄牙王子恩里克首先开拓了沿非洲的航海活动,给这个国家带来了财富。接着,刚刚独立的西班牙支持意大利航海家哥伦布(C. Colombo,约1451—1506)的大西洋探险,于1492年发现了美洲新大陆。随后,葡萄牙人麦哲伦(F. de Magalhães,约1480—1521)团队于1522年完成了人类第一次环球航行(麦哲伦于中途去世)。这一时期人类的一系列航海活动极大地促进了商贸活动和资本主义萌芽,特别是在地理方面的新发现,为地圆说提供了有力的证据,使人类对地球和宇宙的认识逐步接近客观事实。

　　航海需要天文观测,人们对天体运行规律的研究受到重视。当时的欧洲,由于宗教的统治,托勒密的地心说占统治地位。就在这时,波兰天文学家哥白尼诞生了。

　　哥白尼(N. Coperniuls,1473—1543)　　出生于波兰,1491年在波兰的克拉科夫大学(现为雅盖隆大学)学医,对天文学产生了兴趣。1496年哥白尼在意大利博洛尼亚大学和帕多瓦大学攻读法律、医学和神学,因受博洛尼亚大学的天文学家德·诺瓦拉(de Novara)影响,学习了希腊天文学理论,确信了希腊天文学家阿里斯塔克斯(Aristarchus)的日心说,掌握了天文观测技术。哥白尼在40岁时开始在朋友中散发一份简短的手稿,初

图 2-1　哥白尼《天体运行论》

步阐述了他自己有关日心说的见解。哥白尼接着坚持长年的天文观察和计算,终于用 8 年的时间(1525-1533)完成了他的巨著《天体运行论》(图 2-1)五卷本:第一卷是宇宙结构概述;第二卷介绍了相关的数学原理,其中平面三角和球面三角的演算方法都是哥白尼首创的;第三卷用数学描述地球的运动;第四卷介绍地球的绕轴运行和周年运行;第五卷论述了地球的卫星——月球。他的最后一卷准备写关于行星运行的理论。他在《天球运行论》中观测计算所得数值的精确度是惊人的。例如,他得到恒星年的时间为 365 天 6 小时 9 分 40 秒,比现在的精确值约多 30 秒,误差只有百万分之一;他得到的月亮到地球的平均距离是地球半径的 60.30 倍,和现在的 60.27 倍相比,误差只有万分之五。

　　1533 年,哥白尼 60 岁。他在罗马作了一系列的讲演,提出了他的学说的要点,但因害怕遭到教会迫害,在他的书完稿后还是不敢发表,直到他临近古稀之年才决定付印出版。1543 年 5 月 24 日,垂危的哥白尼在病榻上收到出版商从纽伦堡寄来的《天体运行论》样书后,便与世长辞了。

　　哥白尼的"日心说"使天文学从宗教神学的束缚下解放出来,沉重地打击了教会的宇宙观,因此,自然科学从此获得了新生,它在近代科学的发展上具有划时代的意义。恩格斯(F. Engels)在《自然辩证法》中对哥白尼的《天球运行论》给予了高度的评价:"自然科学借以宣布其独立并且好像是重演路德焚烧教谕的革命行动,便是哥白尼那本不朽著作的出版,他用这本书(虽然是胆怯地,而且可说是只在临终时)来向自然事物方面的教会权威挑战,从此自然科学便开始从神学中解放出来。"哥白尼是欧洲文艺复兴时期的一位巨人,他用毕生的精力去研究天文学,为后世留下了宝贵的遗产。

　　实际上,哥白尼的学说是人类正确认识自然的前奏,随后,他的学说得到了后继者的进一步支持和发展。意大利思想家布鲁诺在《论无限性、宇宙和诸世界》、《论原因、本原和统一》、《诺亚方舟》等书中宣称,"宇宙在空间与时间上都是无限的,太阳只是太阳系而非宇宙的中心","宇宙不仅是无限的,而且是物质的",坚定捍卫哥白尼的日心说,抨击死抱《圣经》的学者。伽利略于 1609 年发明了天文望远镜,发现金星的盈亏和月亮的盈亏十分相似,这对于说明地球和所有其他行星都绕太阳运行的哥白尼学说是一项重要的证据。德国天文学家开普勒通过对丹麦天文学家第谷(Tycho Brahe)的观测数据的研究,在 1609 年的《新天文学》和 1619 年的《世界的谐和》中提出了行星运动的三大定律。这些社会背景和科学成就,为创立牛顿力学奠定了基础。

第二节　从伽利略、开普勒到牛顿力学[4-7]

　　牛顿说:"我不知道在别人看来,我是什么样的人;但在我自己看来,我不过就像是一个在海滨玩耍的小孩,为不时发现比寻常更为光滑的一块卵石或比寻常更为美丽的一片贝壳而沾沾自喜,而对于展现在我面前的浩瀚的真理的海洋,却全然没有发现。""如果说我比别人看得更远些,那是因为我站在了巨人的肩上。"在这里,牛顿所指的巨人当然是前辈的科学家,其中自然有伽利略和开普勒等,他们对于牛顿创立经典力学功不可没。

伽利略(G. Galilio,1564—1642) 近代实验物理学的开拓者,被誉为"近代科学之父"、"现代观测天文学之父"。他的工作,为牛顿的理论体系的建立奠定了基础。

1590 年,伽利略在比萨斜塔上做"两个球同时落地"的著名试验(图 2—2),推翻了亚里士多德"物体下落速度和重量成比例"的理论,否定了长达 1900 年之久的错误结论。1609 年,伽利略自制了天文望远镜(后被称为伽利略望远镜,如图 2—3),用来观测天体。伽利略是利用望远镜观察天体取得大量成果的第一个科学家,他的重要发现有:月球表面凹凸不平,木星的四颗卫星,土星光环,太阳黑子和太阳自转,金星和水星的盈亏现象以及银河是由无数恒星组成等。这些发现开辟了天文学的新时代。伽利略著有《星际使者》、《关于太阳黑子的书信》、《关于托勒密和哥白尼两大世界体系的对话》、《关于两门新科学的谈话和数学证明》和《试验者》。

图 2—2 伽利略在比萨斜塔演示自由落体实验　　　　图 2—3 伽利略望远镜

在力学方面,他利用实验和数学相结合的方法确定了一些重要的力学定律:通过实验观察和数学推算,得到了摆的等时性定律;根据杠杆原理和浮力原理写出题为《天平》、《论重力》的论文,第一次揭示了重力和重心的实质,并给出准确的数学表达式;提出加速度概念,这在力学史上是一个里程碑,为力学中的动力学部分的建立奠定了科学的基础,而在此之前,只有静力学部分有定量的描述;给出速度、加速度等概念的严格数学表达式;曾非正式地提出过惯性定律和外力作用下物体的运动规律,为牛顿正式提出运动第一、第二定律奠定了基础。所以,在经典力学的创立上,伽利略可说是牛顿的先驱。此外,伽利略在发现惯性定律的基础上,提出了相对性原理:力学规律在所有惯性坐标系中是等价的。换句话说,在系统内部所作任何力学的实验都不能够决定惯性系统是在静止状态还是在作匀速直线运动。相对性原理回答了"地心说"对哥白尼体系的责难。这个原理第一次提出惯性参照系的概念,被爱因斯坦称为伽利略相对性原理,是狭义相对论的先导。伽利略是第一个把实验引入力学的科学家,他主张用具体的实验来认识自然规律,认为实验是理论知识的源泉。

开普勒(J. Kepler,1571—1630) 德国天文学家,提出了关于行星运动的三大定律:

第一和第二定律发表于 1609 年,又称椭圆定律、面积定律,从天文学家第谷观测火星位置的资料中总结而来;第三定律发表于 1619 年,又称调和定律。

开普勒是丹麦天文学家第谷的学生。第谷二十年如一日,仔细观察了行星在天球上的位置,绘制了上千颗恒星非常精确的星图。他测量和记录下来 20 年来的行星位置误差不超过 1/15 度。开普勒倾向于从理论上思考问题。第谷去世后,开普勒把全副精力投在整理第谷的观测数据上,企图求得行星运行轨道的最简单描述。他相信哥白尼基本上是对的。最初,他也按托勒密体系所用圆上加圆(本轮)的办法来修正哥白尼的轨道。他对火星轨道进行研究,把太阳放在不同的位置,经过七十余次圆上加圆的尝试,终于找到一条与观测数据符合很好的火星轨道。然而,如果超出数值的范围继续外推,拟合的火星轨道与观测数据仍有偏离。开普勒对第谷测量方法的精确性是深信不疑的,他决定放弃自己构造出来的火星轨道曲线从头做起。他开始放弃匀速圆周运动,设想从太阳向行星引一条辐线(径矢),他发现这条辐线在相等的时间间隔内扫过相等的面积,这便是开普勒第二定律。开普勒着手用各种卵形线去拟合行星轨道。经过大量的计算之后,他成功地发现行星的轨道是椭圆形的,太阳位于其焦点上(开普勒第一定律)。古希腊以来,人们就想到,行星的轨道越大,绕行一周的时间(周期)越长。开普勒进一步的努力找出了二者之间的定量关系。行星轨道的偏心率都不大,亦即它们的轨道近似于圆形。给出圆轨道近似下半径 R 与周期 T 的 2/3 次方成正比的结论,对于椭圆轨道,应在上述表述中把 R 换为它的半长轴 d,这便是开普勒第三定律。于是开普勒三定律可归纳如下:①行星沿椭圆轨道绕太阳运行,太阳位于椭圆的一个焦点上。②对任一颗行星说,它的径矢在相等的时间内扫过相等的面积。③行星绕太阳运动轨道半长轴口的立方与周期 T 的平方成正比。开普勒第二定律意味着角动量守恒,亦即行星受到的是有心力;开普勒第三定律意味着引力的平方反比律。开普勒三定律为以后牛顿发现万有引力定律打下了基础。

现在的问题是要回答:什么原因使行星绕日运转?在伽利略发现了惯性定律,即不受任何作用,物体将按一定速度沿直线前进。那么,下一个便是牛顿提出的问题,物体怎样才会不走直线?他的回答是:以任何方式改变速度都需要力。所以,使物体作圆周运动,需要有个向心力。亦即,开普勒第三定律含有这样的内容:一个行星所受的向心力与其质量成正比,与它到太阳的距离平方成反比。不过在没有牛顿创立的力和质量的确切概念之前,这种平方反比的思想是含糊不清的。由于行星的运动不再匀速,需要用到开普勒第二定律(面积定律),1684 年牛顿用相当复杂的几何方法明确地将它解决。苹果落地、月地检验等问题讨论的是地球的引力,行星运动问题讨论的是太阳的引力,牛顿在 1665 到 1685 年的 20 年间,把引力的思想不断深化,最后概括出"万有引力"的概念。

如果由实验和天文学观测,普遍显示出地球周围的一切天体被地球重力所吸引,并且其重力与它们各自含有的物质之量成正比,则月球同样按照物质之量被地球重力所吸引。另一方面,它显示出,我们的海洋被月球重力所吸引;并且一切行星相互被重力所吸引,彗星同样被太阳的重力所吸引。由于这个规则,我们必须普遍地承认,一切物体,不论是什么,都被赋予了相互吸引的原理。因为根据这些表象所得出的物体的万有引力的论证,要比它们的不可入性的论证有力得多……(《自然哲学的数学原理》)。

现在把万有引力定律表述如下:任何两物体 1、2 间都存在相互作用的引力,力的方向沿两物体的连线,力的大小 F 与物体的质量(注意,是引力质量)m_1、m_2 的乘积成正比,与两者之间的距离的平方成反比,即其中万有引力常量 G 是个与物质无关的普适常量。

图 2—4　牛顿

牛顿（I. Newton,1642－1727）　伟大的物理学家、数学家、天文学家(图 2－4)。牛顿在伽利略等人工作的基础上进行深入研究,总结出物体运动的三个基本定律:①任何物体在不受外力或所受外力的合力为零时,保持原有的运动状态不变,即原来静止的继续静止,原来运动的继续作匀速直线运动。②任何物体在外力作用下,运动状态发生改变,其动量随时间的变化率与所受的合外力成正比。通常可表述为:物体的加速度与所受的合外力成正比,与物体的质量成反比,加速度的方向与合外力的方向一致。③当物体甲给物体乙一个作用力时,物体乙必然同时给物体甲一个反作用力,作用力和反作用力大小相等,方向相反,而且在同一直线上。这三个非常简单的物体运动定律,为力学奠定了坚实的基础,并对其他学科的发展产生了巨大影响。伽利略曾提出过第一定律的内容,也曾非正式地提到第二定律的内容。笛卡儿对第一定律作过形式上的改进。第三定律的内容是牛顿在总结雷恩(C. Wren)、沃利斯(J. Wallis)和惠更斯等人的结果之后得出的。1665 年,牛顿开始研究万有引力。1679 年,胡克(R. Hooke)写信给牛顿,指出引力应与距离平方成反比,地球高处抛体的轨道为椭圆,假设地球有缝,抛体将回到原处,而不是像牛顿所设想的轨道是趋向地心的螺旋线。牛顿采纳了胡克的见解。在开普勒行星运动定律以及其他人的研究成果上,他用数学方法导出了万有引力定律。牛顿创立了经典力学理论体系,把地球上的力学和天体力学统一到一个基本的力学体系中,正确地反映了宏观物体低速运动的运动规律,实现了自然科学的第一次大统一。这是人类对自然界认识的一次飞跃。牛顿还指出流体黏性阻力与剪切率成正比,即现在我们所说的牛顿流体,包括水和空气。

牛顿的《自然哲学的数学原理》(1687)是经典力学的奠基性著作。全书分为三卷:物体的运动;在阻尼介质中的运动;世界体系的数学处理。

牛顿在力学与数学方面的革命性进展是在相互影响、相互促进中同步进行的。在数学方面,牛顿最卓越的数学成就是创立微积分。为了解决运动问题,牛顿创立了这种和物理概念关系紧密的数学理论,牛顿把它称之为"流数术"。它所处理的一些具体问题,如切线问题、求积问题、瞬时速度问题以及函数的极大和极小值问题等,在牛顿之前已经有人研究了。但牛顿站在更高的角度,对这些分散的结论加以综合,统一为两类普通的算法——微分和积分,并确立了这两类运算的互逆关系,从而完成了微积分最关键的研究问题,为近代科学发展提供了最有效的数学工具,从而开辟了数学学科的新纪元。后世认为,牛顿研究微积分可能比莱布尼茨早一些,但没有及时发表;莱布尼茨所采取的表达形式更加合理,方法更加完善,他的微积分著作出版时间也比牛顿早。总之,牛顿对微积分作出的极为重要的贡献是:他运用了代数所提供的不同于几何的方法论,取代了卡瓦列里

(F. B. Cavalieri)、格雷戈里(J . Gregory)、惠更斯和巴罗(I. Barrow)的几何方法,完成了积分的代数化,使数学逐渐从感性学科转向思维的学科。

总之,经典力学证明了自然规律的统一性,把人类对整个自然界的认识推进到一个新水平,这是人类对自然的认识的第一次大飞跃和理论大综合,标志着近代自然科学理论的诞生,也成为其他各门自然科学的典范。经典力学的建立对自然科学和科技的发展、社会进步具有深远影响。一是科学的研究方法推广应用到物理学的各个分支学科上,对经典物理学的建立意义重大;二是经典力学与其他基础科学相结合产生了许多交叉学科,促进了自然科学的进一步发展;三是经典力学在科学技术上有广泛的应用,促进了社会文明的发展。当然,牛顿的机械唯物论、绝对时空观和确定论发展观,在当时的条件下是不可避免的。20 世纪现代物理学的发展,并没有使经典力学失去存在的价值,只是拓宽了人们的视野,经典力学仍将在它适用的范围内显示绚丽的光彩。

第三节　分析力学体系[4-7]

牛顿力学建立以后,经典力学继续从几个方面向前发展:一是研究对象从质点、质点系到刚体运动;二是获得动力学的一般性规律和理论,特别是要研究有约束的动力学体系的运动规律。

关于刚体力学,其主要创始人是欧拉(L. Euler,1707—1783)。他是瑞士数学家、天文学家和力学家。1724 年在巴塞尔大学获得硕士学位,1727 年受凯瑟林一世的邀请加入圣彼得堡科学院,不久成为该院物理学教授,并任数学所所长。1741 年普鲁士弗雷德里克大帝让欧拉加入了柏林科学院,1766 年返回俄国。欧拉后半生虽然一眼失明,仍以巨大毅力写出杰出论文,与阿基米德、牛顿、高斯(C. F. Gauss)并列为数学史上的"四杰"。

刚体运动可以分解为质心的运动和绕质心的运动,欧拉集中研究了绕固定点运动的刚体物体。欧拉定义了自转角、章动角和进动角,并以此三个欧拉角描述刚体姿态,导出了刚体绕固定点运动的基本方程,并寻求刚体定点运动的解;解决了不受力矩自由转动的刚体的欧拉情况。惯性椭球为旋转椭球 $A=B \neq C$ 重刚体情况由拉格朗日解出;在 $A=B=2C$ 时,1891 年科娃列夫斯卡亚终于找到了第三个可积情况。

这一阶段,在力学的一般原理方面也有了新的进展,包括:约翰·伯努利的虚位移原理、达朗伯原理和马保梯的最小作用量原理。

1917 年,约翰·伯努利(Johann Bernoulli)提出了虚位移原理,后于 1726 年发表在《新的力学或静力学》一文:"在一切力的平衡中,不论它们的作用方式如何,不论它们沿着什么方向相互作用,不论它们是直接还是间接地作用,正能量的和将总是等于负能量的总和"。这一表述与后来的科里奥利的虚功原理的表述是一样的,即:在理想完整的约束中,系统的平衡条件为主动力在虚位移上所作的总功总和等于零;为分析力学的建立奠定了基础。

1743 年,达朗伯(J. Ie R. d'Alembert)发表的《论动力学》一书,开创了讨论约束物体运动的先河,书中将牛顿运动定律推广为受约束物体的运动定律,即有名的达朗伯原理。达朗伯原理是求解有约束质点系的动力问题。在静力学中构成平衡的力系都是外界物体对质点的作用力。在研究系统的动力学时,如果把称为惯性力的力附加在质点上,系统就平衡了。所以,惯性力是一种为了便于解决问题而假设的"虚拟力",从广义相对论的角度看,惯性力是真实的力。所以,达朗伯原理统一了静力学和动力学。1752年达朗伯在《试论流体阻力的新理论》中提出许多新思想,但由于只考虑无黏性不可压缩流体,结果得到运动阻力为零的结论,这就是著名的"达朗伯佯谬"。这个"佯谬"和牛顿阻力公式同实验事实之间的矛盾在很长时期内推动着流体阻力的研究。

最小作用量原理的研究要归功于马保梯(P. L. M. de Maupertuis)。1744年,马保梯受到光传播的费马原理启示,在《运动规律的研究》一书中写道:每当自然界中发生什么变化时,为此变化所使用的作用量总是最小可能的,即提出著名的"最小作用量原理"。他力图寻找可以使宇宙规律统一起来的普遍原理,他把"作用"定义为 mvs(m 为重量,v 为速度,s 为距离),认为这个原理不但可用于力学,而且可用于动物的运动、植物的生长。后来欧拉将最小作用量原理重新叙述为必须是极小,并由 W. R. 哈密顿加以发展,成为量子力学和生物体内平衡原理的基础。

从18世纪开始,数学分析的工具逐步成熟起来,牛顿力学的一般原理也得到了发展。同时由于工业的发展,出现了各种机械装置。18世纪中叶,机械表已经大量生产进入市场。1768年,英国发明了纺纱机,1692年德国纽科曼、1768年俄国祖博夫发明了蒸汽机,1763年英国瓦特对蒸汽机做了重大改进。从此,蒸汽动力被普遍应用于纺织、火车、轮船,于是形成了"产业革命"。当时的力学家也都是大数学家,于是,研究受约束物体运动的条件成熟了,"分析力学"应运而生。

分析力学方面的主要成就是由拉格朗日力学发展为以积分形式的变分原理为基础的哈密顿力学。积分形式变分原理的建立对力学的发展,无论在近代或现代,无论在理论上或应用上,都具有重要的意义。积分形式变分原理除 W. R. 哈密顿在1834年所提出的以外,还有 C. F. 高斯在1829年提出的最小拘束原理。哈密顿另一贡献是正则方程以及与此相关的正则变换,为力学运动方程的求解提供了新的途径。雅可比(C. G. J. Jacobi)进一步指出正则方程与一个偏微分方程的关系。从牛顿、拉格朗日到哈密顿的力学理论构成物理学中的经典力学部分。所以,创立分析力学的科学家有:

拉格朗日(J. L. Lagrange, 1736—1813) 法国力学家、数学家,分析力学的奠基人。1788年,他在欧拉、达朗伯等人的研究成果基础上,应用数学分析解决质点和质点系的力学问题,发表专著《分析力学》。书中,他在静力学各种原理包括虚速度原理的基础上,提出虚功原理,并同达朗伯原理结合而得到动力学普遍方程。对于有约束的力学系统,他采用适当的变换,引入广义坐标,得到一般的运动方程,即第一类和第二类拉格朗日方程。该书首次采用广义坐标、广义速度等概念,从变分原理出发建立受约束系统平衡和运动的方程。这是一本分析力学的奠基性著作,全书全部用分析形式写成,没有一张图。

拉格朗日研究了微振动、重刚体定点转动,对刚体的惯性椭球是旋转椭球且重心在对称轴上的情况作过详细的分析,这种情况称为重刚体的拉格朗日情况。这一研究收在《分析力学》第二版(1815)的附录中。

拉格朗日也研究过理想流体运动方程,最先提出速度势和流函数的概念,成为流体无旋运动理论的基础。他从动力学普遍方程导出的流体运动方程,描述的是每个流体质点自始至终的运动过程,现称为拉格朗日方法,区别于着眼于空间点的欧拉方法。

哈密顿(W. R. Hamilton)进一步发展了分析力学。他于1834年建立了哈密顿原理,使各种动力学定律都可以从一个变分式推出。该原理可表述为:在$N+1$维空间$(q,q_0,\cdots,q_N,t)$中,任两点之间连线上动势$L(q,t,\cdots)$的时间积分以真实运动路线上的值为驻值。第二类拉格朗日方程可由哈密顿原理导出。该原理的数学形式不但简洁和紧凑,而且应用广泛,如适当地替换L的内容,就能作为其他力学的基础(如电动力学和相对论力学)。此外,若将此原理写成变分形式,就能利用变分法中的近似计算法来解决某些力学问题。他把广义坐标和广义动量作为独立变量来处理动力学方程获得成功,这种方程现称为哈密顿正则方程。哈密顿提出变分原理和正则方程的两篇长论文是《论动力学中的一个普遍方法》和《再论动力学中的普遍方法》。

随后,雅可比进一步发展了哈密顿的思想,建立了一套求解动力学问题的新方法,他导出的偏微分方程使哈密顿正则方程变为较易求解的形式,称为哈密顿-雅可比方程。他还发展了这些方程的积分理论,并用这一理论解决了力学和天文学的一些问题。值得一提的是,在表述经典力学的各种理论中,唯有哈密顿-雅可比理论可用于量子力学。另外,雅可比还建立了雅可比运动方程,该方程以数学形式恰当地表达了马保梯的最小作用量原理。

第四节　连续介质力学[4,5]

在17世纪牛顿力学成功解决了离散体系的问题后,必然将注意力转向以固体和流体为代表的连续介质系统。连续介质系统的研究远小于宏观尺度的,由大量分子组成的微团在三维欧氏空间和均匀流逝时间下受牛顿力学支配的介质行为。连续介质力学不研究介质的微观结构,仅关注它们的宏观行为。物质结构理论研究具有不同特殊结构的物质性状,而连续介质力学则研究具有不同结构物质的共同性状。连续介质力学的主要任务是:在定量确定各种物质本构关系的基础上,建立物质运动的模型和基本方程,并在给定的初始条件和边界条件下求出问题的理论和数值解答,并与实验结果进行比较和验证。它通常包括下述基本内容:①变形几何学:研究连续介质变形的几何性质,确定变形物体各部分空间位置和方向的变化以及各邻近点相互距离的变化,这里包括诸如:运动、构形、变形梯度、应变张量、变形的基本定理、极分解定理等重要概念。②运动学:主要研究连续介质力学中各种量的时间率,这里包括诸如:速度梯度、变形速率和旋转速率、里夫林-埃里克森张量等重要概念。③基本方程:根据适用于所有物质的守恒定律建立的方程,包括连续性方程、动量方程、能量方程、熵不等式等。④本构关系。⑤特殊理论:例如:弹性理论、黏性流体理论、塑性理论、黏弹性理论、热弹性固体理论、热黏性流体理论等。⑥问题的求解:根据发展过程和研究内容,客观上连续介质力学可分为古典连续介质力学和近代连续介质力学。古典连续介质力学侧重于研究两种典型的理想物质,即线性弹性物质和线性黏性物质。弹性物质是指应力只由应变来决定的物质。当变形微小时,应力可以表示为应变张量的线性函数,这种物质称为线性弹性固体。本构方程中的系数称为弹性常数。对各向异性弹性固体最多可有21个弹性常数,而各向同性弹性固体则只有两个。黏性物质是指应力与变形速率有关的物质。对流体来说,如果这个关系是线性的,就称为线性黏性流体或称牛顿流体。对线性黏性流体只有两个黏性系数。这两种典型物质能很好地表示出工程技术上所处理的大部分物质的特性,所以,古典连续介质理论至今仍被广泛应用,并将继续发挥它解决实际问题的能力。

近代连续介质力学的内涵则有了如下扩充:①物体不必只看作是点的集合体;它可能是由具有微结构的物质点组成。②运动不必总是光滑的;激波以及其他间断性等,都是容许的。③物体不必只承受力的作用,它也可以承受体力偶、力偶应力以及电磁场所引起的效应等。④对本构关系进行更概括的研究。⑤重点研究非线性问题。研究非线性连续介质问题的理论称为非线性连续介质力学。近年来,近代连续介质力学在深度和广度方面都已取得很大的进展,并出现下列三个发展方向:①按照理性力学的观点和方法研究连续介质理论,从而发展成为理性连续介质力学。②把近代连续介质力学和电子计算机结合起来,从而发展成为计算连续介质力学。③把近代连续介质力学的研究对象扩大,从而发展成为连续统物理学。

由此可见,理性力学(rational mechanics)是力学中的一门横断的基础学科。它用数学的基本概念和严格的逻辑推理研究力学中具有共性的问题。它一方面用统一的观点对各传统力学分支进行系统的和综合的探讨,另一方还要建立和发展新的模型、理论以及解决问题的解析方法和数值方法。理性力学的研究特点是强调概念的确切性和数学证明的严格性,并力图用公理体系来演绎力学理论。1945年后,理性力学转向以研究连续介质为主,发展成为连续统计物理学的理论基础。理性力学发展过程可为若干时期:牛顿的《自然哲学的数学原理》一书可看作是理性力学的第一部著作。从牛顿三定律出发可演绎出力学运动的全部主要性质。另一位理性力学先驱是瑞士的雅科布·伯努利。他最早从事变形体力学的研究,推导出沿长度受任意载荷的弦的平衡方程,通过实验,他发现弦的伸长和张力并不满足线性的胡克定律,并且认为线性关系不能作为物性的普遍规律。达朗伯于1743年提出,理性力学必须像几何学那样建立在显然正确的公理上,力学的结论都应有数学证明。这便是理性力学的框架。1788年法国科学家拉格朗日创立了分析力学,其中许多内容是符合达朗伯框架的。经过相当长的时间,变形体力学的一些基本概念,如应力、应变等才逐渐建立起来。1822年法国数学家柯西(A. L. Cauchy)提出的接触力可用应力矢量表达的“应力原理”一直是连续介质力学的最基本假定。1894年芬格(J. Finger)建立了超弹性体的有限变形理论。关于有向连续介质(即广义连续介质力学)的猜想是1887年佛克脱(W. Voigt)和1893年迪昂(P. Duhem)提出的,其理论则是由法国科学家 E. 科瑟拉和 F. 科瑟拉兄弟在1909年数学大会上提出的23个问题中的第6个问题,就是关于物理学(特别是力学)的公理化问题。

固体和流体的物性是建立连续介质平衡和运动基本方程的基础,因此,有关介质力学性能的基本定律也是通过实验测定和分析研究的基础上建立起来的。胡克1660年在实验室中发现弹性体的力和变形之间存在着正比关系。牛顿在《自然哲学的数学原理》中指出流体阻力与速度差成正比,这是黏性应力与剪切应变率之间正比关系的最初形式。1636年梅森(M. Mersenne)测量了声音的速度。波义耳于1662年和马略特(E. Mariotte)于1676年各自独立地建立气体压力和容积关系。以上这些对物性的了解,为后来弹性力学、流体力学、气体力学等学科的出现作了准备。与此同时,有关材料力学、水力学的奠基工作也已开始。继伽利略之后,马略特在 1680 年作了梁的弯曲试验,并发现变形与外力的正比关系。丹尼尔·伯努利和欧拉在弹性梁弯曲问题中假定弯矩和曲率成正比。

一、流体力学

1687 年出版的《自然哲学的数学原理》是最早研究流体力学的著作,在书中牛顿指出了流体黏性阻力与剪切率成正比。他说:"流体部分之间由于缺乏润滑性而引起的阻力,如果其他都相同,与流体部分之间分离速度成比例。"现在我们把符合这一规律的流体称为牛顿流体,其中包括最常见的水和空气,不符合这一规律的称为非牛顿流体。他还用万有引力原理说明潮汐的各种现象,指出潮汐的大小不但同月球的位相有关,而且同太阳的方位有关。在给出平板在气流中所受阻力时,牛顿对气体采用粒子模型,得到阻力与攻角正弦平方成正比的结论。这个结论一般地说并不正确,但由于牛顿的权威地位,后人曾长期奉为信条。关于声的速度,牛顿正确地指出,声速与大气压力的平方根成正比,与密度的平方根成反比。但由于他把声传播当作等温过程,结果与实际不符,后来拉普拉斯(P. S. Laplace)从绝热过程考虑,修正了牛顿的声速公式。

继牛顿以后,丹尼尔·伯努利对流体力学也作出了贡献。他是大数学家雅科比·伯努利的次子,他违背家庭意志,坚持学医,1921 年取得医学博士学位。后来又在巴塞尔大学学哲学、伦理学、医学等。曾被聘为俄国圣彼得堡科学院数学院士,后回到瑞士巴塞尔大学任解剖学教授、动力学教授和物理学教授,在微分方程、概率论、分子运动论等多个领域作出贡献。在流体力学方面,受到对人体循环系统研究和测量血压的启发,导出了著名的伯努利方程,即流体运动的能量守恒方程,并由此可以得到托里拆利公式。

现在,我们必须还要提到大数学家欧拉的贡献。欧拉是刚体力学和流体力学的奠基者,弹性系统稳定性理论的开创人。他认为质点动力学微分方程可以应用于液体(1750)。他曾用两种方法来描述流体的运动,即通过定义随体导数或物质导数确定在空间固定点的流体加速度(1755)和跟随确定的流体质点(1759)描述流体速度、加速度场。前者称为欧拉观点,后者称为拉格朗日观点。欧拉奠定了理想流体动力学的理论基础,给出了反映质量守恒的连续方程(1752)和反映动量变化规律的流体动力学方程(1755)。在欧拉工作的基础上,还发展了有势流动和旋涡流动的理论。关于理想流体动力学的研究成果由兰姆(H. Lamb)总结在他的名著 *The Theory of Hydrodynamics* (1878)中。

接着,在流体力学领域最主要的进展是黏性流体运动基本方程,即建立纳维-斯托克斯方程。牛顿在《自然哲学的数学原理》中曾指出,黏性流体间的阻力与其速度梯度成比例。纳维(C. L. M. H. Navier)从分子假设出发,采用连续统的模型,假设应力六个分量线性地依赖于变形速度六个分量,从而将欧拉关于流体运动的方程推广,于 1821 年获得一个反映黏性作用的运动方程。1831 年泊松(S. D. Poisson)改用黏性流体模型解释并推广了纳维的结果,第一个完整地给出黏性流体的本构关系。1845 年斯托克斯(G. G. Stokes)从连续统的力学模型和牛顿关于黏性流体的物理规律出发,在《论运动中流体的内摩擦理论和弹性体平衡和运动的理论》中给出黏性流体运动的基本方程组,其中含有两个黏性常数。这组方程后称纳维-斯托克斯方程,它是流体力学中最基本的方程组。斯托克斯还研究过不满足牛顿黏性规律的流体的运动,但这种"非牛顿"的理论直到 20 世纪 40 年代才得到重视和发展。这组方程在特定情况下可以有解析解,是我们获得多种简单几何构型情况下黏性流动的解答。一般情况下,在小雷诺数和大雷诺数下有近似解,可以帮助我们解决实际的工程问题。随着计算机能力的提高,一般情况下的高雷诺数问题,即使到了湍流阶段,通过湍流模型(RANS)、大涡模拟(LES),也可以获得数值解。因此,纳维—斯托克斯方程是流体动力学学科的基石。

1819 年起,泊肃叶(Poiseuille)发表过一系列关于血液在动脉和静脉内流动的论文,其中《小管径内液体流动的实验研究》(1841)为黏性流体运动基本理论提供了实验证明,对流体力学的发展起到了重要作用。由于德国工程师哈根(G. H. L. Hagen)在 1839 年曾得到同样的结果,该定律后被称为哈根—泊肃叶定律,流体力学中常把黏性流体在圆管道中的流动称为泊肃叶流动。

关于从层流到湍流的转捩(或过渡),以及流动失稳问题的奠基性工作是雷诺(O. Reynolds)的管道实验(1883)。他在实验中发现,当流体速度足够大时,原先层次分明的层流流动便转变为混乱无序的湍流流动,而流动状态转变的阈值是一个无量纲数——雷诺数,它标志了惯性力和黏性力的比值。当流动的惯性力占主导地位,非线性效应足够强时,这种状态的转变就发生了。由于在自然界和工业中,湍流流动比比皆是,它对于减小阻力,增强掺混和降低噪声十分重要,所以,导致了一个多世纪的湍流难题的研究,取得了重要进展。这个例子说明,无论理论研究或者进行实验研究,保证动力相似的重要性,其中要实现雷诺数相似一般比较困难,需要建立高参数的实验装置。此外,雷诺还给出平面渠道中的阻力,提出轴承的润滑理论(1886)。

在可压缩流动方面,19 世纪只有零星的工作,如:对于超声速流动,马赫(E. Mach)在 1887 年开始发表的关于弹丸在空气中飞行实验结果,提出流速与声速之比这个无量纲数,后来这个参数被称为马赫数(1929),它的逆正弦被称为马赫角(1907)。兰金(W. J. M. Rankine)和许贡纽(P. H. Hugoniot)分别于 1870 年和 1887 年考虑了一维冲击波(激波)前后压力和密度的不连续变化规律。

水力学和水动力学方面,这一时期内有关流体方面的力学发展,在实践的推动下水力学发展出不少经验公式或者半经验公式。许多水利工程、水力机械中的力学问题依赖这种办法得到解决,如谢才(A. de Chézy)、曼宁(R. Manning)的明渠流公式,佩尔顿(L. A. Pelton)、弗朗西斯(J. B. Francis)、卡普兰(V. Kaplan)等为提高水力机械效率而作的许多水力学研究。Н. П. 彼得罗夫在 1890 年关于偏心两圆柱间的流动的研究则是和轴承的润滑问题相联系的。

二、固体力学

数学弹性力学是力学的一个主要分支,建立始于 19 世纪,当时欧洲主要国家相继完成了产业革命,以机器为主体的工厂制度代替了手工业和工场手工业。大机器生产对力学提出了更高的要求。各国加强了科学研究机构。在建立经典力学后,物理学的前缘逐渐向热学和电磁学转移。能量守恒和转换定律的确立,开始对力学的(即机械的)自然观造成冲击。客观现实促进力学在工程技术和应用方面的发展。另一方面,一些学者竭力完善力学体系,把力学同当时蓬勃发展的数学理论如数学分析、变分法、微分方程等结合起来,使力学原理的应用范围从质点系、刚体扩大到可变形的固体和流体,而在此之前所取得的物理研究成果和欧拉的工作已为此提供了理论依据。弹性固体和黏性流体的基本方程同时诞生,标志着数学弹性力学和水动力学两分支的建立,也标志着力学开始从物理学中分离出来。而力学的传统部分特别是分析力学则继续发展,且继续在物理学中起作用。这一时期,力学的理论研究与应用研究齐头并进,两者各自独立发展。如结构力学和弹性力学。19 世纪中固体力学方面的发展,一方面是材料力学更趋完善并逐渐发展为杆件系统,即结构力学;另一方面是数学弹性力学的建立。材料力学、结构力学与当时土木建筑技术、机械制造、交通运输等应用领域关系密切,而弹性力学在当时则很少有直接的应用背景,主要是为探索自然规律而作的基础研究。1807 年杨(T. Young)提出弹性模量的概念,指出剪切和伸缩一样,也是一种弹性变形。虽然杨氏模量的形式与现代定义不一样,杨也并不清楚剪切和伸缩应有不同的模量,但杨的工作成为弹性理论建立的前奏。纳维在 1827 年发表了他的研究结果《关于弹性平衡和运动规律的研究报告》,从分子结构理论出发,建立了各向同性弹性固体方程,其中只有一个弹性常量。柯西在 1823 年将离散分子模型改为连续统模型[克莱罗(A. C. Clairaut)于 1713 年最先提出连续统模型],对应力和应变的理论作了详细探讨,建立了各向同性弹性材料平衡和运动的基本方程。

近代数学分析严格理论体系创立者柯西(1789—1857),是弹性力学数学理论的奠基人。他在《弹性体及流体(弹性或非弹性)平衡和运动的研究》(1823)一文中,提出各向同性的弹性体平衡和运动的一般方程(后来他还把该方程推广到各向异性的情况),给出应力和应变的严格定义,提出它们可分别用六个分量表示。1829 年泊松发表的弹性力学方程,又回到了给出一个弹性常量方程的离散粒子模型,但它指出纵向拉伸引起横向收缩,两者应变比是一个常数,等于 1/4。各向同性弹性固体的弹性常量是一个还是两个,或者在一般弹性体中是 15 个还是 21 个,曾引起激烈的争论,促进了弹性理论的发展。胡克建立了弹性体变形与力成正比的定律。1660 年他在实验中发现螺旋弹簧伸长量和所受拉伸力成正比。1676 年在他的《关于太阳仪和其他仪器的描述》一文中用字谜形式发表这一结果,谜面是 ceiiinosssttuv。1678 公布是"伸长量和力成正比"。这是关于弹性体胡克定律的最早形式。胡克定律内容是:在小变形情况下,固体的变形与所受的外力成正比。也可表述为:在应力低于比例极限的情况下,固体中的应力与应变成正比,E 为常数,称为弹性模量或杨氏模量。胡克定律后来被推广到三向应力应变状态,即通常所说的广义胡克定律。对各向同性弹性体的胡克定律中独立的弹性系数只有两个。对于各向异性弹性体的胡克定律,独立弹性系数一般有 21 个。若物体是不均匀的,则弹性系数是空间位置的函数。最后 G. 格林从弹性势,G. 拉梅从两个常量的物理意义给出了正确结论:弹性常量应是两个,不是一个(一般弹性材料是 21 个)。

弹性力学基本方程建立后,圣维南(A. J. C. B. de Saint-Venant)着手求解方程,得到一些有价值的结果,如指出局部的平衡力系对大范围内的弹性效应是可以忽略的。后来乐甫(A. E. H. Love)又得到一些具体情况的解,收录在他所著的《数学弹性理论》两卷(1892—1893)中,书中精辟地分析了 20 世纪以前弹性力学的发展历史,认为弹性理论对于认识物质结构和光的本性,推动解析数学、地质学、宇宙物理学的发展起了非常重要的作用。

在弹性体的振动研究方面,1877—1878 年,瑞利(J. W. S. Rayleigh, Lord)发表《声学理论》一书,首先采用一种近似方法通过泛函驻值条件求未知函数,后由瑞士的里兹(W. Ritz)于 1908 年作为一个有效方法提出,称为瑞利-里兹法(Rayleigh-Ritz method)。这个方法在许多力学、物理学问题中得到应用。在振动问题中,他对系统固有频率的性质进行估值和计算,如果将物体的可能位移表达为若干个给定的位移的线性组合,而以瑞利商作为位移的泛函,则利用瑞利商取驻值的条件,就可求出物体振动的固有频率的近似值。

固体力学早期对塑性力学与强度理论有重要的研究。塑性变形现象发现较早,早期的力学研究是从 1773 年库仑(C. A. de Coulomb)提出土的屈服条件开始的。随后特雷斯卡(H. Tresca)对金属材料提出了最大剪应力屈服条件(1864)。圣维南提出理想刚塑性的应力-应变关系(1870),莱维(M. Levy)将塑性应力-应变关系推广到三维情况(1871)。格斯特(J. J. Guest)通过薄管的联合拉伸和内压试验证实最大剪应力屈服条件(1900)。此后米泽斯(R. von Mises)从数学简化的要求出发提出的称米泽斯条件(1913)。米泽斯还独立地提出和莱维一致的塑性应力-应变关系(后称为莱维-米泽斯本构关系)。物体内部微观结构发生了变化,产生了微观的残余应力,它能在下次加载扩大物体的弹性范围。包辛格(J. Bauschinger)发现在卸载后施加反方向压力时,反向屈服极限降低了(1886)。这一现象后称为包辛格效应。判断材料在复杂应力状态下是否破坏的理论称为强度理论(strength theory)。材料在外力作用下有两种不同的破坏形式:一种是在不发生显著塑性变形时的突然断裂,称为脆性破坏;另一种是因发生显著塑性变形而不能继续承载的破坏,称为塑性破坏。对材料破坏的原因,有各种不同的假说,但这些假说都只能解释某些破坏试验,而不能解释所有材料的破坏现象。这些假说统称强度理论。常用的强度理论有以下几种:第一强度理论(最大拉应力理论),根据兰金的最大正应力理论改进得出的,主要适用于脆性材料;第二强度理论(最大伸长应变理论),根据彭赛列的最大应变理论改进而成的,主要适用于脆性材料;第三强度理论(最大剪应力理论或特雷斯卡屈服准则);第四强度理论(最大形状改变比能理论),由波兰的胡贝尔(M. T. Huber)于 1904 年从总应变能理论改进而来。米泽斯(1913)、亨奇(H. Hencky)(1925)都对第四强度理论作过进一步的研究和阐述。莫尔(O. Mohr)对最大拉应力理论作了修正(1900),后被称为莫尔强度理论,适用于抗压强度远远地大于抗拉强度的材料。

第三章 19－20世纪初理论和应用力学的进展

经典力学原是研究宏观物体（相对于原子等微观粒子而言）低速（相对光速而言）机械运动的现象和规律。物理学科的建立是从力学开始的，人们曾试图用经典力学理论来解释机械运动以外的各种形式的运动，如热、电磁、光、分子和原子内部的运动等。然而，到了20世纪初，经典力学中绝对时空观和能量连续概念的局限性，使其应用范围受到了限制。爱因斯坦的相对论和普朗克的量子论不仅使物理学摆脱了这种机械唯物论的束缚而得到健康发展，而且又促进人们进一步深化对力学基本规律的认识及其与其他学科的交叉。

另一方面，在20世纪初工程技术得到了迅猛的发展，特别是电机工程和航空工程两个崭新的工程技术的出现，迫切需要发展相应的技术科学，为飞速发展的工程技术提供理论基础。力学责无旁贷，在众多的工程技术的发展中，无论是发展悠久的土木工程、建筑工程、水利工程、机械工程和船舶工程，还是后起发展的航空工程、航天工程、核工程和生物医学工程，都存在着大量的力学问题有待研究与解决，促进了科学与工程的紧密结合。因此，在近代力学研究中逐步形成了面向工程应用的哥廷根学派，同时，也仍然存在以传统基础研究为主的理论力学学派，继续在探索自然现象的客观规律中蓬勃发展。

俄罗斯的力学学科开拓者儒科夫斯基曾经说过："力学发展的一条道路是从伽利略开始，继之者是牛顿、拉格朗日、雅可比；另一条路也是从伽利略开始，继之者为惠更斯、潘索。"[4]［潘索（L. Poinsot）先后是巴黎综合工科学校的教师和管理人员，力偶的概念是他最早引入的。］儒科夫斯基（Н. Е. Жуковский）在这里说的第一条道路实际上就是理论力学的道路，第二条道路实际上就是应用力学的道路。

一、应用力学学派[8－11]

19世纪末20世纪初世界正处于工业化蓬勃发展的时期，许多新型的工程技术不断涌现，特别是航空工程的逐渐形成和发展对现代应用力学学派的形成至关重要。当时的航空发展仅处于萌发阶段：1882年报道俄国的莫扎伊斯基（А. Ф. Можайский）进行了成功的飞行，并声称那是历史上最早的动力飞行。1890年法国发明家阿达驾驶第一架有动力飞机上了天，但仅飞了30米后着陆时坠毁。直到1903年莱特兄弟首次驾着重于空气的飞行器实现了连续飞行，被人们确认为世界的首次成功飞行。德国的奥托·里林托尔（滑翔机先驱者）说得好："设想一架飞机算不了什么，造一架飞机也容易，把一架飞机飞上天去，这才是一切！"[8]这表明航空工程的发展绝不能停留在缺乏理论指导的冒险活动上，飞行科学必须赶上人们的设想、设计和试验，急切需要创建和发展一套飞行科学理论，特别是空气动力学理论，来阐明和指导飞机设计，包括最基本的飞机升力和阻力是如何获得的，它们又是由飞机的哪些参数决定的，等等。

位于德国西北部下萨克森州南端的大学城哥廷根市的哥廷根大学是由英国国王及汉

诺威大公的乔治二世于 1734 年在哥廷根创办的一所大学,旨在弘扬欧洲启蒙时代学术自由的理念。哥廷根大学成为世人瞩目的科学中心是因其自然科学的成就,尤其是数学。高斯于 18 世纪任教于此。此后,黎曼(G. F. B. Riemann)、狄利克雷(P. G. L. Dirichlet)和雅可比在代数、几何、数论和分析领域做出了杰出贡献。到 19 世纪,著名数学家希尔伯特(D. Hilbert)和克莱因(F. C. Klein)更是吸引了大批数学家前往哥廷根,使德国哥廷根数学学派进入了全盛时期。到 20 世纪初,哥廷根已成为无可争辩的世界数学中心和圣地。这一时期,哥廷根大学在自然科学其他领域的学术地位,也在全欧乃至世界上达到了顶峰。在这里我们要提到哥廷根学派几位最著名的科学家:

克莱因(F. C. Klein, 1849—1925)　　杰出的数学家,哥廷根学派的创立者(图 3—1)。他对大学教育还有一整套想法:他提倡学术民主,举办各种学术讨论会,像爱因斯坦、希尔伯特、闵可夫斯基、劳仑兹和龙格那样的大师们经常到会。克莱因利用这样的讲坛还举办过三期应用数学和应用力学的讲座,那时,在大学举办这样的讲座确实是破天荒的创举。他经常喜欢说,世界上最伟大的数学家,比如阿基米德和牛顿完全懂得怎样运用数学去解决实际问题。他主张数学应当和工程实践相结合,推动了哥廷根大学沿着这个方向前进。1893 年克莱因在美国芝加哥参观国际博览会后,深感基础学科对于发展工业的重要性,决心进一步强化科学与

图 3—1　克莱因

工程的结合。他回德国后在哥廷根竭力促进数学、力学和其他基础学科在工程技术中的发展和应用,并在哥廷根大学成立应用力学系,聘请普朗特为系主任,从而引发了航空工程的快速发展。克莱因在哥廷根还创建了天文学和光学等研究机构,后来这些机构都成了德国制造厂商的设计、制造指导中心,其生产的产品也世界闻名。在克莱因的领导下,原以理论科学基地著称的哥廷根大学又成为了著名的应用技术摇篮。

普朗特(L. Prandtl, 1875—1953)　　德国力学家,近代力学奠基人之一,被誉为"空气动力学之父"(图 3—2)。他在大学主修机械工程,后在慕尼黑工业大学主攻弹性力学,获得博士学位。1925 年以后建立威廉皇家流体力学研究所(现为普朗特流体力学研究所),兼任所长。1901 年普朗特发现气流分离问题。后在汉诺威大学任教授时,用自制水槽观察绕曲面的流动。1904 年普朗特在海德堡国际数学大会上宣读了揭示阻力奥秘的边界层概念的论文《论黏性很小的流体的运动》。普朗特发现,在流动雷诺数很大时,流动的黏性效应仅在贴近物面的很薄一层流动中必须予以考虑,这就是所谓

图 3—2　普朗特

边界层。在其外面的流动仍可假设为无黏的理想流体流动。边界层概念的提出,不仅解决了绕流物体阻力为零的佯谬,为飞机的工程设计提供了条件,而且实现了传统的理想流体力学向黏性流体力学领域研究的跨越。

除了边界层理论,普朗特在流体力学方面的其他贡献有:①风洞实验技术:他认为研究空气动力学必须作模型实验。1906 年建造了德国第一座风洞,1917 年建成哥廷根式风洞。②机翼理论:在实验基础上,他于 1913—1918 年提出了举力线理论和最小诱导阻力

理论,后又提出举力面理论等。③湍流理论:提出层流稳定性和湍流混合长度理论。此外,还有亚声速相似律和可压缩绕角膨胀流动,后被称为普朗特—迈耶尔流动等。

1931 年普朗特与蒂琼合著出版《应用水动力学和空气动力学》,1942 年出版《流体力学概论》(1974 年出版中文译本)。他的力学论文汇编于 1961 年出版。

图 3-3 冯·卡门

冯·卡门(T. von Kármán,1881－1963) 1902 年在布达佩斯皇家理工综合大学获得硕士学位(图 3-3)。1903－1906 年,留校任职,并在匈牙利一家发动机制造厂担任顾问,在航空器结构和材料强度方面开展了一些有价值的工作。1906 年到德国哥廷根大学攻读博士学位,1908 年毕业,导师是普朗特。

1908 年的一天,冯·卡门看到飞行家法尔芒(H. Farman)的一次飞行后,问法尔芒:"我是研究科学的。有一位伟大的科学家用他的定律证明了比空气重的东西是绝对飞不起来的……"法尔芒幽默地回答"我只是个画家、赛车手,现在又成了飞行员。至于飞机为什么会飞起来,不关我的事,您作为教授,应该研究它。祝您成功。"这次对话决定了冯·卡门今后一生的研究方向。他对陪他一起来的一位记者说:"我要不惜一切努力去研究风以及在风中飞行的全部奥秘。总有一天我会向法尔芒讲清楚他的飞机为什么能上天的道的。"正是这次参观把冯·卡门引上了毕生从事航空航天气动力学研究的道路。

不久,冯·卡门到哥廷根大学担任普朗特的助手,从事教学和研究飞艇的工作。1911 年他归纳了水流过圆柱体产生两列交错旋涡的规律,即"卡门涡街"理论。该理论解释了 1940 年华盛顿州塔科马海峡桥在大风中倒塌的原因。

1930 年,冯·卡门接受美国加州理工学院邀请,担任古根海姆气动力实验室主任,指导加州理工大学和古根海姆气动力实验室第一座风洞的设计和建设。他提出了简化的附面层控制理论,后又提出了未来的超声速阻力的原则。1938 年,冯·卡门指导了第一次超声速风洞试验,发明了喷气助推起飞,使美国成为第一个在飞机上使用火箭助推器的国家。他发表过很多有关超声速飞行的论文和研究成果,首次用小扰动线化理论计算一个三元流场中细长体的超声速阻力,提出超声速流中的激波阻力概念和减小相对厚度可减少激波阻力的重要观点。1941 年,冯·卡门应用钱学森 1939 年一篇论文的观点做出亚声速气流中空气压缩性对翼型压强分布的修正公式,发表了著名的高速飞行中翼型压力分布的计算公式——"卡门—钱学森公式"。1946 年,冯·卡门提出跨声速相似律,该相似律与普朗特的亚声速相似律、钱学森的高超声速相似律、J. 阿克莱的超声速相似律一起形成可压缩空气动力学的一个完整基础理论体系。1946 年,他发表了"超声速空气动力学的理论和应用"的重要演讲,向人们宣告了超声速时代即将到来。

二、俄罗斯科学家的理论研究[4,5,14]

俄罗斯自 17 世纪彼得大帝学习西方资本主义,建立圣彼得堡科学院,凯瑟琳女皇聘请国外知名科学家欧拉、伯努利担任院士以后,科学研究日益发展。20 世纪初建立了社会主义国家以后,创建了苏联中央流体动力学研究院。在苏联,与数学、物理紧密结合的理论力学的研究得到了充分发展,出现了一批世界知名的理论力学家:

图 3—4 儒科夫斯基

儒科夫斯基（H. E. Жуковский，1847—1921） 俄国著名空气动力学家，苏联航空事业的奠基人，被誉为"俄罗斯航空之父"（图 3—4）。1868 年儒科夫斯基毕业于莫斯科大学物理数学系，1882 年获应用数学博士学位。1886 年任职莫斯科大学和莫斯科高等技术学校教授。他重视人才培养，有不少他的学生后来成为著名的科学家，如恰普雷金（C. A. Чаплыгин）。还有的成为著名飞机设计师，例如图波列夫（A. H. Туполев）曾领导图波列夫飞机设计局先后研制出苏联的全金属结构飞机安特 25、轰炸机和旅客机。其中，所研制出的图 144 旅客机几乎是和英法联合研制的协和号同时试飞的，是在世界上首次实现超声速巡航的飞机。1918 年儒科夫斯基创办了苏联的中央流体动力研究院，并任院长，恰普雷金和图波列夫任副院长。

在不可压和无黏流动的假设下，可将流动的主控方程简化为速度势的线性拉普拉斯方程。儒科夫斯基通过复变函数方法，引入复速度概念并利用复变函数中的保角映射，可将翼型绕流保角变换到圆的绕流，为此他提出了著名的儒科夫斯基变换，可得一系列翼型，这类翼型称为儒科夫斯基翼型，以此研究和探讨二维翼型绕流及其气动力。从中提出了著名的儒科夫斯基—恰普雷金升力公式 $Y = \rho V \Gamma$。其中绕流速度的环量 Γ 单依靠翼型外形尚不足以确定，恰普雷金在 1910 年发表的论文中提出假设：当气流流过机翼时，它的尖后缘必定是机翼上下两面气流的会合点，以此来确定绕二维翼型的环量。该假设称为恰普雷金—儒科夫斯基假设。实际上这就是德国科学家库塔（M. W. Kutta）在 1901—1910 年间研究用来确定环量的库塔条件：在翼型绕流中，气流只能以有限的速度平滑地流过后缘尖点。该二维翼型的升力公式为普朗特以后创建有限翼展的三维机翼升力线理论提供了重要理论基础。

安德罗诺夫（A. A. Андронов，1901—1952） 苏联力学家，非线性振动理论的奠基人。1925 年毕业于莫斯科大学物理数学系，1926—1929 年在莫斯科大学攻读研究生，1931—1952 年任高尔基大学教授。1927 年安德罗诺夫指出范德坡耳振荡器中的现象可以用庞加莱（H. Poincaré）的极限环理论进行数学分析，并提出自激振动的概念。他继承导师 Л. И. 曼德尔施塔姆创始的关于振动理论的研究工作，开展非线性振动理论和应用研究，涉及的领域包括力学、天体力学、自动控制和无线电技术。他的工作总结于他与维特（A. A. Витт）和海金（C. Хайкин）合写的《振动理论》一书中（1937）。

里雅普诺夫（A. M. Ляпунов，1854—1918） 数学家和力学家，擅长概率论、微分方程和数学物理（图 3—5）。他和法国庞加莱是运动稳定性理论奠基人，二者各自从不同角度研究了运动稳定性理论中的一般性问题。里雅普诺夫采用的是纯数学分析方法，庞加莱则侧重于用几何、拓扑方法。1892 年，里雅普诺夫在这方面的研究成果写成了博士论文《运动稳定性的一般问题》，提出了运动稳定性的严格定义和两种分析方法，其中第二种分析方法采用定性的方法，只要求知道支配运动的微分方程。这种方法被称为里雅普诺夫直接方法或简称里雅普诺夫方法，在 20 世纪被广泛用来解决力学系统、自动控

图 3—5 里雅普诺夫

制系统等的稳定性问题。关于旋转流体的平衡形状及其稳定性研究,庞加莱曾提出平衡形状有可能从一个椭球体派生(称为分岔)出一个梨形体,里雅普诺夫则认为这种梨形形状是不稳定的,他的研究结果后来于 1917 年被 J. 琼斯证明。

图 3-6　柯尔莫果洛夫

柯尔莫果洛夫（A. N. Колмого́ров, 1903—1987）　俄罗斯数学家和流体力学家,苏联科学院院士,莫斯科大学数学系教授(图 3-6)。他与庞加莱、希尔伯特（D. Hilbert）、诺伊曼（J. von Neumann）等数学大师齐名,是 20 世纪伟大的数学家之一。柯尔莫果洛夫针对湍流中大尺度涡向小尺度涡演化过程中,抓住了尺度和能谱之间的关系,其能量传递呈现一定的统计规律,他在通常的马尔可夫过程中补充一些与湍流物理实际相关的内容,建立新的统计理论。柯尔莫果洛夫发现,在惯性子区能谱是按 k 的 $-5/3$ 次幂变化的(这里 k 表示波数,小波数对应于大尺度涡,大波数对应于小尺度涡),即其湍能 E 的耗散随尺度的变化呈幂次律,$E \propto k^{-5/3}$,利用标度指数来定量描述幂次律。柯尔莫果洛夫认为,当雷诺数足够大时,湍流演化过程中其标度指数是不变的、普适的,与流动的环境无关。这一变化形式称为柯尔莫果洛夫谱定律,大量观察到的数据支持了该定性结果。他的这些研究结论在 1941 年以两篇简报（Note）的形式发表在《Dokl Akad Nauk SSSR》,简称 K41 理论,成为半个多世纪以来湍流理论的研究基础。在湍流研究方面,他的学生莫宁（A. H. Монин）和奥布霍夫（A. M. Обухов）对海洋和大气湍流作出了贡献。

1954 年,柯尔莫果洛夫提出了一个猜想,随后在 1963 年为他的学生阿诺尔德（B. И. Арнóльд）所证明。在略为不同的提法下,1962 年为茅扎尔（J. K. Maser）所证明。这个猜想现在被广泛地称为柯尔莫果洛夫-阿诺尔德-茅扎尔定理,也就是 KAM 定理。这个定理涉及哈密顿正则方程组解的长期稳定性问题。它不像里雅普诺夫的稳定性那样是关于初始条件的扰动后的稳定性问题,所以靠里雅普诺夫的理论不能解决此类问题。此类问题是要考虑施加一个长期的小扰动是否稳定的问题。KAM 定理的主要结论是,在一定的条件下,概率为 1(即绝大多数)的情形是,原来具有周期解的哈密顿正则方程组在小扰动下对应的解为拟周期解,即只在某个高维的环面内运动。也就是说,系统不稳定的概率为零。根据这个定理解决了当年庞加莱提出的平面限制性的三体问题的稳定性问题。

穆斯海里什维里（Н. И. Мусхелишвили, 1891—1976）　苏联科学院院士。1909 年穆斯海里什维里的老师 Г. В. 科洛索夫给出了应力和位移的复变函数表达式以解决弹性力学平面问题。随后穆斯海里什维里就这一方向进行了系统的研究论证并解决了一系列技术问题,使一般平面问题都可以借助于复变函数求解。他还发展了将复变函数中的保角映射应用于单位圆来求解各向同性单连通平面弹性问题。之后他又借助于积分方程发展了求解多连通区域上的平面弹性问题。他的这些成果极大地扩展了线性弹性力学平面问题的解题范围。在 20 世纪 60 年代有限元方法普遍使用之前,这是当时解决实际问题的首选方法。他的这些工作以及之后他的学生们在弹性力学方面的工作,集中地反映在《数学弹性力学的几个基本问题》一书中。穆斯海里什维里关于奇异积分方程的研究是适应求解弹性力学边值问题的要求而进行的更进一步的工作,他在这方面取得了一系列重要成果,著有《奇异积分方程》。穆斯海里什维里的工作不仅推进了弹性力学的发展,同时对流体力学、势论、电磁学以及解析函数和广义解析函数论的研究都起了很大的推动作用。

三、欧洲科学家的研究工作[12,13,15]

在欧洲,力学有悠久的历史和良好的传统,经典力学模式的理论得到进一步的发扬,在一些著名大学中,杰出的科学家层出不穷。

泰勒(G. I. Taylor, 1886—1975) 英国力学家。1905年进入剑桥大学学习,毕业后留校工作(图3—7)。1919年在卢瑟福(E. Rutherford)领导下的卡文迪什实验室工作,同年被选为皇家学会会员。泰勒擅长把深刻的物理洞察力和高深的数学方法巧妙地结合起来,并善于设计出简单而又完善的专门实验。1944年因科学研究工作成绩卓著被授予爵位。

图3—7 泰勒(右)

他对力学研究的贡献是多方面的。

湍流研究长期以来都是利用统计平均的概念。统计的结果是湍流细微结构的平均,描述流体运动的一些概貌,而这些概貌对实际湍流细节是适当敏感的,因此可以认为,几乎所有湍流理论都是统计理论,但一般所讲的统计理论实际上是指引进多点相关后的统计理论。泰勒在20世纪20年代初研究湍流扩散时,引进了流场同一点在不同时刻的脉动速度相关,称为拉格朗日相关,用来描述流动的扩散能力,从而开创了湍流统计理论的研究。1935年泰勒又引进同一时刻不同点上的速度相关,称为欧拉相关,用来描述湍流脉动场。泰勒利用这些相关概念研究并导出了均匀各向同性湍流的湍能衰减规律。由于湍流流动的复杂性,他所得到的湍能衰减规律尚缺乏普适性。

泰勒研究过多种流动的不稳定性问题,包括著名的 Taylor-Couette 流动、Rayleigh-Taylor 流动、Saffman-Taylor 流动等不稳定性问题。其中他于1923年研究的两同轴旋转圆筒间流动的稳定性,其间的黏性流体运动可维持层流状态,这种流动称为库埃特流动。他首先解决了当两圆筒半径差远小于内筒半径时的流动稳定性问题,找到了 $\Omega_1/\nu \sim \Omega_2/\nu$ 平面内稳定流动的临界曲线。其中 Ω_1、Ω_2 分别为内筒和外筒的角速度,ν 为流体运动黏性系数。尽管当时的稳定性概念已表述得很清楚,很多作者包括开尔文(L. Kelvin),瑞利,霍普夫(H. Hopf),索末菲(A. Sommerfeld)等都努力预测过流体动力学方程解的不稳定性,但当时没有一个计算与实验相符合。而泰勒预测的稳定性临界曲线和实验点符合得很好,这是当时稳定性计算和实验定量相符得很好的首个例子。当超过该临界曲线后流动失稳,会形成定常的二次流,后人将其称为泰勒涡。泰勒进一步描述了失稳后的流动均处于非线性状态,随着圆柱相对速度的增加,流动会从定常态变为随时间变化的旋转柱的旋涡斑图,再变为湍流的不规则流动。

在第二次世界大战的早期,英国政府告诉泰勒要开展原子弹研究,并要求他考虑这种爆炸所产生的力学效果。他认为原子弹爆炸会在空气中产生一个强激波,远离地面的激波结构十分接近于球形。同时认识到问题中的参数应是能量 E，空气密度 ρ，空气压力 p，爆炸波的半径 $R(t)$ 和从起爆算起的时间 t。因为爆炸非常强，空气压力不会对波产生影响，因此参数中可不考虑大气背压。利用量纲分析方法可得 $Et^2/\rho R^5$ 应为常数，这样可得爆炸半径随时间变化的规律，由实验可得出未定的常数。根据以上的理论推演，便可从爆炸过程的照片推算爆炸能量。泰勒通过对在新墨西哥州第一颗原子弹爆炸所拍摄照片进行分析，获得了原子弹的 TNT 当量，证实了他的标度律与试验数据符合得很好。

位错是晶体中的线缺陷，它是由于固体内原子的排列在一条线附近偏离了规则性而形成的。1934 年泰勒和 1939 年伯格斯(J. M. Burgers)的汇流，奠定了位错理论的基础。

图 3-8　格里菲斯

格里菲斯(A. A. Griffith, 1893—1963)　英国学者(图 3-8)。从 20 世纪 20 年代开始，人们注意到像玻璃这一类脆性材料的理论强度与实际强度之间有很大差别。1921 年格里菲斯首先从分析带有椭圆孔的无限大平板的应力场着手，当椭圆的短轴趋于零时，椭圆孔便趋于一条裂纹，这时裂纹尖端的应力趋于无穷大。他计算出由于孔的存在对材料强度的影响。为了证实他的理论，格里菲斯还进行了玻璃管的实验，事先在玻璃管上用金刚钻刻上裂纹，实验结果与理论值吻合得很好。

在 20 世纪 20 年代，结构的主要材料还不是像玻璃那样的脆性材料，所以格里菲斯的工作起初还不大受人注意。到了 20 世纪 40—50 年代，在工程技术中大量使用高强度钢，高强度材料的共性是强度高而韧性差，按照以前制订的许用应力值设计的工程结构，出现了不少事故。二次世界大战中，仅美制"自由号"货轮 1500 艘中，非战斗损失达 800 多艘，其中 145 艘折为两段。仅在 1938 年到 1942 年期间，世界各国约有 40 座铁桥倒塌。开始以为是材料强度不够或是载荷过大所造成的，后来研究发现，主要是由脆性材料中的微裂纹所引起的，而且还发现了钢铁在低温下表现为脆性破坏。于是，人们想起了"泰坦尼克号"事故：1912 年 4 月，英国当时最大、最豪华的 46000t 的英制邮轮在处女航中失事，1513 人丧生。所以，在 30 年后用断裂的思想才解开了"泰坦尼克号"的失事之谜，这就是由于轮船与冰山碰撞，再加上材料的冷脆断所致。类似的事故在压力容器、输油管、涡轮机等方面也都有惨痛的教训。材料的断裂问题引起人们的高度重视，投入了大量的人力物力进行研究，并形成一门专门的学科——断裂力学。

断裂力学的研究主要集中在三方面：一方面是研究探测结构内部微裂纹的测试手段，如利用 X 射线、超声波、电磁等手段，统称为无损探伤；其次是在已知裂纹的条件下发展不同的理论方法或实验方法去计算或估算结构的残余寿命，针对不同的裂纹尺寸、部位与结构的外部条件制订控制应力水平的设计规范；第三是从理论上探讨固体的理论强度与晶格缺陷对强度影响的规律，从 20 世纪 40 年代发展起来的位错理论，以及后来发展的细观固体力学、损伤力学等，都是想从这方面去解决问题的。

庞加莱(J. H. Poincare, 1854—1912)　法国数学家、天体力学家、数学物理学家、科学哲学家，运动稳定性理论的奠基人之一和非线性力学的先驱，研究领域涉及数论、代数学、几何学、拓扑学、天体力学、数学物理、多复变函数论、科学哲学等(图 3-9)。庞加莱

被公认是19世纪末20世纪初的领袖数学家。他在数学方面的杰
出成就对20世纪乃至当今的数学都具有深远的影响,他在天体力
学方面的研究可以说是牛顿之后的第二个里程碑。

图3—9 庞加莱

庞加莱对运动稳定性中许多几何或拓扑方法进行过研究,他
的方法与里雅普诺夫用数学分析方法研究运动稳定性的一般问
题互为补充,开辟了运动稳定性理论中的两个基本领域。20世纪
30年代以来发展的非线性力学理论,在定性分析和定量计算两方
面都可直接追溯到庞加莱的研究上。庞加莱在专著《论微分方程
所定义的积分曲线》(共4篇,发表于1881,1882,1885,1886年)中
的几何或拓扑结果,对分析非线性问题大范围动态行为具有普遍
意义。而庞加莱的另一专著《天体力学新方法》(3卷,1892,1893,
1899)则提供了定量求解非线性问题的数学理论和方法,包括他
在天体力学研究中所发展的新方法,如渐近展开、积分不变量、小参数方法、摄动理论等。
由此可见,庞加莱的理论对于现代力学中许多非线性问题的理论和应用研究具有深远的
影响。

伯克霍夫(G. D. Birkhoff, 1884－1944) 美国数学家,被认为是庞加莱的当然继承
人。1927年发表名著《动力系统》,不仅对动力系统作出了重要贡献,而且书中提出一类
新型积分变分原理和一类新型运动微分方程,后人称为Birkhoff方程。以这个原理和这
个方程为基础构造了"Birkhoff力学",这是哈密顿力学的一种自然推广。

本编小结

本编简要叙述了在世界范围内力学从远古时代知识积累、经过创立经典力学阶段到
20世纪初形成近代力学的发展历程。

在人类进化和文明进步的历史长河中,始终流淌着力学发展的踪迹。力学的经验和
知识是人们通过观察外部世界现象和生产实践中逐步积累起来的。在此基础上,通过科
学实验、逻辑推断与理性思维,总结成科学的原理和定量的规律,这是力学学科发展的基
本模式。因此,社会生产的需求与发展,推动了人类文明的进步,孕育了经典力学,使它成
为自然科学的先导和经典物理学的第一块基石。

在远古时代,人们出于对狩猎、采集和农耕、畜牧的需要,从利用、制造工具,构筑水利
设施,建造木舟等,形成了古代阿基米德的静力学。埃及的金字塔和中国的都江堰是人类
最早将力学知识应用于工程的典范。

17—19世纪,人们冲破了中世纪宗教和神学的羁绊,确立了日心说,为经典力学形成
和发展创造了条件。在伽利略自由落体和抛物体实验,开普勒根据第谷天文观察归纳的
行星运动三大定律基础上,形成了牛顿力学,这是力学学科发展中的重要里程碑。随着工
业革命的进展,发明了蒸汽机和各种机械装置,刚体力学应运而生。为了研究有约束体系
的动力学,拉格朗日和哈密顿建立了基于虚位移原理和最小作用量原理的分析力学体系。
欧拉、纳维、柯西等将牛顿力学推广到连续介质体系,经典力学学科日臻成熟。从此,力学

理论与方法成为工业化过程中定量工程设计的基础。与此同时,出现了考虑热、电、磁、力等耦合效应的描述连续介质热力学状态的理论,并建立了可以刻画物性的一般状态方程的理性力学体系框架。

19—20 世纪初是近代力学建立与发展的时期。在这一时期出现了和航空工程紧密结合的应用力学,德国哥廷根大学的克莱因、普朗特和冯·卡门是这一时期的杰出代表。应用力学学派的研究成就使人类突破"声障"、"热障",飞出地球,进入空间时代。继承经典力学风格,与数学、物理学紧密结合的理论力学研究也得到了充分发展。

从认识论的观点来说,力学的源泉来自于对客观世界的观察与生产实践。这些素材经过逻辑推理,逐渐形成了对观察现象的理性思考,并总结成力学运动的规律。从广义的来源来讲,几千年的由原始社会经由农业社会至工业社会和现代工业与信息的社会,社会生产方式的变革推动了力学学科体系的形成和发展。

最后,关于中国在世界力学史中的地位与贡献问题。尽管早期在中国大地上出现了蕴含丰富力学原理和知识的都江堰、大跨度拱形赵州桥等十分辉煌的工程,然而在世界力学史上却未能占有重要地位,这或许是由于中国传统的科学始终没有出现像古希腊阿基米德那种严格的推理风尚,也没有后来欧洲出现的科学实验,却一直停留在综合而不是分析,定性而不是定量的描述上。因此,始终着眼于一个个孤立的工程中,没有提炼出新的概念,普适的规律,因而最终未能建立力学的科学体系。

近年来,越来越多的人感到在物理科学中"还原论"方法的缺陷,主张在用分析方法(这从《自然哲学的数学原理》以来占统治地位)的同时,要附加综合的方法。他们甚至想到了中国的传统。例如普利高津(I. Prigogine,1917—2003)提出要把西方科学方法和中国科学传统结合起来。我们正是以这样的认识论来看待牛顿力学、看待中国的科学方法传统。我国科学传统方法中整体的观点、系统的观点远比西方多些,但我们也不会忽视固有传统中的弱点。

参 考 文 献

[1] 刘颖. 世界通史. 北京:北京出版社,2008.

[2] 唐码. 中国通史. 北京:北京出版社,2008.

[3] 周光坰. 史前与当今的流体力学问题. 北京:北京大学出版社,2002.

[4] 武际可. 力学史. 上海:上海辞书出版社,2010.

[5] 中国大百科全书编辑委员会. 中国大百科全书·力学. 北京:中国大百科全书出版社,1985.

[6] 中国大百科全书编辑委员会. 中国大百科全书·数学. 北京:中国大百科全书出版社,1988.

[7] 中国大百科全书编辑委员会. 中国大百科全书·天文学. 北京:中国大百科全书出版社,1980.

[8] 冯·卡门,李·爱特生著,曹开成译. 冯·卡门:航空与航天时代的科学奇才. 上海:上海科学技术出版社,1991.

[9] 钱学森. 论技术科学. 科学通报,1957(2):97—104.

［10］郑哲敏.学习钱学森先生技术科学思想的体会//钱学森技术科学思想与力学.北京:国防工业出版社,2001.

［11］冯秀芳,戴世强.哥廷根应用力学学派及其对我国近代力学发展的影响//现代数学和力学(MMM—IX).上海:上海大学出版社,2004.

［12］Batchelor G K. The Life and Legacy of G. I. Taylor. England:Cambridge University Press,1996.

［13］Brenner M P,Stone H A. Modern classical physics through the work of G. I. Taylor. Physics Today,May,2000,30—35.[中译本:黄永念译,李家春校. 力学进展,2000,30(4):613—621].

［14］曾少潜,陈仲实,陈昭楠,方苏华.世界著名科学家简介.北京:科学技术文献出版社,1981.

［15］Walter Kaiser,Wolfgang Koenig.工程师史—— 一种延续6000年的职业.北京:高等教育出版社,2007.

第二编　中国力学学科的孕育

第四章　中国古代力学知识的积累

我国是世界五大文明古国之一。文献记载和考古发现，我国在力学知识的积累上有很长的历史。她在世界的力学发展中独具特色。但总的说来，由于力学知识一直停留在应用范畴，在理论提升方面，宋元以后，一直落后于西方。这些知识大都以零碎的形式散见于各种文献，没有系统的论述。著名哲学家、物理学家马赫（Ernst Mach，1838－1916）1883 年在他的《力学史评》引言中说："必须把机械经验和力学科学加以区分"，"机械经验无疑是非常古老的"。按照马赫所说，我们古代所积累的有关力学的经验，还不能认为已经达到力学科学的程度。关于这些力学知识，我们分两部分来叙述，第一节叙述乐律和各种技术领域中积累的力学知识，第二节则辑录各种文献中关于力学普遍规律的知识。

第一节　在律历和技术中的力学知识[1-3]

从古代开始，我国力学知识的积累大量表现在综合应用于乐器、乐律、历法、车船的制造与行驶、机械、土木结构、水利、风动玩器具、衡器、兵器等方面。要全面而系统地论述这些方面需要很大的篇幅，我们这里只举一些比较突出的例子。

一、天文与历法

早期的天文学实际上是天体的运动学，它的主要任务是记录和发现天体的位置及其运动规律。天文学从一开始就孕育着力学。我国的天文学开始得相当早，而且有较详细的记载。

我国至迟在殷商时代（约前 1500－前 1300 年）已经可以测分（春分、秋分）、至（冬至、夏至）。已经认识大月、小月和平年、闰年，并且采用干支记日，已有日月食的记录。

到了西周，已有 28 宿（xiù）的记载，并且根据 28 宿来定日、月、五大行星的位置。在战国魏人石申写的《石氏占经》或称《天文星占》中，已有 28 宿的记载。那时已定一年为365.25 天。《石氏占经》中，记录了 121 个星的赤道坐标。

19 年 7 闰是从周朝开始的，但闰月一般置在岁末。到了汉朝，产生了制定大小月和闰月的更精确的办法。以没有"中气"的月份作为上一月的闰月，"中气"是指 24 节气按顺序排列中的双数。这才大致形成了目前沿用的夏历的框架。

我国天文学虽然萌芽和起步很早，之后的发展也取得了不少辉煌的成就，但一直到清

末,它主要是围绕如下三方面在发展:

制定和修改历法。历朝历代,制定修改的历法,包括实现的和未实现的,达90多种。在观测天体运行的视运动与已有的历法不一致时,就要产生新的历法。其中最著名的是:刘宋时祖冲之(429—500)的大明历(462),唐麟德二年(665)李淳风(602—670)的麟德历,开元十七年(729)实行的高僧一行制定的大衍历和元朝至元十八年(1281)颁行的郭守敬(1231—1316)的授时历。

星图。记录观测与记录恒星和日、月、行星的运行规律,其结果编成星图。我国有世界上较早的星图。我国最早的星图是战国魏人石申编的《石氏星表》,早已失传,只有在唐朝瞿昙悉达(约公元7世纪下半叶到公元8世纪上半叶)编的《开元占经》中保留了它的某些内容。汉代东汉末蔡邕(133—192)著的《月令章句》中附了一段叙述史官使用星图的描写,表明至少汉代星图已经比较完备。

1965年在浙江杭州吴越钱元瓘墓出土了一块石刻星图(图4—1),该图刻于942年(天福七年),图上现存星有183颗。它是留传至今的我国最早的实测星图。宋代苏颂(1020—1101)《新仪象法要》(1078—1085)中附了一张星图,共五幅。其他还有苏州的南宋石刻星图(1247)、常州的石刻天文图(1506)等。

天文仪器。制造、改进天文观测仪器与模拟天体运动的天象仪是古代天文研究的重要方面。这方面较有名的是日晷与圭表。直立者为圭表,斜立者且底盘有分度者为日晷。它们是逐步改进的测日影移动的竿子,起源于纪元前10世纪,后来不断改进,达到标准化,还可以测定时间。1897年在内蒙古出土的托克托城的石制日晷,被断定为秦汉遗物,从刻线可断定是测量太阳方位用的。

除了圭表之外,用于测时间的还有"铜漏"和"香篆"。前者是底部有小孔的漏壶,以漏水多少来计时,后者是以"香"的燃烧速度来计时。

图4—1 宋代的石刻星图

最为精细的计时器是东汉张衡(78—139)制造的浑象仪,它利用漏壶流水来驱动,以一套复杂的齿轮系统传动使其均匀地绕极轴旋转,可以调整使其旋转速度和天球的旋转速度一样。这样一来,昼夜星辰出没都可以实际表现出来。继张衡之后,三国时吴国陆绩、葛衡,宋代的钱乐之,梁代的陶弘景,隋朝的耿询,唐代高僧一行和梁令赞,北宋的张思训,都做过浑天仪,而且每次都有改进。

最巧妙的是宋代苏颂(1020—1101)于1092年制成的水运仪象台(图4—2)。它的构造在苏颂著的《新仪象法要》中描述得很详细。20世纪50年代我国学者王振铎等将它复原,于北京历史博物馆陈列。西方类似的机械打点钟最早出现在1335年意大利米兰的一个教堂的钟楼上。

应当提到的是,在苏颂的水运仪象台上,已有了卡子(擒纵器)的机构。这是一件了不起的发明。它使传动齿轮与时间的标准运动严格同步,漏壶每漏满一水斗,在它的控制下

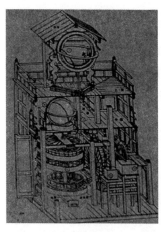

图4-2　水运仪象台复原图

具有36个格子的枢轮严格转动一格。据英国学者李约瑟的考证,公元725年唐代高僧一行就发明了它,这早于西方类似的发明至少600年。西方在1335年,米兰教堂钟楼上的钟还没有卡子。西方的卡子大约是1396年在法国发明的。

由于长期处于封建社会,我国的天文研究进步得比较慢。天文著作多半同星占相连,即用天象来预测人间祸福与朝代更替和兴衰。历朝历代都严禁民间研究天文,只有皇家任命的专门管天象的官员,才可以研究天文,民间研习天文者要处以极刑。所以天文著作大都遭受取缔、禁止,其中不少失传。如战国时代的《石氏占经》早就失传了。唐朝的《开元占经》经过宋代禁止和焚毁,也已失传,幸亏到明代万历年间,才在民间偶然发现,得以保存至今。而浑仪等了不起的发明也由于没有走向市场,经元明两代失传了。中国的计时钟表,也不得不于明末向西方引进。

二、乐器、音律与振动

据考古发现,我国最古老的乐器有:在河南舞阳贾湖出土的8000年前的16支骨笛,笛有7孔,东汉马融(79-166)《长笛赋》却说笛有4孔,说明7孔笛到东汉已失传了6000多年。在浙江余姚河姆渡出土的7000年前的陶埙(xūn)。埙的形状如鸭梨而中空,上有吹孔,侧有指孔,可以吹奏简单的音阶。之后篪、琴、鼓、磬、筵、笙、筝等乐器相继出现。据春秋时的著作《诗经》上所载已有乐器29种之多。《周礼》将当时的乐器分为8类,即:匏(páo,笙类)、土[埙或缶(fǒu)]、革(鼓类)、木(板类)、石(磬类)、金(钟类)、丝(琴)、竹(管类)。到唐代,加上外来乐器,总共已达300多种。

由于乐器发达得比较早,春秋时期"乐"已被定为儿童启蒙教育的基本内容。后来历朝历代又设有专门司管乐律的乐府、教坊、梨园等机构。所以关于乐器制造、乐律、振动的知识积累得相当丰富。下面我们着重介绍若干事实。

钟。我国古钟从史前(前2800年)的陶钟开始到周初(前1100年)的铜钟,一直是合瓦状。圆钟是汉朝随着佛教传入的宗教礼仪用钟,多半不能用于作奏乐。北宋的沈括(1031-1095)在《梦溪笔谈》(补笔谈卷上)中说:"古乐钟皆扁如盒(合)瓦。盖钟圆则声长,扁则声短。声短则节,声长则曲,节短处皆相乱,不成音律。后人不知此意,悉为圆钟,急叩之,多晃晃耳,清浊不复可辨。"沈括的解释是很符合力学原理的。这段话的意思是说,圆钟声音衰减得慢,扁钟衰减得快,若以圆钟奏乐,节奏快时,前音与后音相混,不可分辨。此外,还有一层道理,敲击扁形钟的腹部称为中鼓音,敲击腹侧称为侧鼓音,两个音频率成大小三度的关系。即是说从一个钟上发出两个音来。这样,扁形钟要发出全部音阶,需用的个数比圆钟个数要少一半。

1978年3月,在湖北随县发掘的战国曾国君主乙的墓,出土了一批古乐器,除有排箫、笙、鼓、磬、瑟等外,尤其重要的是出土了一套共64件的编钟(图4-3),原物是公元前433年制造的。它的音域跨5个八度,在中间3个八度中12个半音齐全,而全部音域中的基本骨干则是五声、六声、以至七声音阶结构。音阶与钟上的铭文证明精度可靠。整套编钟具有转调、和声演奏的能力。它的出土不仅说明在振动、乐律上的高水平,也说明沈括对编钟优点分析的正确。而且还说明了当时冶金工艺的高水平。

图 4－3　湖北随县出土的编钟

律学。律学是研究乐器发音频率之间比例关系的学问。它实际上是研究管乐器、弦乐器等如何规定各音之频率关系。不过古代没有频率的概念,具体是讨论同样张力之下各音之弦长比例关系。

最早的一种乐律是"三分损益"法,始见于战国时期管仲(? 一前 645 年)的著作《管子·地员》。它写道:"凡将起五音,凡首,先主一而三之,四开以合九九,以是生黄钟小素之首以成宫。三分而益之以一,为百有八,为徵(zhǐ);不无有三分而去其乘,适足以是生商。有三分而复于其所,以是成羽。有三分而去其乘,适足以是成角(jué)。"这段话的意思是,将一根弦分成 $(1×3)^4=9×9$ 份,得各音如下:

$(1×3)^4=9×9=81$,宫音;$81×\dfrac{4}{3}=108$,徵音;$108×\dfrac{2}{3}=72$,商音;$72×\dfrac{4}{3}=96$,羽音;$96×\dfrac{2}{3}=64$,角音。

这种三分损益划分音阶为管子以前的一些管乐器或编钟的音阶所证实。大约同时期,西方在古希腊,毕达哥拉斯(Pythagoras,前 570－前 496 年)也提出过类似的思想。

三分损益后来有许多发展,产生过基于三分损益的乐律理论。然而它们都有一个共同的缺点,就是变调与和声不变。

到明末,王子朱载堉(1536－1611)首创了十二等程律,即十二个顺序半音之比为 $\sqrt[12]{2}$。这是音乐学理论的重大创造。至今,钢琴等定音乐器都是按照这个理论调律的。朱载堉这个理论记载在他写的《乐律大全》中,比西方早了 50 多年。

三、车马与舟船

车船在中国发展得很早。考古发现,最早的独木舟是 1973－1978 年在浙江余姚河姆渡发现的独木舟,距今约 7000 年。中国在夏(约前 2000 年)已有了车,传说是一位名叫奚仲的官员创造的,他曾任夏王朝的"车正"。

1980 年 12 月,考古队在秦始皇陵封土西侧约 20 米处的一座陪葬坑内,发掘出两乘铜车马。其中二号车复原后如图 4—4 所示。车上除了有先进的挽具、笼头与车体外,还有刹车装置,说明当时的车已经十分完善了。

图 4—4　秦始皇陵出土的二号铜车马复原图

最足以反映我国在车船建造上的水平的是如下的三件事:指南车、记里鼓车与郑和船队。现分别简述如下:

指南车。是一种上置一木人,不管行进时怎样拐弯,木人总是指向南方的专用车。相传黄帝与蚩尤在涿鹿原野上作战,遇大雾,将士都迷失方向。黄帝做指南车以指方向,遂取得战争的胜利。后来,东汉的张衡、曹魏的马钧、南齐的祖冲之都造过指南车。在宋书、三国志等文献中屡有记载,但没有技术资料。较为可靠的记载是《宋史·舆服志》中燕肃(1027)与吴德仁(1107)所造指南车(图 4—5)。20 世纪 50 年代王振铎先生研究并将它复原,陈列于历史博物馆。

图 4—5　指南车复原图

记里鼓车。又名记里车、大章车。车上设鼓一面,有执鼓槌之木人,车行时,由复杂的传动系统将车轮转动与木人相连,车每行满一里,木人击鼓一次。《隋书》、《晋书》都有记载。但记载得较详细而具体的是《宋史》所记卢道隆(1027)与吴德仁(1107)所制(图 4—6)。亦有考古学家王振铎先生的复原品。

图 4—6　记里鼓车复原图

指南车、记里鼓车,还有苏颂的水运仪象台的制造,说明我国至晚在宋代时已能运用轮轴、齿轮、杠杆等简单机械组成十分复杂的机构系统。它们不仅说明当时机械设计的高水平,还说明当时已有很清楚的机构传动比例方面的知识。

造船。由于中国有很长的海岸线,又有大江大河,从远古中国人就有航行的实践。

1974年在福建泉州出土了一艘宋船残骸(图4-7)。它已是一艘长30余米、宽10余米、可载百余人的庞然大物。据文献载,当时的大船可载千人以上。这在世界造船史上是空前的。元初,意大利人马可·波罗来华,在他写的《马可·波罗游记》中,盛赞中国的造船业,与他见过的阿拉伯造船相比后者简陋得多。

公元1405-1433年间,明朝太监郑和曾率众七次下西洋。每次率员达两三万之众,船队300艘,浩浩荡荡,是中外航海史上的壮举。从有关文献记载可以推出,当时最大的船可达长120米、宽50米之巨。其排水量在5000-10000吨之间。这在当时世界上是无与伦比的。那时,在世界上关于强度的知识还很少,而且造大船的实践也前无古人。能使这些船安全可靠地航行公海,可见造船人已具有相当丰富的关于强度、浮力平衡和稳定的经验。

图4-7 泉州出土宋代船复原图

四、桥梁、水利与土木建筑

桥梁、水利与土木建筑体现了材料强度、静力平衡和稳定性、地基处理的综合力学水平。这里我们仅举三个例子以说明中国在这方面早期的发展。

河北赵州安济桥。桥位于河北赵县城南5里,为隋匠人李春所建,成于隋开皇大业年间(594-605),是现存世界上最古老、跨度最大的敞肩拱桥。桥的主孔净跨37.02米,净矢高7.23米,拱腹线的半径为27.31米,拱中心夹角85°20′33″。桥形很扁,桥总长50.83米,宽9米。大拱之上两侧各有两小拱。

赵州桥在结构、地基处理、外观上都达到尽善尽美。结构上减少了重量、增加了可靠性,使它历千年而不坏。所以外国人称:"它的结构是如此合乎逻辑和美丽,使大部分西方古桥相比之下显得笨重和不明确。"它的确是世界桥梁建筑史上的一绝(图4-8)。

图4-8 赵州桥

应县木塔。塔的建筑是随佛教传入我国开始建造的。在我国广大的土地上,从汉至今,建造了数以千计的各种各样塔类建筑。如杭州的雷峰塔、六和塔,北京的白塔、五塔,西安的大雁塔,太原的双塔等。其中有一座木塔,便是佛宫寺释迦塔,俗称应县木塔(图4-9),位于山西省应县城内佛宫寺。塔为八角形,外观五层,内有暗层四级,所以实际为九层。塔高67.13米,塔底直径30米。建于

1056 年（辽代清宁 2 年），是世界上现存最古老的木结构塔式建筑。塔建在 4 米高的两层石砌台基上，内外两排立柱构成双层套筒式结构，柱与柱之间还有大量水平构件，暗层内又有大量斜撑，使双层套筒内外层紧密结合连成一体。其柱不是直接插入地中而是搁置于石础之上。在连接上采用了传统的斗栱结构，为个同部分的特殊需要分别设计了 50 余种不同形式的斗栱。由于结构上的合理性，近千年间经历了 12 次 6 级以上的大地震，至今屹立不倒。

图 4-9　应县木塔

在欧阳修著的《归田录》中，记录了一则笔记如下："开宝寺塔。在京师诸塔中最高，而制度甚精。都料匠预浩所造也。塔初成，望之不正而势倾西北。人怪而问之，浩曰，京师地平无山而多西北风，风吹之，不百年当正也。其用心之精概如此。国朝以来，木工一人而已。至今木工皆以预都料为法，有《木经》三卷于世。"这里"预浩"史书上有时记"喻皓"。相传杭州的六合塔亦为他所建。喻皓所著的《木经》失传，南宋的李诫（？-1110）所著《营造法式》（今存）是在它的基础上写出的。从欧阳修的这段记述中可知当时基于力学知识设计结构时已相当精细。

都江堰。都江堰位于四川灌县城西的岷江上，是我国战国秦昭王时（公元前 256 年）由蜀郡守李冰父子主持修建的。整个都江堰工程（图 4-10）由鱼嘴分水堤、飞沙堰溢洪道和宝瓶口引水口三大主体工程组成。鱼嘴分水堤把流出峡谷的岷江水一分为二；飞沙堰溢洪道有泄洪、排沙的功能；宝瓶口引水口是进水的咽喉、自流渠网的总开关。它们保证了成都平原两千多年来灌溉、防洪，成为富庶的天府之国。这项工程由于其设计的巧妙、施工的就地取材和历史的悠久而闻名世界。

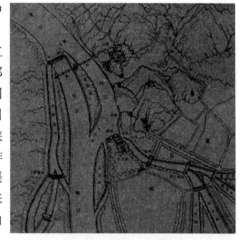

图 4-10　都江堰平面图

五、古代的机械成就

前面我们介绍的记里鼓车、指南车和水运仪象台，其本身就是机械方面的重要成就。这里我们再举一些重要例子。

在汉代刘歆著的《西京杂记》（一说晋代葛洪著）中记录了两件事："高祖入咸阳，周行府库，金玉珍宝不可称言。其尤惊异者，有青玉五枝灯，高七尺五寸，作蟠螭以口衔灯。灯燃，鳞甲皆动，焕炳若列星，而盈室焉。复铸铜人十二枚，坐皆高三尺，列在一筵上；琴、筑、笙、竽，各有所执；皆缀花采，俨若生人；筵下有二铜管，上口高数尺，出筵后；其一管空，一管内有绳大如指，使一人吹空管，一人扭绳，则众乐皆作。与真乐不异焉。"

"长安巧工丁缓者,为常满灯,七龙五凤杂以芙蕖莲藕之奇;又作卧褥香炉,一名被中香炉。本出房风,其法后绝。至缓始更为之,为机环转运四周而炉体常平。可置之被褥,故以为名。"

图 4—11 熏香炉图

关于各种手工艺灵巧的制品,历朝历代文献所载,不计其数。上面这两则记述表明早在汉代各种机械工艺品就已充斥后宫。值得特别一说的是丁缓的卧褥香炉,系银制品,后人又称银熏球,球形外壳可开合。球体内部有两个同心机环,中心置焚香炉,外环有轴连于外壳上,内环轴支于外壳上,而焚香炉轴支于内环上,三轴可灵活转动而且两两垂直,故无论熏香球的外壳怎样转动,熏香炉都能保持水平。银熏球考古多有发现,1963 年在陕西西安东南郊沙坡村出土的一枚,系唐代制品,腹径 4.8 厘米,通高 5.1 厘米。1987 年在西安的咸阳法门寺出土了一枚,直径 12.8 厘米,这是现存的最大的唐代银熏球。

熏香炉(图 4—11)利用三轴自由转动使内部香炉保持水平的发明,在现代机械中仍然有很多应用。例如导航控制中的陀螺就是固定在这种机构上。西方一直到 13 世纪才发明,称为卡尔丹环,晚于中国近 1000 年。

第二节　中国古代对某些力学概念与规律的认识[1-3]

古代中国对力学概念与规律的总结有着很丰富的资料。由于专门的论著不多,而且有许多失传,所以只能是散见于各种著作之中。现在就杠杆平衡、重心、浮力及应用、振动、惯性、弹性等方面分别给以简要叙述。

一、杠杆与平衡

战国时期大思想家庄周(前 369—前 286)在《庄子·外篇·天地》中有一则故事:"子贡南游于楚,反于晋。过汉阴,见一丈人方将为圃畦,凿隧而入井,抱瓮而出灌,搰搰然用力甚多而见功寡。子贡曰:'有械于此,一日浸百畦,用力甚寡而见功多,夫子不欲呼?'为圃者仰而视之曰:'奈何?'曰:'凿木为机,后重前轻,挈水若抽,数如泆汤,其名为槔'"。在《庄子·天运篇》中又说:"颜渊问师金曰:'子独不见夫桔槔呼?引之则俯,舍之则仰'。"从这些描述,可见到庄子时代已普遍用一种类似杠杆的提水工具桔槔了(图 4—12)。

图 4—12 桔槔图

大约在同一时期的《墨经》中记载了杠杆平衡的定量原理,简述如下:

在《经下》一章中说:"天(衡)而必正,说在得。"

在《经说下》一章中说:"衡,加重于其旁,必捶。权、重,相若也相衡。则本短标长,两加焉,重相若,则标必下,标得权也。"

在这几句话中,"衡"是秤杆;"权"是秤锤;"捶"字通"垂"字;"标"即"末",亦即秤杆细小的一端。

这段话的大意是:"秤杆必须平直,秤锤必须得宜。在秤杆一边加重必下垂。秤锤和重物相当就平衡。若是秤头短秤尾长,两端加同重则末端必下垂,这是因为末端的秤锤大了。"

关于杠杆的这段总结比古希腊阿基米德所总结的杠杆原理略早,但后者比前者的论述要严密得多。

按理说,根据这些理论,便可以造出不等臂秤了。但是考古发现,我国不等臂秤要迟至南北朝时期(420—589)才出现。不等臂秤的出现标志着定量的杠杆原理的成熟。

杠杆原理是一类平行力的平衡问题,更重要的一类是关于重心和浮心的平衡问题。我国在这类问题研究中最突出的是尖底瓶。这种瓶一般尖底,腹部两侧有一对耳环以系绳,当灌入水不同高度时,平衡状态不同。考古发现,在新石器时代,仰韶文化(距今约6000年)中常见。后来历朝历代多有记载,称为"欹器"。早期在西安半坡村发现的尖底陶瓶,作为支点的双耳略低于空罐的重心,吊起时空罐呈倾斜状态。当把空罐置于水中,由于浮心比重心低,罐口没于水,易于装水,水满后罐的重心又降低,可以直立提出水面。春秋时代孔子见到的欹器则表现为另一种情况。在荀况(? 前313—前238)著的《荀子·宥坐篇》记载说:"孔子观于鲁桓公之庙,有欹器焉,孔子问于守庙者曰:'此为何器?'守庙者曰:'此盖为宥坐之器。'孔子曰:'吾闻宥坐之器者,虚则欹,中则正,满则覆。'孔子顾谓弟子曰:'注水焉!'弟子挹水而注之。中而正,满而覆,虚而欹。"即是说孔子见到的瓶子,空时是斜的,半满时平衡是稳定的,满了反而倾覆。按当时的说法,这种欹器是教育人们不要自满。

不管怎样,这些不同的尖底瓶的出现,表明人们对重心和浮心的了解是很深入的,已经达到了装水到适当程度想平衡就平衡,想倾覆就倾覆的自由了。不倒翁是利用过重心的重力与支座反力的平衡制作的玩具,从唐代便有记载。

在大约公元前2世纪,汉朝的刘安著的《淮南子·说山训》中说:"下轻上重,其覆必易。"这是关于平衡稳定性的最早最一般的总结。意大利学者托里拆利1644年总结的重心最低的平衡是好的平衡。虽然后者比前者深刻普遍得多,但却晚了近2000年。

二、流体平衡与运动

前面说过,我国在7000年前就有了船,2000年前有了都江堰那样的水利工程。在我国历史上,还可以举出大量利用对流体平衡或运动知识的创造发明。

黄帝时发明了相风鸟,是一种测风向的器具。风来时鸟嘴指风向。

风筝,传说为墨翟所作,文献记载唐代确实已有。汉代有孔明灯的发明,利用热空气的浮力将灯送到空中。唐代有走马灯的发明,利用热空气驱动带纸人马的轮轴转动。晋代有关于竹蜻蜓的记载,是一种借旋转惯性以升空的玩具。

三国时有帆船的描述,到南朝时又有将帆用在车上的记载。

据文献记载,后来又有考古发现,东汉已有扇车,利用人力驱动扇轮生风以扬谷、净米。

三国时马钧发明了水磨,以后历代不断改进,可以利用水力作磨面、罗面、碾米、舂米等工作。

囊,现俗称皮老虎,用皮囊鼓风以助燃,汉代已有记载。

汉代已有吸水的唧筒。宋代发明了拉杆活塞式的风箱。

考古发现,汉代已有船舵。用以推进船前进的篙与桨起源很早。摇橹,是一项我国独有的发明,约起源于汉代。在南北朝时又有了人力驱动叶轮,从而推进船前进的发明,称为轮船。

渴乌,即虹吸管,发明于东汉,《后汉书·张让传》有载。

有这许多独特的发明,可见中国古代对流体的平衡与运动规律的认识已相当深入。我们略举一些关于流体一般规律的叙述。

《后汉书》载:"日冬至……权水轻重,水一升冬重十三两。"这段话已经有了准确的比重的概念。即单位体积的重量。而且还规定了外部的温度条件。

漏壶,从周开始用于计时。对其流速的研究有很多记载。西汉末年,桓谭(前33—39)最早注意到温度对流速有影响,他说:"余为郎典刻漏,燥湿寒暑转异度。"(徐坚《初学记》)。沈括经过"考数下漏,凡十余年"得到"冬月水涩,夏月水利"的结论,即夏天水的黏性小,冬天黏性大(见《梦溪笔谈》)。

利用浮力造船、造浮桥比较早。《三国志·邓哀王冲传》中说:曹冲六岁时,以"置象大船之上,而刻其痕所致,称物以载之,则校可知矣。"的称象办法。《宋史》载僧怀丙利用浮力打捞重物事:"河中府浮梁用铁牛八维之,一牛且数万斤。后,水暴涨绝梁,牵牛没于河,募能出之者。怀丙以二大舟实土,夹牛维之,用大木为权衡状钩牛,徐去其土,舟浮出。"

三、运动、惯性与相对性原理

在春秋末年的著作《考工记》有"马力既竭,辀犹能取也"的描述。意思是说,在马拉车时,马不走了,即马对车不施力了,车子还有前进的趋势,或即车子还可以前进一小段路。这是关于惯性最早的阐述。

在汉代的著作《尚书纬·考灵曜》有这样一段话:"地恒动不止,而人不知,譬如人在大舟中,闭牖而坐,舟行而人不觉也。"这段话是关于后人称为伽利略不变性原理的最早的表述。

我国近代的大思想家严复在他翻译的《天演论》自序中说:"奈端动之例三,其一曰,静者不自动,动者不自止,动路必直,速率必均。此所谓旷古之虑,自其例出,而后天学明、人事利者也。而《易》则曰,乾,其静也专,其动也直。"严复这段话的大意是,牛顿三定律的第一定律说,不受外力时,静者恒静,动者恒动,且走匀速直线运动。牛顿定律一提出,天文清楚了,在人间也有许多应用。但是《易经》上早就说过"乾,其静也专,其动也直。"据他看,牛顿第一定律,在春秋时期便已经提得很清楚了。不管怎样,说明古代中国对惯性定律已有朴素的认识。

古人关于相对运动的论述很多,晋代葛洪(283—363)在《抱朴子》中曾写道:"见游云西行,而谓月之东驰。"在《墨经》、王充的《论衡》和历代史书中,都有关于天球和日月运行的相对运动论述。

在宋朝修的大型类书《太平御览》,摘录了已失传的汉代刘安的著作《淮南万毕术》中的一段:"艾火令鸡子飞"。并注解说:"取鸡子去其汁,燃艾火(于)内空卵中,疾风高举自飞去。"英国学者李约瑟曾解释说:17世纪的欧洲人,欢度复活节时,曾作过蛋壳升空的游戏。其法极简单,但要有点诀窍。先将蛋黄、蛋清由小孔吸尽,将壳烘干。然后由小孔注入少许水,并以蜡封小孔。这样的蛋壳在炎日下逐渐呈不稳状态,逐渐变轻而终于浮漂起来。这是因为水蒸发,壳内气体膨胀,空气先通过壳上微细小孔排出。待小孔蜡经日晒而溶化,小孔成了排气孔,蛋壳内蒸汽适足使壳升空一个极短时间,待蒸汽排尽,空气再渗入后,壳即行落下[①]。

这段故事中蛋壳起飞的原理是壳中水加热到沸点后,水蒸气从小孔喷出,水蒸气的反作用力使蛋壳起飞。利用同样的原理,中国人在宋代发明了焰火、火龙出水(图4—13)、爆杖以及后来的火箭。这实际上是现代喷气推进原理的早期萌芽。

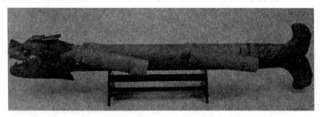

图4—13 火龙出水图

四、振动和共振

振动和共振。中国古代对于乐器的研究与改进是对振动研究成就的集大成。中国古时候不少学者或匠人对共振现象认识得很早,也能掌握其中一些规律。以下列出几则文献所见的例子。

南朝刘宋时期,刘敬叔(? 465—471)所写《异苑》一书中记有两则故事:"魏时,殿前大钟,无故大鸣。人皆异之,以问张华。华曰:'此蜀群铜山崩,故钟鸣应之耳。'寻蜀郡上其事,果如华言。"

"晋中朝有人蓄铜澡盘,晨夕恒鸣如人叩,乃问张华。华曰:'此盘与洛钟宫商相应,宫中朝暮撞钟,故声相应耳。可错令轻,则韵乖,鸣自止也。'如其言,后不复鸣。"

唐代韦绚(公元9世纪)撰《刘宾客佳话录》,其中记述如下故事:"洛阳有僧,房中磬子日夜辄自鸣。僧以为怪,惧而成疾。求术士百方禁之,终不能已。曹绍夔素与僧善,夔来问候,僧具以告。俄击斋钟,磬复作声。绍夔笑曰:'明日设盛馔,余当为除之。'僧虽不信,冀或有效,乃力置馔以待。绍夔食讫(qì),出怀中错,鑢磬数处而去,其声遂绝。僧问其所

① 戴念祖.中国力学史.石家庄:河北教育出版社,1988年,第500—501页。

以,绍夔曰:'此磬与钟律合,故击彼此应。'僧大喜,其病便愈。"

这几段故事的发生和记载都在千年以前,说明张华与曹绍夔都有共振的知识和改变共振的经验。他们都知道用锉子(错)去锉澡盘或磬后,就不再共振了。这和当今想办法改变物体的质量分布,以改变其频率,从而消除共振的理论结果是一致的。

北宋的沈括在《梦溪笔谈》(补笔谈卷上)中介绍了一则利用共振调弦的办法。这实际上是较早的共振实验。他说:"琴瑟弦皆有应声,宫弦则应少宫,商弦则应少商,其余皆隔四相应。今曲中有(应)声者,需依此用之。欲知其应者,先调诸弦令声和,乃剪纸人加弦上,鼓其应弦,则纸人跃,他弦则不动。"沈括这里讲的是 8 度共振,即宫与少宫、商与少商等相差 8 度。用现在的语言讲,频率正好是二倍。

事实上,对共振现象的观察和记载还要早。最早的记载是《周易》上说的"同声相应"。这本书大约成书于春秋战国之交(约公元前 300 年)。

五、材料和结构强度

古代中国由于车船和兵器的制造,房屋、桥梁和宫殿的建筑,逐渐积累了许多关于材料和结构强度的知识。在春秋战国时代的《考工记》《墨经》《荀子》,汉代的《淮南子》,宋代的《营造法式》,明代的《天工开物》等著作中,有关于刚性、韧性、挠度以及复合材料的初步知识。

以制造弓为例,所用的材料就有竹、木、牛角、筋、胶、丝、漆等,并且需要从强度、韧性、耐久性、耐潮性等方面的要求加以精心选择。

在《墨经》中有一段话:"发均县(悬),轻而发绝,不均也。均,其绝也莫绝。"这段话用现在的力学知识来解释是:用多根头发悬挂重物,物很轻时头发便断了,是因为头发受力不均匀的缘故。若受力均匀时,该断的时候也不断。墨子在这里是一种类比的说法,比喻一类超静定问题中,各个构件都要均匀地承受外载,结构才能结实。

据我国学者老亮的考证,最早在东汉就已发现了弹性变形与外力成比例的规律,他说:"东汉经学家郑玄(127—200)就《考工记·弓人》中'量其力,有三均'注云:'假令弓力胜三石,引之中三尺,弛其弦,以绳缓摆之,每加物一石,则张一尺。'唐初贾公彦对此又有疏曰:'郑又云,假令弓力胜三石,引之中三尺者,此即三石力弓也。必知弓力三石者当弛其弦,以绳缓摆之者,谓不张之以一条绳系两箫,乃加物一石张一尺、二石张二尺、三石张三尺。'到明代,宋应星的《天工开物》也谈及有关问题:'凡试弓力,以足踏弦就地,秤钩搭挂弓腰,弦满之时,推移秤锤所压,则知多少'"[1]。从这段话中,我们知道后人所说的胡克定律(1678)比郑玄晚了千年以上(图 4—14)。

图 4—14　试弓定力图

---

① 老亮. 我国古代早就有了关于力和变形成正比关系的记载. 力学与实践,1987,1(61).

关于矩形截面梁的合理高宽比的问题,现在我们认为矩形梁截面按强度合理的高宽比应为$\sqrt{2}:1$,按刚度合理的高宽比应为$\sqrt{3}:1$。18 世纪初,法国学者帕朗(A. Parent)定为$\sqrt{2}:1$,19 世纪初,英国学者杨定为$\sqrt{3}:1$。而我国南宋时期的李诫(? —1110)在他的《营造法式》中定为 3:2,介于前两者之间。他说:"凡梁之大小,各随其广分为三份,以二份为厚。"近年来我国学者对 8—12 世纪古建筑中 121 根梁实测的结果表明,其中 53.7%的高宽比在$\sqrt{2}:1\sim\sqrt{3}:1$之间,大部分是很优秀的。

第五章 明清时期西方力学的传入

19 世纪末在中国致力于介绍翻译西方科学著作的英国人傅兰雅(J. Fryer,1839－1928)于 1890 年前后,在他编写的《格致须知》的《重学》一卷的引言中,有如下一段话:

"至于重学,不但今人无讲求者,即古书亦不论及,且无其名目。可知中华本无此学也。自中西互通,有西人之通中西两文者,翻译重学一书,兼明格致算学二理。"

其中的"重学"是早期对西方力学(Mechanics)一词的译名。傅兰雅的这段话说明:第一,中国古代没有力学;第二,中国的力学是外国人送上门来的;后来的历史发展进一步说明的是,第三,即使是外国人送上门来,中国人接受也不痛快,甚至有时采取排斥的态度,接受的过程是缓慢和曲折的。

事实是,动力学的一些最基本的概念,例如速度、加速度、力、质量、频率等都不是中国历史上形成的,而是由外国人带来的。更不要说近代力学中的一些最重要的定律,例如自由落体和抛体运动的规律、天体运行的开普勒三定律、牛顿三定律、虚功原理、力学中的守恒定律和连续介质力学的一些基本内容了。如果把这些内容称为现今所说的力学,则我们可以简单地说,在中国古代没有力学。这就是傅兰雅所说的"至于重学,不但今人无讲求者,即古书亦不论及,且无其名目"。

从 16 世纪开始,在西方涌现了像哥白尼、开普勒、斯梯芬、伽利略、惠更斯和牛顿等一大批巨人。他们在力学的静力学、天体运动、抛体运动、单摆运动和碰撞问题上取得巨大的成功。最后在 1687 年出版的牛顿巨著《自然哲学的数学原理》集其大成,这就是经典力学的建立。

西方的现代科学技术正是汲取、利用和继承了经典力学的科学精神、研究方法和成果发展起来的。例如,在方法论上继承和发扬了经典力学建立中的实验和观察的方法、精确数量描述的方法以及严密推理的理性方法等。所谓近代科学就是从力学开始的,而且直到 19 世纪末,近代精密科学的主体,基本上就是力学。

力学的发展是古希腊发展起来的思辨哲学与欧洲手工艺结合的产物。而在我国,关于自然的精细思辨方法没有充分发展起来,特别是,严密的逻辑学没有充分发展。所以,中国的古代力学知识,几乎都是同手工艺相结合的知识积累,都是关于力学的直觉综合应用于工程实际,远没有发展到力学科学的水平。我们没有专门的力学论著,没有形成专门的力学知识体系,也没有像西方早期力学同数学不可分离的严密传统。

正因为如此,中国的古代力学的主要特点在于:综合应用。在中国历史上,人们追求将各种知识综合起来去发明可供应用或娱乐的东西。据考证,世界上几乎有半数以上的发明起源于中国。与力学有关的就有诸如虹吸、风箱、拱桥、擒纵器、记里鼓车、指南车、地动仪、孔明灯、火箭、摇橹、熏香炉、轮船等,举不胜举。可以说,古代中国曾经是技术上比较先进的国家。但是在力学教科书中,记载中国人发现的力学规律、定律却很少,一句话,经典力学产生在西方,而不是产生在东方。或者更准确一点说,中国古代,只有技术而缺乏科学。现今,我们在行文或口语中,总是将"科学"同"技术"不加区分,而笼统地说"科学技术",似乎技术发达了,科学也便发达了,它们是一回事。其实,在世界各个民族的发展过程中,任何没有科学的时期都是有技术的。

就以天文学为例,在天体运行规律上,中国古代提供了丰富和准确的记录资料。中国自古就有重视天文观测的传统,历朝历代都设有专管天文的钦天监,在各朝官修的史书上都以显著的篇幅记载天象的变化。我国对日月食记录、彗星记录等,史书记载得早、准确、详细,以致国内外研究天文的学者经常需查询《二十四史》的《律历志》。以对哈雷彗星的记录为例,从公元前 240 年到 1910 年的 2000 多年间,哈雷彗星共出现了 29 次,每一次中国都留下了详细的记录。经典力学最早是从解释天体运动取得成功的,如此丰富的观测资料却没有产生向理论高度的升华。在天文学上,我国这些资料积累与观测仪器的改进,大半还是属于技术性的工作,而缺乏科学实验与科学推理,所以中国的天文理论长久地落后于西方。

第一节　西方力学的传入

中国的力学与西方力学在 16 世纪之前是没有交流的,各自在独立发展。我国的现代力学实际上是外国人送上门来的。具体地说,是一批传教士借传教带到中国来的。而由于西方的宗教与中国传统和统治阶级的利益的矛盾和冲突,经常发生禁教的事,这时就不加区分地连同传教士带来的西方科学也禁掉了。因此,我们吸收传教士带来的西方科学的过程是缓慢和曲折的。

世界各国,力学的早期发展都是从天文学开始的。事实上,早期的天文学就是天体这种特殊物体的运动学,而且力学与数学、天文学一直是密切不可分的。我国的天文学虽然起步较早,但是由于在数学的发展上,只限于计算而没有推理的数学,所以在 17 世纪西方的近代数学、力学和精密天文学发展起来后,中国的天文学就远远落后了。正因为如此,我国近代力学的传播与发展也就是从引进与学习西方的天文学和历法开始。

一、利玛窦与科技传教的方针

中国与西方在学术方面,进而在力学方面进行交流,当从意大利传教士利玛窦(Matteo Ricci,1552—1610)于明朝万历十年(1582)来华传教开始。利玛窦(图 5—1)曾师从当时著名的数学和天文学家克拉维斯(Clavius,1538—1612)学习天文学,他最初在澳门、广州、肇庆、韶关、江西、南京等地传教 16 年,同时认真学习汉语。初期他打扮为僧人,结果不为华人所动。经过不断失败和不懈接触中国的知识界,并进行广泛交流后,他改着儒服,并宣传他所擅长的西方科学。如借传教之机讲解全球地图、天文知识以引起中国人的好奇,这就是所谓的采取学术传教的方针。1601 年他与后来的传教士庞迪我一同来到北京,以贡献方物之名,向万历皇帝敬献自鸣钟、望远镜、三棱镜等物,得到皇帝的嘉许,在宣武门外建教堂。

庞迪我(Diego de Pantoja,1571—1618),西班牙人,1599 年来华。1601 年与利玛窦

同时抵达北京晋见皇帝。并与利玛窦合作领导在华的传教,1610 年利玛窦病逝,庞迪我继任为耶稣会的代理监督。

利玛窦来到中国后立即注意到中国天文学和历法的落后,他说:"他们把注意力全部集中于我们的科学家称之为占星学的那种天文学方面;他们相信我们地球上所发生的一切事情都取决于星象。"[1] 1605 年,利玛窦向罗马教廷写信报告:"如果能有一位天文学家来到中国,我们可以先把天文书籍译成中文,然后就可以进行历法改革这件大事。作了这件事,我们的名誉可以日益增大,我们可以更容易地进入内地传教,我们可以安稳地住在中国,我们可以享受更大的自由。"而庞迪我在致罗马主教的信中,和利玛窦一样,是这样来评价当时中国的科学水平的,他说:中国人"他们不知道也不学习任何科学、数学和哲学,除修辞学以外,他们没有任何真正的科学知识。他们学问的内容和他们作为'学者'的身份根本不相符合"[2]。

利玛窦和庞迪我的主要贡献是:利玛窦带来《万国全图》,于万历十二年(1583)在肇庆出示,后来不断翻印描绘,至万历三十六年(1608)竟有 12 次之多,流传很广;利玛窦与徐光启合译欧几里得的《几何原本》前六章;为了吸引外国传教士来华并带来西方科学做了不少组织工作。庞迪我后来参加过徐光启组织的修改历法的工作,对在中国传播西方科学技术起过重要作用。

图 5—1 利玛窦

根据利玛窦建议的科技传教的方针,罗马教廷陆续派懂自然科学的传教士来华。其中熟悉当时西方的力学、天文学和数学的著名传教士先后有:

熊三拔(P. Sabbathinus de Ursis,1575—1620),意大利人,1606 年来华。在天文、数学、水利等方面都有贡献。

邓玉函(Joannes Terrenz,1576—1630),瑞士人,其出生地当时属于德国,1621 年与其他 22 名教士,并携带 7000 多部书籍来华。他曾是伽利略的挚友,熟悉当时的西方科学,来华后在力学、天文、机械、医学等方面多有贡献。

汤若望(Johamn Adam Schall von Bell,1591—1666),日耳曼人,1622 年来华。他对天文、数学都有研究,在华期间参加《崇祯历书》的编译工作、修订工作,并在天文仪器、仿制西式火炮等方面多有建树。

罗雅谷(Jacques Rho,1593—1638),意大利人,1624 年来华。

南怀仁(P. Ferdinandus Verbiest,1623—1688),比利时人,1659 年来华。在数学、天文、兵器等方面都有贡献。著有《灵台仪象志》14 卷,是一本关于天文观测仪器的著作。

---

① 利玛窦.利玛窦中国札记.何高济,等译.北京:中华书局,1983 年,第 22 页。

② 许明龙.中西文化交流先驱.北京:东方出版社,1993 年,第 44 页。

在其卷二论"新仪坚固之理"中说:"今先论纵径之力,以定横径所承之力。西士嘉理勒(即伽利略)之法曰:观于金、银、铜、铁等垂线,系起若干斤重,至本线不能当而断。"这里指的是金属的拉伸强度,而且提到了伽利略的名字,可见南怀仁是知道伽利略和他所著的《关于两门新科学的对话》这本力学巨著的。伽利略的这本书出版于1634年。

蒋友仁(Benoist Michael,1715—1774),法国耶稣会士。1744年来华,曾参与圆明园的若干建筑物,如大水法十二生肖喷水等的设计。他在《皇舆全览图》基础上,增加新疆、西藏测绘新资料,编制成一部新图集《乾隆十三排地图》,最终完成了我国实测地图的编制。著有《坤舆全图》、《新制浑天仪》等书。

在西方众多的传教士来华带来西方科学技术的同时,中国也出现了一批热心学习西方科学的学者。他们同这些传教士合作,翻译西方著作、修改历法、引进西方的科学技术。这些人中最著名的有:

徐光启(1562—1633),在明末官至礼部尚书兼东阁大学士。他的科学活动后面将作详细介绍。

李之藻(1566—1630),浙江仁和(今杭州)人,万历二十六年(1598)进士。与徐光启合作于1630年完成丛书《天学初函》的编印工作。此丛书的上编10部是关于天主教教义方面的,下编10部是关于自然科学方面的,包括《泰西水法》、《几何原本》、《测量法义》、《简平仪说》、《勾股义》等著作。1623—1630年之间,在西班牙人傅汎际口授下,翻译了西班牙耶稣会士的逻辑学讲义《亚里士多德辩证法概论》,译名为《名理探》于1631年刊行。这是我国最早介绍西方逻辑学的著作。

王徵(1571—1644),字良甫,陕西泾阳人,天启二年(1622)进士。大约在1615年,在他进京考士期间,加入了耶稣会,并取圣名菲力普。1625年,他邀传教士金尼阁到山西传教,同时向金尼阁学习拉丁文。在(明)邹漪写的《启祯野乘》一书中有对他的介绍,称"王氏潜心实用之学,擅物理学及农器、军器、机械等技术,并以知兵称,公曾荐请召至京,委以教习车营、火器等务"。王徵曾独立发明或制作虹吸、鹤饮、轮壶、代耕器、自行车等,1626年写成《诸器图说》一书。1626年,他与传教士邓玉函相识,并与邓玉函合作,邓玉函口授,他笔录翻译而成《远西奇器图说》。这是以中文系统叙述力学知识最早的著作。明朝灭亡后,王徵殉明绝食而死。

爱新觉罗·玄烨(1662—1722),即康熙皇帝。1661年,年仅8岁即位,1667年亲政。在他当政期间,曾向西方传教士南怀仁、白晋、徐日升、张诚、安多等学习科学知识,特别是数学、天文学和西方医学。康熙皇帝还主持编写介绍西方科学的大型图书《律历渊源》100卷,其中包括《历象考成》42卷、《律吕正义》5卷、《数理精蕴》53卷。主要介绍明清之际传入中国的西方数学、天文学和乐律方面的知识。此外他还组织中国的大地测量,指派传教士仿照西方制造天文观测仪器。

二、徐光启的科学活动[4]

从1582年利玛窦来华到1661年清朝顺治皇帝去世,西方科学在这一段随同传教活动顺利传播。其中明末礼部尚书徐光启是一个中心人物。

徐光启(1562—1633),江苏上海徐家汇人,20岁考中秀才而后开始教书,在他31岁时有人聘他南下到广东的韶关教书,得以接触传教士并初步了解一些西方学术。1600 年(万历二十八年)徐光启因事到南京,并会见了久仰大名的利玛窦神父,同时受洗礼入教。1604 年(万历三十二年)徐光启 43 岁考中进士,之后便留京做官。恰好此时利玛窦已到北京,并在宣武门外盖了教堂,在那里传教。徐光启从此在与利玛窦交往中不断学习西方的力学、天文学和数学(图 5-2)。

在吸收西学方面,徐光启主要作了以下几件大事:

由利玛窦口授,徐光启笔录,于 1607 年春译完了《几何原本》前六章,并于次年刊行。

由熊三拔口授,徐光启笔录,编写成《泰西水法》一书,并于 1612 年刊行。书中介绍了西方的水利工程与有关的器具,还有一些简单的流体力学知识。如介绍了阿基米德的螺旋提水机。熊三拔所介绍的西方的抽水机械中,有龙尾车、玉衡车和恒升车。恒升车是利用空气压力的原理,用唧筒和活门把水抽上来的一种机械。玉衡车则是一种双唧筒、一人可当数人的抽水设备。而龙尾车则就是阿基米德螺旋提水器,效率高,且既可以用人力也可以用畜力驱动。为了把这些优秀的西方提水设备很快做出来,他根据熊三拔所给的图形和尺寸,自费购买了材料让工匠去打造,很快便制造成功了,之后他还认真地进行推广。

主持编写大型农业百科全书《农政全书》,全书共 60 卷,参考援引的书籍达 250 多种,是从古到今最全面的农学专著。其中在水利部分包括了《泰西水法》。

主持修改历法,并编写《崇祯历书》。大胆起用西方传教士参加这项工作,有利玛窦、邓玉函、罗雅谷、汤若望、庞迪我、熊三拔、阳玛诺(Manuel Dias,1574-1659)、龙华民(Niccolo Longobardo,1565-1655)等。《崇祯历书》是一部长达 137 卷,包含 44 种西方历法著作的历法丛书。

德国耶稣会士、博物学家、物理学家柯恰(Kircher Athanasius,1602-1680)于 1667 年出版了一本介绍中国的书(*China Monumentis*),书中绘制了徐光启与利玛窦的像(图 5-2)。

《崇祯历书》系统介绍了西方古典天文学理论和方法,阐述了托勒密、哥白尼、第谷等人的工作。所介绍的工作,其水平大体是在开普勒行星运动三定律之前。在具体的计算和大量天文列表上,则都以第谷体系为基础。

《崇祯历书》中介绍了丹麦天文学家第谷和古代希腊天文学家托勒密(当时译名为多禄某)等的著作,是日心说与地心说间的一种调和的宇宙体系。

图 5-2 徐光启与利玛窦

在介绍测量方法上,引进了不少西方历法中的新技术,如采用了第谷的观测方法、引进了球面三角学计算、把地球不再看为平面而看为球面等,它比中国古代所依据的宇宙体系,即以前采用的大统历和回回历进步。该体系是以西方发展的几何学与三角学为基础的,因此在引进这个宇宙体系的同时也引进了西方的几何学与三角学。它的引进,使天文学一改中国传统历法,向现代天文学迈进了第一步,也使中国的数学耳目一新。

《崇祯历法》毕竟对中国来说是前所未有的新事物,也有一班保守派反对。保守派指责新历法,主要是它的精度不高。然而从 1629 年到 1643 年之间测量日月食的 8 次相互对照,新历法全部获胜。由此巩固了新法的地位。

为了使历法更符合观测,徐光启经常亲自观测。据记载,在崇祯三年(1630)的 11 月 28 日的夜晚,又冷又下雪,他还是前去观象台观测,当时他已是 69 岁高龄,结果不慎失足跌伤,但是经过一段休养,他又去观测了。

徐光启毕生艰苦奋斗、追求科学、善于用人,在他周围有一批精通自然科学的传教士和像王徵、李之藻这样的热心吸取新科学的学者,可以说是我国第一次大规模引进和接受西方自然科学的组织者。徐光启 72 岁(1633)去世。他死后,留下一大堆手稿,他箱子里,只有几件旧衣服和一两银子,连铺的褥子上也发现有一个破洞。他,这位官员,在中国历史上是少有的,的确可以说是一位毕生追求科学的伟大的科学家。

三、《远西奇器图说》——一部伟大的科学启蒙著作[5]

在早期西方人送上门来的系统力学知识中,应当以由传教士邓玉函口述,由王徵笔录的力学著作《远西奇器图说》为最重要的成果(图 5—3)。

(一)《远西奇器图说》取材的来源

德国耶稣会士邓玉函(Joannes Terrenz,1576—1630),字函璞,和同时代的科学伟人伽利略同属于罗马的林瑟学院(Accademia dei Lincei)的院士,所以他对当时西方的科学技术最前缘的情况是十分清楚的。1621 年他与其他 22 名教士,携带 7000 多部书籍来华。

图 5—3 《远西奇器图说》
卷一之一页

在《远西奇器图说》的序言中,王徵说:"奇器图说乃远西诸儒携来彼中图书,此其七千余部中之一支。就一支中,此特其千百之什一耳。"又说:"私窃向往曰'嗟乎! 此等奇器何缘得当吾世而一睹之哉? 丙寅冬(1626),余补铨如都,会龙精华(即龙华民)、邓函璞、汤道未(即汤若望)三先生以候旨修历,寓旧邸中。余得朝夕晤请,教益甚欢也。暇日,因述外纪所载质之,三先生笑而唯唯'。且曰'诸器甚多,悉著图说,见在可览也,奚敢妄?'余急索观,简帙不一。第专属奇器之图之说者,不下千百余种。"并说:"令人心花开爽","亟请译以中字"。

于是,在邓玉函教授之下,王徵学习西方的数学,而后由邓玉函口授,王徵笔录而成此书。

《远西奇器图说》究竟取材于西方的哪些著作呢? 据该书卷一所说:"大名人亚希默得,新造龙尾车、小螺丝转等器,又能记万器之所以然。今时巧人之最能明万器之理者,一名未多,一名西门,又有绘图刻传者,一名耕田,一名刺墨里。此皆力艺学中传授之人也。"

现在,我们就来看一看上面一段话中所提到的几个人和他们的著作。

亚希默得,即阿基米德,是古希腊时代集大成的科学家。由于他在杠杆原理、浮力原理等方面的贡献,人们说他是力学学科的开创者(图5—4)。

在古代,自然科学中,数学、力学和天文学是最早发展的科学,而阿基米德集这三个学科于一身,在三方面都作出了不朽的贡献。

如果说在力学发展中,力学同数学是密不可分的,那么,阿基米德是将数学同力学结合起来的典范。

如果说近代科学是将观察、实验和应用同推理相结合而发展起来的,那么,阿基米德对浮力定律、杠杆原理等的发现正体现了这种结合。他是一位近代科学的先驱者。

图5—4 阿基米德

如果说近代数学的发展体现了推理同计算的结合,而古希腊的数学则过分偏向于推理,忽视计算。而在阿基米德身上我们一点也没有看到这种偏向。他没有受柏拉图提出的规尺作图问题的束缚,而是大胆开辟新的数学领域。

如果说近代科学是从无限小分析开始的,牛顿、莱布尼兹的微积分正是这种精神的体现。那么,阿基米德正是这种精神的鼻祖,他开始了极限论,他引进了早期简朴的微积分。

未多,即韦达(Francois Viète,1540—1603),法国人,他的主要著作是1571年出版的一本数学原理,并附有三角学(canon mathematicus,seu ad triangula cum appendicibus ,英译名是 mathematical canon with an appendix on trigonometry)。其主要内容是天文学和宇宙学有关的数学。这类课题成了他后来毕生有兴趣的对象(图5—5)。

西门,即斯梯芬(Simon Stevin,1548—1620),荷兰人,他是一位军事工程师,曾当过商人的雇员。也可能,他是文艺复兴以后第一个认真对力学问题钻研的人(图5—6)。斯梯芬和伽利

图5—5 韦达

略几乎是同时代人,他比伽利略年长,但是他们研究的领域是不同的,斯梯芬是静力学方面的奠基人,而伽利略则是动力学的开山祖师;斯梯芬侧重在地面上的实际工程问题,而伽利略则对天体的问题有兴趣得多。斯梯芬著有《静力学原理》(1586)、《数学札记》(1605—1608)。

图5—6 斯梯芬

斯梯芬在静力学上不仅对刚体,而且对流体静力学也作出了宝贵贡献。从他的著作中,已经可以看到虚位移或虚速度原理的萌芽。由于他最早解决了非平行力的合成和平衡问题,所以人们称斯梯芬是静力学的奠基人。

文中所提到的两本绘图刻传的著作,有一本为耕田所著,耕田即阿哥里科拉(Georgius Agricola,1494—1555),由于在拉丁文中 Agricola 是农夫的意思,所以该书把他直译

图 5-7 阿哥里科拉

为耕田。他是德国的一位矿物学家、物理学家和著名的医生。他的最出名的著作是《金属》,这本书奠定了近代矿物学的基础,它以精致的木板画给出了 292 幅插图,它在地质界、化学界、矿物界和冶金界产生了巨大的影响。图 5-8 就是该书中一幅关于采矿的附图。

另一本带插图的书是 1588 年出版的剌墨里的著作《各种人造机械》。著者剌墨里,即拉莫里(Agostino Ramelli,1531—1600),是法国和波兰亨利三世的军事工程师(图 5-9)。书中有 194 幅双页刻版画,介绍泵、井架、织布机、起重机、锯子和攻城机械。图 5-10、图 5-11 是该书关于风车的一幅插图和在《远西奇器图说》中的风车图。拉莫里的这本书影响很大,当时就有法文和意大利文的版本。他所介绍的那些机械,作为商品,一直延续了一两百年。

图 5-8 《金属》关于采矿的插图

图 5-9 拉莫里

图 5-10 《各种人造机械》关于风车的插图

图 5-11 《远西奇器图说》中的风车

(二)《远西奇器图说》的内容

根据以上所介绍的《远西奇器图说》取材的几本书,确实是在西方科学技术上起过很大影响的书。而且《远西奇器图说》出版于 1627 年,距离上述几本书的出版时间只有三十来年。《远西奇器图说》在叙述静力学时,大致是遵循斯梯芬的《静力学原理》的内容来展开的,书中介绍了阿基米德的螺旋吸水器,还介绍了阿哥里科拉和拉莫里著作中的一些实用机械。当然在介绍时,作者有所发挥和创新。所以可以说《远西奇器图说》,在所涉及的范围内,还是反映了当时西方科学技术的水平的。

《远西奇器图说》,又名《奇器图说》,1627 年出版。全书图文并茂,每条定理都有插图说明,共分 3 卷。

第一卷介绍重学、力艺与力的定义,比重、阿基米德浮力定律、重心及简单形体重心的求法等基本概念和规律。

在讲到力时引进了地心引力的概念说:"重何,物每体直下,必欲到地心者是。试观上图,圆为地球,甲为地球中心,乙、丙、戊皆重物,各体各欲直下至地心方止,乃其本所故耳。譬如磁石吸铁,铁性就石,不论石之在上在下,在左在右,而铁必就之者,其性然也。"(图 5—12)这本书出版在 1627 年,牛顿出生于 1642 年,可见早在牛顿出生之前,就有地心引力的结论。许多书上说地心引力是牛顿看到苹果下落发现的,这是不符合实际的。

图 5—12 《远西奇器图说》
中关于地心引力的页面

图 5—13 《远西奇器图说》
中之斜面

图 5—14 《远西奇器图说》
中之杠杆图

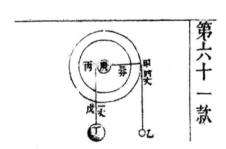

图 5—15 《远西奇器图说》
中之轮曲图

图 5—16 《远西奇器图说》
中之恒升图

在说到水在平衡时的状态时说:"水随地流,地为大圆,水附于地,亦为大圆。前第二款已言之矣。而兹复云水面平者何,盖大圆不见其圆,只见其长,故亦只见其平面矣。假如地平之上有低凹处,四周水来必满凹处,与地相平,而后流焉。故水随地而圆亦随地而平也。"

第二卷介绍杠杆、等子权度、轮轴、斜面、藤线器(即螺旋)等简单机械的原理及计算方法。书中就简单机械的效用说:"力艺学所用器具总为运重而设,重本在下,强之使上,故总而名之曰强运重之器也。器之有用有三:一、用小力运大重;二、凡一切人所难运力者用器为便;三、用物力、水力、风力以代人力。"

在讲到斜面时,该书说:"垂重与斜重比例亦是股弦之比例。"就是说,如图5—13,通过滑轮的两个重物,在处于平衡时,垂线上的重物与斜边上的重物重量之比等于三角形垂直边与斜边之比。这个结论与斯梯芬1586年在他的《静力学原理》中的结论是一致的。

在讲到杠杆原理时说:"此款乃重学之根本也,诸法皆取用于此。有两系重是准等者,其大重与小重之比例就为等梁长节与短节之比例,又为互相比例。"书中还说:"有重系杠头上,支矶在内,杠柄用力,从平向下相距之所与杠头系重向上相距之所比例等于杠杆两端之比例。"(图5—14)在讲到轮轴(图5—15)时说:"轮周攀索之下与轴系重之上比例为两半径之比。"又说:"轮之用省力而费时。"在讲到藤线(即螺旋)时(图5—16)说:"藤线用力最省,其费时必相反。"

在上面所引的这几句话内,首先叙述了杠杆原理,此后对杠杆与轮轴给出了着力点与重力点位移的比例,最后说这种机械省力但是费时。在对轮轴和螺旋的讨论中,又再次强调了省力而费时的结论,还进一步讨论了力与位移的关系。这和当时通常所叙述的杠杆、轮轴和螺旋的原理中,只讨论力的关系相比,已经有了很大的进步,它已经包含有虚功原理的萌芽了。

第三卷介绍各种较复杂的实用机械,如起重机械、提水机械、风车、水泵、转磨、水日晷、解石、解木、耕作等。这些工具中,有些在我国得到仿制和应用。图5—16是介绍恒升的插图。

书中介绍的主要为平行力的平衡问题即重力的平衡问题。所以这本书将所涉及的学问称为重学。而如何利用这些学问节省力是属于"力艺"。

关于力学的定义大致反映了当时西方对力学的认识。书中说:"力是力气、力量。如人力、马力、风力之类。又用力之谓,如用人力、用马力、用水风之力之谓。艺则用力之巧法、巧器,所以善用其力、轻省其力之总名也。重学者,学乃公称,艺则私号,盖文学、理学、算学之类,俱以学称,故曰公。而此力艺之学其取义本专属重,故独私号之曰重学云。"这段话,对重学(即当时对力学的译名)和力艺(亦即力学)名称的由来作了说明。由此可见,无论东方还是西方,力学早期的研究内容都大致和起重是分不开的。

这本书还说:"凡学各有所司,如医学所司者治人病疾,算学所司计数多寡,而此力艺之学,其所司不论土、水、木、石等物,则总在运重而已。"这段话则把力学的研究内容作了概括。

该书谈到力学与数学的关系时说:"造物主之生物,有数、有度、有重,物物皆然。数即算学,度乃测量学,重则此力艺之重学也。重有重之性。以此重较彼重之多寡,则资算学;

以此重之形体较彼重之形体之大小,则资测量学。故数学、度学、重学之必须,盖三学皆从性理而生,为兄弟内亲,不可相离者也。"这里数学是计算的意思,和现今数学的含义不同。度学是指测量学,更宽一点,指的是几何学。

该书在"表德言",即关于力学的优点中说"天下之学,或有全美或有半美,不差者固多,差之者亦不少也。推算数测量毫无差谬,而此力艺之学,悉从测量算数而作,种种皆有理有法,固最确当而毫无差谬者,唯此学为然"。这段话把力学是精密科学的特点说得很清楚。

该书还说:"凡工匠皆有二等,一在上,一在下。在下者奉上之命,躬作诸务,有同仆役;上者指示方略,而不亲操斧凿也。自有此学,总百工之在上者亦皆在下,而此学独在其上。盖百工之在上者,非此宗,工无所取、法无所禀。承其尊贵有五:一能授诸器于百工;二能显诸器之用;三能明示诸器之所以然;四能于从来无器者,自创新器;五能以成法辅助工作之所不及。"

以上这两段话,将力学对理论和应用两个方面的作用作了很好的全面概括。

(三)四库全书对《远西奇器图说》的介绍

《远西奇器图说》连同王徵所著的《诸器图说》为乾隆皇帝时所编修的四库全书一同收录。四库全书成书于 1781 年(即乾隆四十六年)底,该书对《远西奇器图说》和《诸器图说》所做的提要说:

"《奇器图说》三卷,《诸器图说》一卷。《奇器图说》,明西洋人邓玉函撰。《诸器图说》,明王徵撰。徵,泾阳人,天启壬戌进士,官扬州推官,尝询西洋奇器之法于邓玉函。函因以其国所传文字口授,徵译为是书。其术能以小力运大,故名曰重,又谓之力艺。大旨谓天地生物,有数、有度、有重,数为算法,度为测量,重则此力艺之学,皆相资而成。故先论重之本体,以名立法之所以然,凡六十一条。次论各色器具之法,凡九十二条。次起重十一图、引重四图、转重二图、取水九图、转磨十五图、解木四图、解石、转碓、书架、水日晷、代耕各一图、水铳四图。图皆有说,而于农器水法,尤为祥备。其第一卷之首,有表性言解、表德言解二篇,俱极诩其法之神妙,大都荒诞恣肆,不足究诘。然其制器之巧,实为甲于古今。寸有所长,自宜节取。且书中所载皆裨益民生之具,其法至便,而其用至溥。录而存之,故未尝不可。备一家之学也。《诸器图说》凡图十一,各为之说,而附以铭赞。乃徵所作,亦具有思致云。"

以上这段介绍,充分表达了后来统治者对待这本伟大著作的态度。本来《远西奇器图说》这本书,在介绍西方的科技成果时,就存在过分强调其实用性的缺点,几乎略去了所有的推理和证明,而只介绍结论。而四库全书的评论中,对仅有的概论部分的表性言和表德言,说是"荒诞恣肆,不足究诘"。认为这本书的价值仅在于"裨益民生,其法至便",故"录而存之"。而他们认为"荒诞恣肆,不足究诘"的部分,恰好是该书比较有特色的部分,很值得中国人仔细研读和玩味。

科学的发展历史说明,力学是近代精密科学的开始。力学对人类所提供的,不仅仅是可应用的器具,而更重要的是它的一整套方法论和对待客观世界的态度。中国人"学以致用"的传统源远流长,其表现更是"急功近利"。近代力学与近代科学的精髓恰恰就是要捕捉隐藏在表面现象背后的普适规律,而"急功近利"的态度恰恰只能够触摸到事物的表面。这大概也就是为什么中国人在吸收西方科学的优秀成果上,表现得如此艰难和缓慢的原因吧。

第二节　雍正以后闭关锁国政策的影响

我们前面说过,中国古代没有力学,中国的力学是外国人送上门来的,即使是外国人送上门来,中国人接受起来也不痛快,甚至有时采取排斥的态度,接受的过程是缓慢和曲折的。对西方科学的排斥特别体现在传教士汤若望(图5—17)的遭遇和雍正以后的闭关锁国的政策上。

一、汤若望的科学活动及其遭遇[6]

从明末一直到1661年清朝顺治皇帝去世,是西方科学在中国传播的大好时代。顺治皇帝去世,守旧派抬头,西方科学技术传播受阻,这充分表现在传教士汤若望的遭遇上。

1618年,汤若望应耶稣会的征募来华后,曾参加徐光启主持的修改历法的工作。1630年(崇祯三年)主持历局工作的徐光启,由于自己年老(68岁),又在这年他的两位得力助手李之藻、邓玉函相继去世,所以以极力推荐汤若望并得到皇帝的批准协助推进历法修改工作。

1634年汤若望与传教士罗雅谷向皇帝进呈了由欧洲带来的望远镜一架。并于1629年前后,著有《远镜说》一书。书中介绍了望远镜之原理、构造与使用方法。这是系统介绍西方望远镜的第一本著作。值得注意的是汤若望在书的序言中强调了实际观察的重要性。他说:"人身五司耳目为贵,无疑也。耳与目又孰为贵乎？昔亚里斯多(即亚里士多德)称'耳司为百学之母'。谓凡授受以耳,学问所以弥精弥广也。若目司,则巴拉多(即柏拉图)称'为理学之师'。何者？盖当其徒与物遇,见其然即索其所以然。由麤入细、由有形入无形,理学始终总目为牖矣。"这段话把从感性认识到理性认识中,观测的重要性说得简明透彻。

图5—17　汤若望

汤若望所作的另一项重要贡献,是帮助中国人制造西洋火炮并撰写了专著《火攻挈要》。此书又名《则克录》,大约成书于1643年,是由汤若望口授,焦勖笔录而成的。它是在中国出版的介绍西方火炮技术的第一本著作,入清以后又被重印过若干次。

汤若望协助徐光启完成了《崇祯历书》137卷,其中有28卷是汤若望本人翻译的。不久,明亡,这部历书在明代没有实行,汤若望在两朝交替的兵荒马乱之际,保护了这部书的刻版未受损失。

满族占领北京后,汤若望保存了传教士从欧洲带来的天文仪器,并且制作了望远镜、日晷,绘了地图连同修改了的历书进呈新皇帝。他还预先推算了1644年农历8月初1的日食,给出了日食初复时刻。届时,皇帝命人验证,结果按旧有大统历与回回历分别差2刻和4刻,而汤若望预言的分秒不差。这一事实使新历得到清廷的信任,并将汤若望进献的新历(即修改后的崇祯历)命名为《时宪历》,颁布执行。此历后来一直使用到民国初。汤若望本人也因此得到朝廷的信赖,封他为钦天监正,至顺治十五年对他加一品封典。年幼的顺治帝亲切地称这位比他年长 53 岁的西洋官员为"玛法"(满语为可敬的爷爷)。

1650 年,顺治皇帝赐汤若望在宣武门内原利玛窦天主堂侧建天主堂。

天主堂建成后,顺治帝在《御制天主堂碑记》中表彰汤若望的功绩。说:"汤若望航海而来,理数兼畅。被荐召试,设局授餐。奈众议纷纭,终莫能用。岁在甲申,朕承天眷,诞受多方,适当正位凝命之时,首举治历明时之典。仲秋月朔,日有食之。特遣大臣,督率所司,登台测验其时刻分秒起复方位。独与若望预奏者悉相符合。及乙酉孟春之望,再验月食。亦纤毫无爽。岂非天生斯人,以待朕创制历法之用哉。朕特任以司天,造成新历,敕命时宪,颁行远迩。若望素习泰西之教,不婚不宦。祗承朕命,勉受卿秩,涿历三品,仍赐以通微教师之名。任事有年,益勤厥职。"

然而好景不长,1661 年,顺治帝去世,年方 8 岁的康熙登基。清廷的守旧派抬头,辅政大臣鳌拜怂恿杨光先诬告参劾汤若望。1664 年,杨光先上书《请诛邪教疏》,罗织汤若望三大罪:潜谋造反、邪说惑众、历法荒谬。杨将各省的教众诬为潜谋造反,将汤若望写的许多书诬为妖言惑众。杨并且罗列"新法十谬"指斥新历法的种种"错误",最厉害的是提出由于新历法使吉凶时倒置,造成严重后果:使顺治的幼子荣亲王 3 月而殇,使荣亲王的生母董鄂妃不久死亡,接着顺治帝也染天花而亡。

杨光先将汤若望上纲到"谋反"与使"皇族灭亡",且不说当时汤若望已经年过古稀,由于中风而失去语言能力,即便是巧辩之士也是难于分说了。1665 年 4 月 13 日,汤若望被判极刑——凌迟处死,同案犯多人下狱。4 月 16 日,处死汤若望的公文到了皇太后之手,适逢北京发生大地震,连续 5 日,合都惶惧,这时辅政大臣们以为是"天象示警"即从狱中放出 3 人,其余原罪待死。这时,皇太后传谕:"汤若望向为先帝所信任,礼待极隆,尔等置之死地,毋乃太过。"汤若望才被无罪释放,而同案的 5 位基督徒仍被处斩。1666 年 8 月 15 日汤若望病逝。杨光先在此案中得胜,被任命主持钦天监。尽管他不懂天文而心虚,数次上书推辞,最后也只好硬着头皮担任了。

1667 年,14 岁的康熙亲政,发现当时历法混乱,一年中竟有两个春分,不该置闰的置了闰月。于是在 1668 年 12 月 26 日,组织了一场御前辩论会,一方是杨光先及其助手吴明烜,另一方是原汤若望的助手南怀仁(图 5—18),钦天监全体参加。南怀仁比汤若望年轻 30 多岁,汤若望受诬时,他来华不久,汉语还不流利,无法为汤辩诬。此时他以满腔对待科学的热情,指斥杨光先历法的错误,杨不认错。康熙问有何法可判别是非,南怀仁建议双方各以其法测日影移动,于是决定次日在观象台测日影。

次日,有关人员齐集观象台,测量结果,与南怀仁的计算丝毫不差,连续 3 天,南怀仁事先划定午时日影位置,到时验得"正午日影正合所划之界"。而杨光先则支吾其词,根本就不会推算日影的移动。这次实测的胜利

图 5—18 南怀仁

为新历法重新出台扫清了道路。康熙接受了南怀仁的建议,下令取消了当年历书中的闰12月,1669年,为汤若望平反,并任命南怀仁为钦天监正。后来康熙从他那里学习了许多西方科学。而为鲁迅先生讽刺的那位主张"宁可使中夏无好历法,不可使中夏有西洋人"(《坟》,看镜有感)的杨光先也遭到了革职处分。

不管怎样,这场斗争的胜利,为西方自然科学在中国的传播开辟了道路。在康熙皇帝在位期间,中国人还是从传教士那里学到了不少东西。

二、雍正的禁教与乾隆的闭关锁国[7]

如果说中国的近代力学、数学和天文学是西方人从17世纪开始送上门来的,那么这些学科在中国的传播与扎根是一个十分曲折的过程。其所以曲折,是由于皇帝在总体上对吸取外国文化的态度多变,时而开放时而关闭。

实际上,在康熙皇帝当政的后期,已经逐步采取对传教士的限制政策。大约是1705年(康熙四十四年)教皇的特使多罗来华,要求禁止中国教民尊孔祭祖,这引起康熙皇帝的很大不满,这就是所谓的"礼仪之争"。于是康熙下令凡在华教士均需领"票",用现代的话说,就是要教士"凭票"传教。对传教士采取了限制的政策。

1721年,雍正皇帝即位,开始执行禁止洋教的政策。1724年(雍正二年),雍正帝召见在京传教士费隐、巴多明等声明:"当明万历初,利玛窦来中国也,(朕不论当时华人之所为,概此不是问题。)当时教士不多,不若现在若是众多,及至教堂之遍及各省也。尔等欲我中国人尽为教徒,此为尔等之要求,朕亦知之……试思一旦如此,则我等为如何之人,岂不成尔等皇帝之百姓乎?教徒唯认识尔等,一旦边境有事,百姓惟尔等之命是从;虽现在不必顾虑及此,然苟千万战舰,来我海岸则祸患大矣。但试思一旦如此,则我等为如何之人,岂不成为尔等皇帝之百姓乎?百姓惟尔等之命是从,虽现在不必顾虑及此,然苟千万战舰来我海岸,则祸患大矣。"[1]7月17日发布禁教令:令国人信教者应弃教,否则处以极刑;各省西洋教士限半年内离境;下令禁教并没收各省的教产,没收教堂,改为义仓等。那时,除钦天监留用和居住在北京的少数洋教士外,所有的洋教士一律驱赶到澳门看管。西人传教以及传播自然科学的活动一律停止。

禁教政策,到乾隆皇帝1735年即位后,比雍正更进了一步。终于发展到闭关锁国的地步。如,1747年(乾隆十二年)严令教士逐回澳门,教徒被充军。1757年(乾隆二十二年)下令实行闭关,拒绝一切西方人士入中国。

从17世纪初的明末到19世纪尾的清末,偌大一个中国,丝毫没有学习外语的积极性,竟没有一个人学会外语直接从外文翻译西方著作,就是最有力的说明。在这长达200多年的历史时期中,所有翻译西方的著作,都是由外国人学会汉语即"西人之通中西两文者"口授,中国人笔录而成。所有的西方学术的确是外国人主动送上门来的。而且中国人对这些东西还是采取鄙视或仇视的态度。

对于西方的科学技术,当时出现了许多排斥的说法。我们举一位作者在文中说:"今按彼自鸣钟,不过定刻漏耳,费数十金为之,有何大益?桔槔之制,曰人力省耳。乃为之最

---

① 徐宗泽.中国天主教传教史概论.上海:上海书店出版社,2010.

难,成之易败,不反耗金钱乎?"这是从新技术是浪费方面来说的。另一位作者排斥外国的历法是从它违反中国固有的法律和传统说的:"彼云国中首推算历数之学,为优为最,不同中国明经取士之科,否则非天主教之诫矣。不知私习天文伪造日历,是我太祖成令之所禁,而并严剖剧其书者也。假令我国中崇尚其教,势必斥毁孔孟之经传,断灭尧舜之道统。费经济而尚管占,坏祖宗之宪章可耶。"

从明末到清初,直至康熙皇帝,尽管时紧时松,西方的传教士还被允许一方面传教,一方面传播西方的科学技术。到了1721年,雍正皇帝即位,执行排斥洋教的政策。他们认为允许传教会最终动摇他们的专制统治。从此中国就再也不允许传教士活动了,传教士传播西方科学技术的活动也便终止。后来由于政府和百姓的通力合作,在清朝后来的一百多年里,排斥传教,杀传教士的纠纷始终没有停过。著名的英法联军和八国联军战事,开始也都或多或少是和教案有关的。其实著名的太平天国起义也是受西方传教的影响而发展的。

对于康熙皇帝使用洋教徒而雍正皇帝之后的驱赶洋教徒,清人复农氏和杞庐氏有一首竹枝词说:"圣祖当年用楚材,远人恭顺敢生猜。而今驱遣同羊豕,疑是晴天霹雳来。"

不管怎样,由于对洋人不加区分,一律视为敌人,在禁止"邪教"的同时,西方的科学技术也被禁止了。从雍正一直到1840年鸦片战争的一百多年里,中国就再没有人敢于向西方学习科学技术了。又由于对内文字狱的发展,知识分子在总体上,就没有对现实问题感兴趣的研究,而陷入考据中去了。这就是史称的著名的乾嘉学派。即乾隆、嘉庆两朝的对古书寻章摘句和对古董的考据研究所形成的学派。

鸦片战争的失败,使一些有识之士看到,必须向西方学习,提出"师夷制夷"的口号。不过,时间已经过去了一百多年了,西方的力学和其他科学技术学科,力学中的分析力学、天体力学、流体力学、固体力学等分支也大都是在这一百多年中发展成熟。如果说在康熙时期,中国同西方在科学技术方面的差距还不十分大的话,鸦片战争后在科学技术方面,中国对西方的落后就不可同日而语了。

三、阮元与他的《畴人传》[8]

雍正、乾隆采取了闭关锁国的政策,西方科学技术的传入停滞了一百多年,与之相应,在学术上乾嘉学派虽然陷入繁琐考据,不过在整理前人成果和对科学技术的考据方面还是有不少值得重视的东西。其中最值得称道的是阮元所著的《畴人传》。

阮元(1764—1849),字伯元,号芸台,江苏仪征人。乾隆五十四年的进士,曾任湖广、两广、云贵总督,还曾任各部大臣。在鸦片战争前十年间,是清政府主管对西方贸易的大员。他长于经学,也精于金石、音韵、天文、地理、数学等方面。曾在杭州创建诂经精舍,在广州建学海堂,从事精学研究和传播。主编和组织校刻《十三经注疏》、《经籍籑诂》,汇刻《皇清经解》,又曾主持重修浙江和广东两省的《通志》。由于这些成果,后人誉之为经学大师。

参与阮元编辑《畴人传》的,有江苏元和县的李锐(1769—1817)和浙江台州临海县的周治平。阮元说:"助元校录者,元和学生李锐暨台州学生周治平力居多。"①

——————————————

① 阮元.畴人传.凡例.上海:商务印书馆,1933.

《畴人传》初编 45 卷,记载了自古至当时天文历法学家 275 人,其后 4 卷作为附录,记载了西洋天文学家和数学家 41 人。

首先,《畴人传》中所谓畴人,作者是指那些掌握天文立法而又世代相传的人。所以全书所立传的人皆为历算学家。

在中国古代,天文和算学长期为神学和迷信所缭绕和混杂,其中混进了不少星相、占卜之类的材料。正如书中所声明的:"是编著录,专取步算一家,其以妖星、晕珥、云气、虹霓占验吉凶,及太一、壬遁、挂气、风角之流涉于内学者,一概不收。"①说明编者采取了一种唯物主义的立场,应当说,这是随科学传播发展的一种进步,是应当充分肯定的。

在天文学中,观测是非常重要的,《畴人传》特别强调观测,在凡例中说:"算造根本,当凭实测;实测所资,首推仪表。"所以书中对历代天文历法活动中,各种观测仪器的改进和制作的资料,均尽量详尽地收集。书中对明以前创制和改进的天文学家就介绍了 40 多位,例如东汉张衡的浑象,南北朝孔挺的浑天铜仪,隋耿询的水转浑象,唐李淳风的六合仪、三辰仪、四游仪,一行、梁令瓒的水运浑象,宋苏颂的水运仪象台,元郭守敬的简仪、仰仪、景符等,介绍得都比较详细。

《畴人传》介绍人物时,连同他们的成果也一同介绍。不过它所介绍的成果仅限于在天文观测中的成果,对天文学的新理论却介绍得很少。例如书中只介绍了奈端(即牛顿)、歌白尼(即哥白尼)和刻白尔(即开普勒)的某些观测结果,而没有介绍他们的理论。

《畴人传》在每个人的传记之后,还有一段评论性的文字。这些评论中,作者特别强调了"西学东源"说。例如在关于利玛窦的评论中说:"但可云明之算家不如泰西,不得云古人皆不如泰西也。"在对汤若望的评论中说:"西术之密,亦密于今耳,必不能将来永用无差忒。小轮之法,旋改椭圆,可见也。世有郭守敬其人,诚能遍古今推步之法,亲验七政运行之故,精益求精,期于至当,则其造诣当必有出西人之上者。使必曰:'西学非中土所能及',则我大清亿万年颁朔之法当问之于欧罗巴乎?此必不然也!精算之士当知所自立矣。"在这段议论中,可以看出,作者在提倡西学东源的同时,还希望中国的历法学者做得更好。不过事实上,西学东源非但不能激励中国人向西方学习,反而成为了学习西方先进科学技术的心理障碍。

第三节　晚清时期力学在中国的传播

清朝所实行的闭关锁国的政策,从 1721 年雍正即位开始,到 1840 年,外国人终于用洋枪洋炮敲开了中国的大门为止,闭关锁国的时间长达一百多年。

在敲开中国大门后,从两个方面说,外国的近代科学技术知识逐渐传入中国。

一方面,外国人人数快速增加。外国人口剧增,就要为他们的子弟办学校、办报纸,按照西方当时的生活方式生活。在西方自文艺复兴之后,教育就逐步脱离经院轨道,逐步不讲授或减少神学,而增加文学、艺术和现代自然科学的内容。后来这些学校逐渐对华人开放。

---

① 阮元.《畴人传》凡例.上海:商务印书馆,1933.

另一方面,鸦片战争之后,中国的有识之士看到中国的失败和西人的船坚炮利,提出"师夷之长以制夷"的口号。之后从 19 世纪 60 年代起形成全国范围的"洋务运动"。它的主要内容是聘请洋技术专家教学生、办工厂、买枪炮、买机器。如 1865 年成立江南制造总局与金陵机器局,1866 年成立福州船政局,1862 年在北京成立的同文馆专门培养翻译,1866 年同文馆又设天文与算学二馆(1898 年京师大学堂成立,同文馆并入)。这些洋务措施客观上需要懂得西方语言和科学技术的人才。中国人向西方学习科学技术,又进入了一个新的高潮。

一、翻译局的成立和对西方力学著作的翻译

洋务派在引进西方的技术的同时,注意到必须翻译西方的著作。于是成立了若干所专门从事西方科学技术著作翻译的官办机构。1868 年,曾国藩在向皇帝的奏稿中汇报翻译的成绩时说:"翻译一事系制造之根本,洋人制器出于算学,其中奥妙皆有图说可寻;特以彼此文义扞格不通,故虽日习其器,究不明乎用器与制造之所以然。本年局中委员于翻译甚为究心,先后订请英国威烈亚力、美国傅兰亚、玛高温三名,专择其裨制造之书详细译出。现已译成汽机发轫、汽机问答、运规约指、泰西采煤图说四种。"翻译了几本书,还要"上达圣听",可见当局对翻译西书的重视。1896 年出版的《西学书目表》,列出在此以前已译成中文出版的书籍 353 种,其中有 253 种是科技书,不过,其中多是与军事有关的科技书,关于基础科学和力学的书籍很少。这种情况是基于当时的认识:"盖时人之论,以为中国一切皆胜西人,所不如者兵而已。"[①]

同文馆的教育与研究

1862 年(同治元年)在恭亲王奕䜣(1833－1898)等人的提议下、经两宫皇太后核准,以培养翻译人才为主要任务的同文馆开办了。它实际上是一所向西方学习的综合性学校。在同文馆开办 4 年之后,随着洋务活动的开展,洋务派深感科学技术人才的缺乏,他们意识到必须在同文馆内开设算学馆与天文馆,以培养"奇技异能之士"。围绕是否开设这两馆,在洋务派与保守派之间开展了一场长达半年的辩论。

保守派以同治皇帝的老师倭仁为首,向皇帝上书指斥学习天文、算学:"以咏习诗书者而奉夷为师,其志行已可概见,无论所学必不能精,即使能精,又安望其存心正大、尽心报国乎?恐不为夷人用者鲜矣。且夷人机心最重,狡诈多端,今欲习其秘术以制彼死命,彼纵阳为指授,安知不另有诡谋?奴才所虑堕其术中者,实非过计耳。"[②]

洋务派以恭亲王奕䜣为首向皇帝委婉陈词:"自道光二十年以来,因海疆多事,曾经奉有谕旨,广召奇才异能之士,迄无成效。近年臣等与各疆臣悉心讲求,仍无所获,往返函商,不得已议奏招考天文算学,请用洋人,原欲窥其长短以受知彼知此之效。并以中国自造轮船、枪炮等件,无从入手,若得读书之人旁通其书籍、文字,用心研究,译出精要之语,将来即可自相授受,并非终用洋人。"[③]

---

① 郑鹤声,郑鹤春.中国文献学概要.上海:上海商务印书馆,1933 年,第 166－171 页.
② 郝平.北京大学创办史实考源.北京:北京大学出版社,1998 年,第 36 页.
③ 郝平.北京大学创办史实考源.北京:北京大学出版社,1998 年,第 37 页.

这场辩论最后以洋务派得胜,于 1867 年 6 月举行公开招生考试、并录取 30 名学生而告终。

同文馆中应当提到的有两位教习:

丁韪良(William Alexander Parsons Martin,1827－1916),美国长老会的传教士,1850 年来华。1858 年任美国首任驻华公使列威廉的翻译。1862 年以后他在上海、北京、开封等地办学、传教,1865 年被聘为同文馆英文教习,1869 年又被聘为总教习。1898 年京师大学堂开办后,又出任京师大学堂的西学总教习,至 1902 年离任。1916 年在北京逝世。

另一位是算学教习李善兰。1868 年到同文馆。

同文馆教授自然科学、外文、西方政治、经济、法律等课程,总学习时间为 8 年。其中力学知识从当时的水平来看,是有一些深度的。今举历届学生考试题中的一些力学题:

1872 年同文馆岁考题[①]

格物题(汉文)

以水力积气开凿山道,其机格式如何?

以水为则而权物之轻重者,其说法若何?

有船底如三角,前后宽窄如一,长十丈,于水面量之,阔丈五,吃水八尺,试推其船货共重几何?

蒸汽有力可用,由何而生?

瓦德(特)之汽机胜于前者,于何见之?

汽机之高度与低度者,其理安在?

测算汽机之力,其式若何? 其理若何?

设汽机之压每方寸有一百三十二磅,活塞面积二百方寸,其路八尺,每分时往返五十次,试求其机之马力若干?

设其余数同上,而欲得马力三百二十者,其活塞圆径须若干?

1886 年同文馆大考题

格物测算题

物自极高下坠地,力时变而无恒,其求速公式,何法推之?

物自无穷远落地,其末速几乎七洋里,设自无穷远而落于太阳,试推其末速如何?

有钟自赤道移至北极,试推其秒(秒)摆次数加增若干? 并明其用以探测地形之法。

有百斤炮子以一千六百尺之速击铁甲船,试以尺磅推算其力。

炮子轰击土城,若倍其速,必深入四倍,试明其理。

船有铁桅,必为空身,试言其故,并算其空身与实体者强弱比例。

此外,还可以从其他考试的试题中选一些与力学有关的题目,如:

今有炮位,堂径尺五,若以铁较水重八倍,试推其炮子轻重若何?

有枪子向上直放,二十秒始落,试推其升高若干? 并绘图明其理。

---

① 舒新城.中国近代教育史资料中册.北京:人民教育出版社,1981 年,第 602 页.

物自极高下坠地,力时变而无恒,求其速度公式,何法推之?

山高一里半,山上有营,平地测得其高度为三十度,用平地最远界八里之炮击之,炮轴应用若干度方向?

在同文馆工作的教习,除教学、译书之外还作一些研究。其中最优秀者如李善兰,他除了在数学方面有尖锥术、垛积术、素数论三项研究工作外,在力学方面著有《火器》一卷,主要讨论外弹道的简化计算问题。

在1862年(同治元年)同文馆成立后,紧跟着在国内的其他地方成立了翻译机构与培养有关人才的学校。

1863年在上海成立了广方言馆。开始,李鸿章向皇帝的奏折拟定的名称是"上海外国语言文字学馆",后来在冯桂芬拟定的试办章程中,正式定名为"学习外国语言文字同文馆",简称"上海同文馆"。后来于1867年更名为"上海广方言馆"。1869年移入江南制造局,与原江南制造局的工艺学堂合并。初办时学生每年49名,后来最多到每年80名。

1864年在广州开办了广州同文馆,1867年(同治六年)在福州开办福州船政学堂,1881年(光绪七年)在天津开办天津水师学堂,1886年(光绪十二年)开办天津武备学堂,1887年(光绪十三年)开办广东水师学堂。这些学校都是培养有关的技术人才,所以在教学计划中都列入了相应的自然科学和力学基础课。

1865年江南制造局开办,至1868年附设在制造局的翻译局开办(图5-19)。如果说北京和上海等地的同文馆在这些年内也翻译了一批西书,这些书有属于科学技术方面的,但还有许多是属于社

图5-19 江南制造局翻译馆外景

会科学和历史方面的。江南制造局翻译馆所翻译的书则绝大多数是科学技术方面和医学农学方面的著作。江南制造局翻译馆是当时由官方所创办的第一所专门从事西书编译的机构。

二、几位著名的翻译家

(一)顾观光——中国较早撰述力学文章的作者

顾观光(1799—1862),江苏金山人。初为太学生,博通经史百家、天文历算,但屡试不第,后弃儒继承家学行医。致力于本草学研究,博览古医籍,搜采散见各书中之《本草经》佚文,重辑《神农本草经》,对整理和继承古代本草学有一定贡献。同时对数学、力学和近代科学技术也有很深的造诣。他的《九数外录》(1874年江南制造局印行)所辑的10篇文章有6篇是关于数学的,4篇是关于力学的。这4篇力学文章的题目是:《静重学记》、《动重学记》、《流质重学记》、《天重学记》,分别介绍静力学、动力学、流体力学和天体力学。顾观光的这4篇文章又被收入《清经世文续编》中。

图 5-20 李善兰

(二)李善兰——近代科学的先驱

李善兰(1811—1882),字壬叔,号秋纫,浙江海宁人。在数学、天文学、力学、植物学等方面都有贡献(图5-20)。

李善兰与英国传教士伟烈亚力是欧几里得《几何原本》后9卷的译者。在译《几何原本》的同时,他又与艾约瑟(J. Ed-kins,1823—1905)合译了《重学》20卷。其后,还与伟烈亚力合译了《谈天》18卷、《代数学》13卷、《代微积拾级》18卷,与韦廉臣(A. William—son,1829—1890)合译了《植物学》8卷。以上几种书均于1857至1859年间由上海墨海书馆刊行。此外,他还与伟烈亚力、傅兰雅(J. Fryer)合译过《奈端数理》(即牛顿《自然哲学的数学原理》),可惜没有译完,未能刊行。

(二)傅兰雅——在中国传播西学的大师

傅兰雅(J. Fryer,1839—1928)是来自英国的一位传教士(图5-21)。1861年7月从英国到达香港,在英国一所教会学校任校长。1863年,为了进一步学习汉语,他辞去了香港的工作,到北京担任同文馆的英文教习。后来又到上海的一所教会学校任教师。工作之余他还担任《上海新报》的编辑,介绍一些西学。从1868年,傅兰雅到上海江南制造局任译员,这位传教士便以在华推行西方科学知识为主要事业。他1896年离开中国到美国定居,28年间他在中国为传播西方科学技术呕心沥血。其主要贡献是:翻译了大量西方科学著作,一生共译书129种之多,涉及基础科学、应用技术、军事、社会科学各方面,其中也包括力学(当时称为重学)。1876年,他创办了中国第一份科学普及杂志《格致汇编》。

图 5-21 傅兰雅

1877年,傅兰雅参与创办了中国第一家科技书店——益智书会。1879年,傅兰雅担任益智书会的总编辑。至1890年,该书会编印和审定了98种适合作为教科书的书籍,傅兰雅编写的有《格致须知》、《格致图说》等普及科学技术的教科书42种,其中包括《重学须知》和《力学须知》,这些教科书在中国早期颁行的新学制的学校中影响很大,有许多被新学校采用为教科书。益智书会在中国近40座城市有代销点,出版和销售的书籍达千余种,数十万册。傅兰雅参与创办中国第一所科学普及学校:格致书院。

1896年,由于妻、子均到美国定居,傅兰雅到美国在伯克利大学任东方语言文学教授,1902年任系主任。1913年退休,1928年逝世。在美国工作期间,傅兰雅仍心系中国,多次重访中国,介绍和帮助中国的留美学生。1911年他捐银6万两,建立上海盲童学校,这是中国第一所正式的盲童学校。1915年,他在家中对前来美国参加博览会的黄炎培深情地说:"我几十年生活,全靠中国人民养我,我必须想一办法报答中国人民。"他办的盲童学校,并且安排儿子在美国学习盲童教育,然后派来中国教学。傅兰雅,是一位把毕生精力贡献给中国人民的科学技术事业的西洋人。他就是一位真诚地把现代科学技术送上门来的西洋人。

傅兰雅尽管把一生的精力贡献给中国人民的科学技术事业，但是由于中国的传统势力太强，进步太慢，所以也有他的苦恼。甲午战争失败之后，他说："外国的武器，外国的操练，外国的兵舰都已试用过了，可是都没有用处，因为没有现成的、合适的人员来使用它们。这种人是无法用金钱购买的，他们必须先接受训练和进行教育。……不难看出，中国最大的需要，是道德和精神的复兴，智力的复兴次之。只有智力的开发而不伴随道德的或精神的成就，决不能满足中国永久的需要，甚至也不能帮助她从容应付目前的危急。"

傅兰雅的话是他在华30多年的深切体会。其实从明末起到20世纪初的200多年的发展，也体现了这种情况。

（三）王韬与徐氏父子

王韬（1828－1897），我国近代思想家，一生倡导改革，尤其在教育改革方面，作出了卓越的贡献（图5－22）。1885年，他接受傅兰雅等人邀请，担任"格致书院"山长，开始了一系列近代中国教育改革的实践。

王韬在力学方面的工作，主要是与伟烈亚力合作翻译的一本介绍力学的小册子《重学浅说》，仅14页。大致介绍力学中的动力学、静力学、流体力学、气体力学等内容，然后介绍简单机械，最后总结说明重学与万有引力并说明研究重学的意义。该书1858年出版，1890年曾经重版。

王韬还著有《格致新学》、《泰西著述考》、《光学图说》、《四溟补乘》等。

图5－22 王韬

在翻译和介绍西方科学技术著作方面，还应当提到的是徐寿（1818—1884）和他的儿子徐建寅（1845—1901）。徐寿，字雪村，江苏无锡人。幼时家贫，勤奋好学。1867年他与儿子徐建寅一同来到徐寿在江南制造局翻译馆工作。徐寿在江南制造局翻译馆共译书16部，大多数是和傅兰雅合作翻译的。他翻译的书大多是化学方面的，如《化学考质》、《化学求数》、《物体遇热改易记》等。

徐寿还翻译了工程和医学等方面的著作。如《汽机发轫》、《西艺知新》、《法律医学》等。此外，他还撰写了《医学论》、《汽机命名说》、《火药机器》等文章，发表在傅兰雅主编的介绍科学技术的杂志《格致汇编》上。

在与力学有关的翻译著作方面，主要应当提到的是，他和傅兰雅合作翻译的机械方面的著作《机动图说》。这是一本由"美国工艺新闻纸馆"编辑的机械手册。该书收集了传动方面的实用机械507幅图，并加以说明。序言中说："内有力学、水学、气学、汽机学、并磨器、压器与钟表等，并一切零器之合于寻常日用者。略以类而列次第，以便制造家与学生及工师匠目所检阅，留心斯道者应用，独出心裁，以制成奇器。"书中所列举的机械，大凡杠杆、滑轮、轮轴、皮带、齿轮、水压机、钟摆、擒纵器、凸轮、连杆、曲轴、棘轮、陀螺、压榨机、螺旋桨、阀门、抽水机等等实用机械,直到 19 世纪后半叶西方所发展的机械,已可谓收罗大全。

徐建寅是徐寿的次子,字仲虎。1867 年入翻译馆,1874 到天津机器局任职,后相继在山东机器局、福州船政局、驻德使馆、金陵机器局任职。在翻译馆共译书 15 部,著作 3 部。有《化学分原》《运规约指》《器象显真》《汽机新制》《汽机必以》《声学》《电学》等。其中与力学有关的著作《汽机必以》《声学》影响很大。后面我们要专门介绍。

三、几部重要的力学译著

(一)最早以中文编写系统介绍日心说的著作——《海国图志》

魏源(1794—1857),字默深,湖南邵阳人,1845 年进士。鸦片战争失败后,接触林则徐。在林建议下编写并于 1842 年完成了 50 卷的《海国图志》。后经不断补充,于 1850 年出 60 卷本,于 1852 年扩大为 100 卷,共 88 万字。

关于魏源编撰《海国图志》的目的,他在《海国图志》序言中说得很明了:"是书何以作?曰:为以夷攻夷而作,为以夷款夷而作,为师夷之长技以制夷而作。"惟有"师夷之长技"才可"制夷","善师四夷者,能制四夷;不善师外夷者,外夷制之"。

在魏源所编的《海国图志》中的第六部分是《地球天文合论》,共 5 卷,扼要系统地介绍了地球形状、运行规律、哥白尼的太阳中心说、日月食理论、彗星理论、空气论、地震论等。明末清初虽有天主教传教士曾向中国引进了一些西方近代天文学的学说和仪器,哥白尼的名字也被少数中国人知晓,但是哥白尼的日心学说一直没有传播开来。《海国图志》是首次将哥白尼的太阳中心论作为自然科学理论系统地介绍给中国的一部书。这在当时的思想文化界产生很大的影响。这种新科学思想对魏源本人的思想也产生重要影响,他开始将天地世界理解为一部巨人的"机器",他说:"天地乃运动之机器"。这表明他已经是一位朴素的唯物主义者了。

(二)最早系统介绍天体力学的中文译著——《谈天》[9]

《谈天》一书由伟烈亚力与李善兰合译,于 1859 年出版。原书是英国著名的天文学家赫歇尔(J. F. W. Herschel,1792—1871)写的一本著名的通俗天文学读物。书中介绍了地球、月亮、行星、彗星的运动,还介绍了恒星、星团(即星云)、天文测量、摄动法以及万有引力等内容。

伟烈亚力(Alexander Wylie,1815—1887),1847 年来华,与李善兰、王韬等中国学者合作翻译了许多西方数学、力学和天文学的书籍。他博学多才,除了英文、中文,他还自学了法文、德文、俄文、满文和蒙古文,通晓历史、宗教、哲学、艺术和数学、物理、天文等多门科学知识。在墨海书馆,他除了负责印刷《圣经》等宗教书籍,还编写、翻译了《数学启蒙》、《续几何原本》、《重学浅说》、《代数学》、《代微积拾级》、《谈天》、《中西通书》等多种科学著作,主编了上海第一份中文杂志《六合丛谈》,发起创办了亚洲文会北中国支会,参加了江南制造局翻译馆早期译书工作。他是早期来华传教士中介绍西学最多的人物之一,在中国知识分子中有很大的影响。他于 1862 年休假回英国,脱离伦敦会,1863 年 11 月,作为大英圣书公会代理人再度来华,到中国各地推销《圣经》。1877 年 7 月 8 日他因患目疾而回国,1887 年 2 月 6 日去世。我国《孙子算经》中的"物不知数"问题的解法是 1852 年经伟烈亚力传到欧洲的。1874 年德国人马提生(Matthiessen,1830－1906)指出孙子的解法符合高斯的求解定理。从而在西方数学著作中就将一次同余式组的求解定理称誉为"中国剩余定理"。

李善兰在《谈天》的序言中说:"同为行星,何以行法不同? 歌白尼(哥白尼)求其故,则知地球与五星皆绕日……刻白尔(开普勒)求其故,则知五星与月之道,皆为椭圆。其行法面积与时,恒有比例也。然仅知其然而未知其所以然。奈端(牛顿)求其故,则以为皆重学之理也。凡二球环行空中则必共绕其重心。而日之质积甚大,五星与地俱甚微,其重心与日心甚近,故绕重心即绕日也……恒为椭圆,惟历时等所以面积亦等……又证以距日立方与周时之平方之比例。"这短短几句话总结了从哥白尼、开普勒到牛顿的工作,介绍了开普勒三定律。

李善兰在《谈天》序言的最后说:"余与伟烈君所译《谈天》一书,皆主地动及椭圆立说。"在这里,李善兰明确地表明自己的学术立场是拥护哥白尼和开普勒的。

这本书是中国最早系统地介绍西方天文学的著作。哥白尼的日心说和开普勒三定律就是这部书第一次系统地介绍进来的。它不仅是一本天文学的好书,而且是一本系统介绍有关天体运动的力学问题的好书。

《谈天》在卷八《动理》中介绍牛顿万有引力说:"奈端言天空中诸有质物,各点俱互相摄引,其力与质之多少有正比例,而与相距之平方有反比例。凡一体中各点相摄,所受摄力各不等,当推体之形状,法甚繁。而地与月俱为球体,奈端云球体之摄力,与球质俱收聚于心点而发摄力无异,故凡球皆如一点也。地虽非正球,然其差甚微。"这段话简要地介绍了万有引力和把天体简化为质点的概念。

书中在介绍摄动时指出:"设天空只有一行星,则或行星绕日,或日与行星共绕一公重心。其所行之道,必永久不变。设空中又增一体。新体必摄二旧体,令其道生微差。""诸行星之质积,较日皆甚微。最大者为木星,亦仅得一千一百日质积之一。故其摄力,较日亦甚微。""行星道因摄动,不复成椭圆。亦无他曲线可比拟。""但其变积久必著,是又不能不推也。"书中还介绍了地球的岁差,主要是由于地球受太阳与月亮对地球非球形的摄动所产生的进动的结果。这些讨论,已经包含了天体力学中的二体问题、三体问题以及天体演化提法。

上述关于日心说的著作的影响,可以从康有为的作为看出。江南制造局在 19 世纪晚期翻译出版的"西学"书籍,"30 年间售出不逾 1.2 万册,而康有为购以赠友及自读者达 3000 余册,为该局售书总数四分之一强。""他认真研究了哥白尼的"日心说"和牛顿的天体力学,并在 1886 年写了一部讲天文学的书《诸天讲》。[①]

(三)最早介绍牛顿力学的中文译著——《重学》[10]

《重学》,英国人艾约瑟(Joseph Edkins,1823－1905 年)和李善兰合译,是中国第一部有关动力学的力学译作。该书于 1858 年刊行后不久,书版即大部毁于战火。《重学》再版

---

① 马洪林.康有为大传.沈阳:辽宁人民出版社,1988:40－41.

前,顾观光和张文虎又重新进行校订,于 1859 年出版。原书是英国物理学家胡威立(William Whewell,1794－1866)所著。全书共分 20 卷,其中第 1－7 卷为静重学(即静力学),第 8－17 卷为动重学(即动力学),第 18－20 卷为流质重学(即流体力学)。这本书较全面系统地介绍了当时西方的力学知识。牛顿三定律是由该书第一次介绍到中国。

艾约瑟,字迪谨,英国传教士,1848 年受派来华,9 月 2 日到上海,为伦敦会驻沪代理人。他先是协助麦都思工作,1856 年麦离沪回国,他接任监理。1858 年 3 月回国休假,翌年 9 月携新婚夫人返沪。1860 年赴烟台,1861 年移居天津,1863 年迁北京。1872 年在北京与丁韪良发起创办《中西闻见录》。1880 年被总税务司赫德聘为海关翻译,先住北京,后迁上海。1905 年病逝于上海。他是英国传教士中著名的中国通,著有介绍中国经济、政治、语言、宗教的著作多种。所译著中文著作中,以三卷本的《重学》最有影响。

李善兰在翻译《重学》的序言中说:"岁壬子(1852),余游沪上。将继徐文定公(即徐光启)之业,续译《几何原本》。西士艾君约瑟语余曰:'君知重学乎?'余曰:'何谓重学?'曰:'几何者,度量之学也,重学者,权衡之学也。昔我西国以权衡之学制器,以度量之学考天。今则制器考天皆用重学矣。故重学不可不知也。我西国言重学者,其书充栋。而以胡君威立所著者为善,约而该也。先生亦有意译之乎?'余曰:'诺。'于是朝译几何,暮译重学。阅二年同卒业。"这段话把翻译《重学》的缘起和当时对力学意义的认识,以及翻译的过程交代得非常清楚。

《重学》译稿完成后,即由金山钱鼎卿付印。钱氏在咸丰十一年(1859)于书前有一序言说:"艾君约瑟谓,言天学者,必自重学始。因偕海宁李君善兰同译是书。余得而读之。谓:可以补算术之阙文,导步天之先路。而用定质流质为生动之力,以人巧补天工,尤为宇宙有用之学。爰商之同邑顾君观光、南汇张君文虎,详校而付之梓。书中多以代数立说,中土虽无其术,而西人《代微积拾级》一书,上海已有刊本,且与中法天元大略相似,故不复详释,读者以意会之可也。抑又闻佛兰西拉白拉瑟(即法国拉普拉斯)著有《天文重学大成》,其立法之奇妙、义蕴之奥衍,当必有进于是书者。李君倘能译而传之,余亦乐为之刊行也。"这里提到拉普拉斯从 1799 年到 1825 年,积 20 多年写成的 5 卷共 16 册的巨著《天体力学》,希望李善兰能够给以翻译。后来并未见此书的译本出现。

《重学》在第三卷《论七器》中说:"重学之器有七。七器之用,俱能以小力致大重,令动。又能以小力阻大重,令不动。一卷论杆力、重相定之理。所加之能为力,所当之物为重。此卷仍论力、重定于一点之理。相定之理既明,则一边略加力,即令重动矣。欲测阻力之多寡,以等阻力之重为率。七器:一曰杆,二曰轮轴,三曰齿轮,四曰滑车,五曰斜面,六曰劈,七曰螺旋。螺旋、轮轴、齿轮、滑车之理与杆同。劈、螺旋之理与斜面同。"这段话综述了静力学归结于讨论平行力与汇交力的平衡。进而七种简单机械归结于杠杆与斜面,因为前者是基于平行力,而后者是基于汇交力的。这里译者把平衡译为"相定"。

《重学》在第八卷《论质体动之理》中,叙述了牛顿运动三定律:

"动理第一例:凡动,无他力加之,则方向必直,迟速必平。无他力加之,则无变方向及变迟速之故也。"

"动理第二例:有力加于动物上,动物必生新方向及新速。新方向即力方向,新速与力之大小率比恒同。"

"动理第三例：凡抵力正加生动。动力与抵力比例恒同。此抵力对力相等之理也。"

这里把作用力译为动力，把反作用力译为抵力。

这是中国出版物中对牛顿三定律的最早的表述。

(四)最早系介绍声学的中文译著——《声学》

《声学》，由当时在江南制造局编译馆任职的英国人傅兰雅与徐建寅合译，于1874年出版。该书由英国著名的物理学家丁铎尔(John Tyndall,1820－1893)所著的"Sound"1869年第二版译出。这本书是第一本中文声学著作，它全面、系统而且文字生动，所以影响中国达数十年之久，至20世纪初为止还没有取代的读物。

《声学》全书共8卷(原书9章)，讨论了发声传声、成音之理、弦音、钟磬之音、管音、摩荡生音、交音浪与较音、音律相和。用现代的语言说，这些内容就是：声音产生与传播、声音与振动频率和听觉、弦振动、板壳的振动与发声、管乐器、摩擦发声、声的相干与差拍、声音的和谐。它通俗地全面介绍了物体的振动和波的传播。

在《声学》的第一卷中，讨论声速时，介绍了牛顿对声速的计算。指出："英国格致之士奈端云：'冰介空气传声之速每秒九百十六尺。'惟其数但用空算未经实测，故与实测差六分之一。"书中介绍了法国科学家拉不拉司(即拉普拉斯)引进绝热压缩的概念，并说："拉不拉司即以此理算得速数多于奈端之速数六分之一"。这里冰界指摄氏零度。

值得介绍的是，徐建寅的父亲徐寿在翻译的过程中，经常与傅兰雅讨论书中涉及的问题。徐寿是熟悉我国古代的音律学的，在中国古代乐律中，有一种说法，说弦乐器或管乐器的弦或管增长一倍或缩短一半，则所发的声会降低或升高八度。而《声学》在卷五中也说："有底管、无底管生音之动数(即频率)，皆与管长有反比例。"这两种说法是相合的。徐寿用铜管做实验，发现只在管长比为4:9时，所吹出的音才相差八度。

徐寿的这个发现与中国古代和《声学》所述都不同。傅兰雅把徐寿的实验结果写信告诉了《声学》的作者田大里，同时将信的复件寄给了英国的《自然》杂志。《自然》杂志请人答复，说徐寿的结果是正确的。《自然》杂志还以《声学在中国》为题发表了傅兰雅来信，同时加了按语说："我们看到，一个古老的定律的现代的科学修正，已由中国人独立解决了，而且是用那么简单的原始的器材证明的"[①]。

(五)一部集应用力学与汽机基础大成的译著——《汽机必以》

《汽机必以》(*Acatechism of the Steam Engine,in Its Vartious Applications*)原书为英国普尔奈(John A. Bourne)著，1865年在伦敦出版，傅兰雅译，徐建寅述，共12卷，外加卷首1卷和附卷1卷。这本书是徐建寅在江南制造局翻译馆时翻译的，徐建寅是在1874年离开翻译局的，可见此书当在1874年以前出版。

这是一本为从事与汽机有关工作的工程技术人员写的理论、技术、应用综合性的著作。书中涉及丰富的力学知识。特别是有关材料力学、流体力学、热学、机构学等方面的知识。例如书中介绍了：地心引力、摆、摆心、离心力、金属的强度、各种金属的许用应力、材料的疲劳、摩擦力、流体阻力、功率和马力、各种船舶需用功率的计算、潜热、热功当

① 王冰.明清时期物理学译著考.中国科技史料·第七卷,1986(5).

量、热效率等。这里我们引述几段书中的内容：

在介绍钢和铜的强度极限时说："上等铸钢与泡面钢之牵力断界，每横剖面一方寸得十三万磅。密铁与此略同。比诸熟铁为二倍余。汽机轴衬之礅铜，每横剖面一方寸牵力断界为三万六千磅。搥打之红铜，每横剖面一方寸牵力断界为三万三千磅。模铸之红铜，每横剖面一方寸牵力断界为一万九千磅。"这里"牵力断界"即"拉伸强度"所用的单位为英制。

在介绍许用应力时说："金类所作汽机之动件，大半用熟铁，常以每横剖面一方寸不过四千磅为稳界。生铁则不可过此数之半。然汽车锅炉每横剖面一方寸间有过六千磅者，已入险道矣。"这里"稳界"即许用应力。

在介绍金属的疲劳现象时，书中说："曾试生铁条，以凸轮使弯，至恰断之弯之半，未过九百次即断。又以凸轮使弯至恰断之三分之一，能至十万次而未断。"这里正是介绍的一种金属杆的疲劳试验。

书中对热功当量和能量守恒的介绍说："力热相配之理，为数年之内格致家深考而得之要事。盖热能生力，力能生热。二物相磨所生之热，等于相磨之力。如物重一磅，自七百七十二尺之高坠下，或七百七十二磅自一尺之高坠下，以此坠下所生之力变为磨力而生热，必能使一磅之水加热一度。设汽机无磨热，即无磨力。而全热所现之力，尽变为磨力，则磨力所生之全热，必等锅炉内所烧之全热。"这里"磨力"即摩擦所作之功，"磨力"和"磨热"为热和功的散失。

（六）一本早期的自然科学教科书——丁韪良的《格物测算》

丁韪良（Martin William Alexander Parsons，1827－1916）主持编译的同文馆和京师大学堂的教材有三套：其一是同治七年（1868）同文馆刻本《格物测算》和光绪十五年（1889）同文馆铅印本《增订格物入门》（图 5－23，5－24），还有光绪二十五年（1899）京师大学堂铅印本《重增格物入门》。

图 5－23　丁韪良

图 5－24　《增订格物入门》力学卷

《格物测算》共计 8 卷。包括物理、化学等理科学科的内容。前 3 卷为《力学》,后五卷分别是《水学》、《气学》、《火学》、《光学》、《电学》。力学卷一有六章,"论物之动静","论重质相吸之力","论物之重心"等;卷二有 6 章,"论力之分合","论火器","论物之摆动"等;卷三有 7 章,"论杠杆","论斜面","论梁木之力"等。

《格物测算》全书采用问答的形式讲授。这是一种在西方传统的科学著作中常用的问答体。例如,在介绍牛顿三定律时说:

问:"奈端力学三纲何也?"

答:"物之静,非力不动;物之动,非力不止;一也。物之受力者,每力均有功效,二也。凡用力必有抵力,与之相等,三也。"

晚清在近代力学的传播上,虽然产生了若干重要的译著、出现了一些杰出的翻译家、少数人进行过有益的探索、一些学校开始教授力学知识。但是却有它天生的弱点。

由于官方所组织的洋务运动,是基于要"师夷之长以制夷",而又认为"中国一切皆胜西人,所不如者兵而已"[①]。所以大部分人只是看到设厂、买炮而已,对于西方的力学与科学仍然没有认识。清末一位洋务热心人胡燏棻在《上变法自强条陈疏》中说到这种情形:"各省设立造船政枪炮子药等局,不下数十处,向外洋购置机器物件,不下千百万金;而于制造本原并未领略。"而且由于即使这种设厂、买炮的变法最后也遭到失败,这种情形在清亡之前没有明显变化。所以清末的力学传播,是以为使人们能够理解洋枪洋炮来服务的。所以,所有的有关力学的译著仅限于普及型的著作,对于西方奠基性的力学研究的经典著作,不但没有翻译,甚至没有比较深入的介绍。例如,牛顿的《自然哲学的数学原理》、拉普拉斯的《天体力学》、拉格朗日的《分析力学》、亥姆霍兹的《论力的守恒》、纳维和圣维南的《力学在结构和机械方面的应用》等重要著作。力学和近代自然科学还没有取得独立生存和发展的地位。

科学的追求始终只是极少数人的事。一直没有形成大众所关心的群众性的事业。由于两千年来中国封建社会统治阶级轻视科学技术,更有甚者,称其为"奇巧淫技",大大阻碍了科技发展。

总之,中国还缺少一个全民的科学启蒙运动。而这个运动只有到 1919 年的"五四运动"才开始启动。

---

① 郑鹤声,郑鹤春. 中国文献学概要. 上海:商务印书馆,1933:166-171.

第六章　20世纪上半叶的中国力学

第一节　派遣留学生[3,11]

18世纪末至20世纪早期,法国、德国、苏联、美国等工业发达的国家,已经有了专门培养力学人才的系、科或独立的研究机构。如法国在1795年建立的巴黎综合工科学校,该校培养了一大批科学家和工程师,如柯西、泊松、纳维等都是该校第一班的学生。1811年出版了泊松著的《力学教程》、普朗尼著的《力学分析讲义》等,这些教材奠定了后来理论力学的教学体系。

德国在1904年哥廷根大学成立了应用力学系,近代力学奠基人之一的普朗特任主任。在这里培养出许多国际著名的力学大师,如冯·卡门、铁摩辛柯、普拉格、邓哈托等[3]。1911年普朗特组建了专门的空气动力学与流体力学研究机构,在哥廷根大学成立了空气动力学实验研究所(AVA),它是德国航空航天研究院在哥廷根的流体力学研究中心。

苏联在1918年成立了中央空气动力研究所,儒科夫斯基为所长,1922年莫斯科大学的物理数学系,成立了数学力学研究所。

1934年,冯·卡门在美国就任加州理工学院古根海姆航空实验室主任。开展了高速飞行与喷气推进的研究,推动了整个航空航天事业的发展。

而中国则不能同日而语。中国自清末至20世纪40年代末内忧外患,战火不断,民不聊生。觉醒的中国青年、爱国志士深感科学技术的落后给中国人民带来的屈辱和痛苦,因此在"教育救国"、"工业救国"、"科学救国"、"航空救国"的各种口号感召下,向西方学习走出国门,先后走上留学报国的征途。

早在19世纪末,洋务派在机械、造船等方面开始向西方学习,派出留学生,1872—1875年据考曾向美国派出120名幼童,但1881年几乎全部召回,他们的学业几乎大部分半途而废了。至1911年共向欧洲派出了107名留学生;1909年向欧洲派出了23名留学生学习飞机与潜水艇。此后一个时期出国留学的不同特点是他们在国内的现代大学里都是优秀学子,来自土木工程、机械、电机、航空、物理、数学、船舶等各个系科,毕业以后,通过庚子赔款的途径,经过考试选拔而获得公费出国。赴美、英、意、德、比等国,最多的当属去美国留学。1911—1929年间共派出留美预备部学生1000余人。与此同时,自1912年起,赴法勤工俭学运动渐渐形成了高潮。由吴敬恒、蔡元培、汪精卫等人组成的"留法俭学会"利用当时法国因一战而急需劳工的机会,组织青年赴法,以工求学。勤工俭学的计划立即得到了青年们的热烈响应,赴法人数逐年增加,到1920年左右,在法的中国青年已达2000多人。

1933 年又开始招考第一批庚款留英学生。1935 年留学达到高峰,当年有 1033 人出国留学。1937 年抗战爆发,留学受到政府限制,因此留学人数立即锐减,1941 年跌至谷底,全年仅 57 人。1946 年参加考试的是 4463 人,最后考取出国留学人数是 730 人。据粗略统计,在这些留学生中,出去学工科(少数学理)的约占 2/3。

这些留学生去西方接受了西方教育,学到了先进的科学技术,无论是学土木、机械、航空等工程专业,还是学物理、数学都得到近代力学的基础知识传授和严格训练。20 世纪 20 年代初,学成归国的人成为传授力学知识的先驱者。30 年代出国居多,有的 40 年代回国,有的 50 年代回国。他们中很多人成为力学学科的奠基人或各分支学科的带头人。

第二节　高等学校中的力学教学[3]

1911 年辛亥革命之后,到 20 世纪 50 年代,是近代力学在中国初步发展的时期。这一时期,国内工业虽然发展缓慢,但是交通运输业均有所发展,典型的有航运、铁路、公路和航空工业。随之出现了现代大学,大学中工科教育普遍要讲授力学。如清华大学(前身清华学堂,1911 年创建),开设土木系、机械系、航空系、电机系;北洋大学(前身是 1895 年创建的北洋西学学堂,后为天津大学,1912 年定名)专办工科,设有土木、采矿、冶金、机械等科;西南交通大学(前身是 1896 年创建的山海关北洋铁路官学校,1921 年定名)设有铁路工程、机械、矿业;上海交通大学(前身是 1896 年创建的南洋公学,后为交通部上海工业专门学校,1921 年定名)开设土木科,后又开设造船系等专业;同济大学(前身是 1908 年创建的同济医工学堂,1927 年定名)开设土木科;浙江大学(前身是 1897 年创建的求是学院,1928 年定名)创建土木工程系、航空工程系、电机、机械工程、化学工程,被李约瑟称为东方的剑桥;山西大学(前身为 1902 年创建的山西大学堂,1918 年定名)二部设有理工科。

依据教育部 1913 年颁布的《大学规程》,工科各学门(科)第一、二学年开设的公共课程有:应用力学、材料力学、水力学。在第二、三、四学年又分别开设的专门课程,如土木工学门设有:材料学及材料强弱实验、机械学原理及设计、水力机械学及实验、房屋结构学、铁道结构学及设计等课程,可见,其中力学课程或与力学有关的课程占有一个相当大的比例。

北京大学(前身是 1898 年创建的京师大学堂,1912 年更名),是我国近代第一所国立综合大学。它是一所文、理科为主的大学。1913 年该校同时建立了物理学门和数学门(1919 年改为系)。

理工科大学早期传授力学的教师,是北京大学的夏元瑮(1884－1944)。他于 1909 年出国,曾师从德国柏林大学的普朗特,并认识了在那里执教的爱因斯坦。1921 年回国。回国后任北京大学理科学长。1922 年商务印书馆出版了他翻译的爱因斯坦的著作《相对论浅释》。这是中国出版的解释相对论的最早的著作。我国老一代著名的工程教育家还有罗忠忱(1880－1972)、凌鸿勋(1894－1982)、郑太朴(1901－1949)、赵进义(1902－1972)和陆志鸿(1897－1973)等。他们作为 20 世纪 20 年代回国的学者,为我国传播力学知识,培养力学人才和促进力学学科的发展作出了奠基性的贡献。

20 世纪 30 年代,学成回国的有[12]胡乾善(东北大学、四川大学)、钱令希(浙江大学、大连工学院)、张国藩(北洋大学)、徐芝纶(浙江大学)、黄文熙(清华大学)、李世豪(重庆中央大学)、刘恢先(西南联合大学)、季文美(重庆交通大学)、蔡方荫(东北大学)、曹鹤荪(上海交通大学)。40 年代回国的有沈元(清华大学)、周培源(清华大学)、刘先志(山东工学院)、范绪箕(南京航空学院)、王俊奎(西北工学院)、王仁东(浙江大学)、周鸣鷟(武汉大学)、陆士嘉(北洋大学)、钱伟长(清华大学)、张维(清华大学)、张福范(浙江大学)、康振黄(重庆大学)、胡沛泉(西北工业大学、华东航空学院)、王德荣(重庆大学)、孙训方(西南交通大学)、荆广生(镇江农机学院)。其中周培源是学习物理出身,钱伟长是应用数学出身,其余多数都是学工程的。他们留学归来,报效祖国,在国内分别系统地讲授相对论、理论力学、流体力学、工程力学等力学课程,并相应地开展了一些力学的理论与应用方面的研究课题,真是历尽艰辛、筚路蓝缕。

20 世纪早期,新建立的大学主要课程聘请外籍教师讲授,20 年代以后,教师的大部分虽然是留学归国的中国人,但教材一般仍使用外文的。20 世纪 30 年代初在蔡元培的大力倡导下,自 1932 年商务印书馆编辑出版"大学丛书"开始,国内的学者陆续编辑出版自己的教材,形成了我国早期的力学教材系列丛书。

第三节　研究机构和学术团体[13]

一、研究机构

中央研究院　1928 年成立,是当时政府最高科学研究机关。蔡元培被任命为院长,宗旨是:"实行科学研究,并指导、联络、奖励全国研究事业,以谋求科学之进步,人类之光明"。研究院陆续在南京、上海等地设立 13 个研究所(含自然科学和人文科学)。研究院成员大部分是科学社的成员。1928 年 11 月在上海建立了物理研究所。1948 年 3 月选举了中国历史上首批 81 位院士。院士是一种终身的名誉职位,由选举产生。数理组(包括数学、物理、化学、地质、气候、工程学等)有 28 人。其中物理学方面就有 8 人。1949 年随国民党迁台。

北平研究院　民国期间的地区性的综合性国立研究机构,是独立的研究机构。1929年 9 月研究院成立,院长是李煜瀛,副院长是李书华。下设学术研究机构由 7 个部组成。每部之下又设若干研究所,如理化部:下设物理学研究所、镭学研究所(两个所的所长均为严济慈)、化学研究所(所长刘为涛)。抗战期间,迁至昆明。1945 年后相继迁回北平。之后设立物理学、原子学、化学、药物、生理学、动物学、植物学、史学 8 个所。

中央工业试验所　1928 年南京国民政府工商部鉴于工业试验与研究为发展工业必要的途径而筹办中央工业试验所,于 1930 年在南京成立。其中机械组成立了一个材料试验室,该室于 1934 年春,从瑞士购买了一台阿姆斯勒(Amsler)25 吨万能材料试验机与若干其他机器。他们先后收集国产和进口金属和木材进行比较试验,公布试验结果,编制材料试验方法和标准。

二、学术团体

中国科学社　原名科学社。中国最早的现代科学学术团体。也是中国近代历史上第一个民间综合性科学团体。宗旨："联络同志,研究学术,以共图中国科学之发达。"学社的创办起源于 1914 年,留美的中国学生集资创办《科学》杂志,为了向国内介绍当今科学的发展,这一工作逐渐演变到组织,成立科学社,于 1915 年在美国康奈尔大学创办。旨在"提倡科学、鼓吹实业、审定名词、传播知识"。科学社的发起人为:任鸿隽、秉志、周仁、胡明复、赵元任、杨杏佛(杨铨)、过探元、章元善、金邦正等 9 人。任鸿隽为社长。其前身为 1914 年创办的"科学杂志社"。1918 年中国科学社由美国迁回国内,创办中国的《科学》杂志,1915 年首期《科学》(月刊)在上海出版。发刊词上"科学"与"民权"赫然并列,申明"以传播世界最新科学知识为职志"。之后,中国科学社又发行了《科学画报》《科学译丛》等刊物,1928 年定址在上海。竺可桢、蔡元培为该社的领导人。1916－1936 年召开学术年会 26 届,1959 年该社停止活动。中国科学社建立了科学管理和民主决策机制,让科学的社会功能为大众所承认,科学有自己操作规范和自主性等。在科学社的影响下,催生了各专业学会的诞生。

中华自然科学社　1927 年 9 月,在南京成立的中华自然科学社,是民国时期又一个影响较大的科技社团。该组织最初是"华西自然科学社"(1926)。在抗战前社长是杜长明,抗战后社长由吴有训担任。学社在上海、北平等地及在欧、美、英、日设立分社。学组是将社员按学科组织起来的专业机构,其职务是组织学术活动,为刊物组织稿件。到 1930 年共有 9 个学组,均有著名学者参加。如数学、天文组:华罗庚、陈省身等;物理组:有王竹溪、葛庭燧、钱学森及其他物理学家;工学组:有张维、孟昭英等。到 1949 年为止,21 年间共进行了 15 次年会。1942 年美国西部分社曾单独举行年会。1951 年该社结束。学社创办刊物有《科学世界》(1932 年创刊),以中、小学教师为对象,英文刊物《中国科学》(1942 年创刊)。为了向国外介绍中国科技的研究进展,抗日战争期间还组织有关专家出版了《国防科学丛书》。1947 年,曹鹤荪应中华自然科学社《科学世界》杂志主编李国鼎之邀,主编该杂志之《航空世界》(《科学世界》之 17 卷第 4－5 期),请当时航空界有名专家,王德荣、范绪箕、叶蕴理等 25 人撰写专论共 27 篇。图文并茂,约 24 万字,曾被誉为小型航空百科全书。

学会的成立　当一个学科形成一定规模,具备一定专业水平的时候,同行间便要求组织起来,相互切磋和交流学术,这时往往由学科的带头人发起,联络各地同行组成学会,所以学会的成立亦被视为学科建立的标志。留学生在 20 世纪初将西方的学会组织移植到中国,以便加强学术交流,推动学科的发展。我国最早的学会应是"中国地学会"(1909),随后有"中华工程师学会"(1914,其前身是 1912 年成立的中国工程学会)、"中华农学会"(1917)、"中国地质学会"(1922)、"中国水利工程学会"(1931)、"中国物理学会"(1932)、"中国数学会"(1935)、"中国机械工程学会"(1935)、"中国土木工程师学会"(1936)等相继成立。以上学术组织的建立以及由这些学术团体编辑的出版物,如《中国物理学报》,在很大程度上推进了近代力学在中国的传播。因为无论是自然科学还是近代工程技术的发展,都依赖于力学学科的发展。此外,还有中国科学工作者协会(1945),东北自然科学研究会。这些学术组织内也都有早期的力学工作者。

近代学会或协会的建立加强了中国近代科技工作者之间的交流,卓有成效地推动了学术发展,沟通了中外学术的交流,使得以往耳目闭塞、闭门造车的局面得以扭转,促进了中国近代科技汇入世界科技发展的大潮。

第四节 中国航空工程与近代工业的兴起

辛亥革命后,已有留学生在国外学习航空工程并从事飞机的研制工作。1909 年冯如在美国设计制造飞机,并由他亲自驾驶试飞成功;1910 年谭根在美国设计研制出性能先进的水上飞机。1911 年冯如携自制的双翼飞机从美国回广州(翌年因飞机失事而牺牲)。[3,13]

中国近代航空工程研究发端于 20 世纪 20 年代,世界著名的空气动力学家冯·卡门在 1929 年受清华大学理学院院长叶企孙的邀请首次访问清华,阐述了航空工业和航空学科的重要性。曾建议在清华创办航空工程专业和设立航空讲座。1934 年他推荐当时世界著名的航空专家华敦德博士来中国任教。1934 年秋,清华大学决定自行设计风洞。1936 年由王士倬(中国航空事业的先驱)主持设计并建成了我国第一座风洞。风洞试验的最小直径 5 英尺,风速可达 80 英里/小时,能自动测出飞机模型所受阻力、升力和俯仰力矩。后来又在南昌建造直径 15 英尺大风洞,由张捷迁负责监造、美国华敦德教授主持设计。冯·卡门曾回忆说:"1937 年夏,当我抵达时,这座建于南昌的风洞已接近完成阶段,主要的水泥薄壳结构已经完成,马达及螺旋桨已订购,且平衡装备已制造,此乃世界最大风洞之一。"[1] 1938 年,日机轰炸击中风洞,功亏一篑,毁之于旦。在 1937 年冯·卡门受邀,第二次访问中国时,曾给出了很多好的建议,他提出,不断地研究对于中国空军的发展是首要的问题,研究与试验必须同步进行,必须让技术人员亲自动手在试验中获取应该掌握的经验。他还就航空人才的培养问题发表了见解:由大学训练培养的工程师一般比较优秀,中国学生擅长理论研究而缺乏实际经验。因此,大学教师应该在制造厂中担任工程师,积累实际经验,这样能够保持教学与实践的密切联系,大学的航空学专业教授应该负责教材的选取、调查与统一;技师则应受到 3—4 年的培训并严加淘汰,淘汰率越大则越好。冯·卡门强调只有做到上述几个方面,才能培养出比较合格的航空人才。

1936 年,清华大学成立第一个航空工程研究机构——南昌航空研究所[3,13],顾毓琇任所长,1938 年迁成都,后又迁回昆明,由庄前鼎任所长。1940 年在昆明建成 5 英尺钢制回流风洞。在基础理论方面,承担了空气动力学、高空气象的研究;在结合型号方面,如结构与材料、直升机与滑翔机的设计制造等方面进行了研究。

1939 年,航空委员会在成都成立航空研究所[3],黄光锐任所长,下设飞机设计组、空气动力组和航空器材组。1941 年 8 月扩大并改名为航空研究院,并聘请英国学者李约瑟与留美教授钱学森为委托研究员名誉职称。1941—1943 年,飞机设计组研制成功三种教练机。1945 年,各研究单位内迁,由于当时航空工业局的基本作法是向美国购买飞机,以

---

① 中国空气动力学发展史编写筹备组. 冯·卡门中国行. 编务通讯,1982 年 10 月.

致各研究机构工作处于瘫痪。

1944年,林同骅、顾光复[13]在南川航空委员会第二飞机制造厂主持设计并制造成功中运—1式运输机,该机可乘坐8人。

辛亥革命后,西方列强由于第一次世界大战无暇东顾,外国机械向中国输入锐减。从而使民营机器厂不断增加,生产规模也有所扩大。北洋政府和南京国民政府先后接收了江南制造局、福州船政局以及一些铁路机车车辆修造厂[13]。至此,中国的机械工业开始有了一定的发展。如造船业,1927年江南造船所刚由叶在馥工程师主持技术工作,1934年就为中国海军制造了一艘双螺旋桨柴油机护航舰,排水量为1731吨,表明中国造船技术已达到较高的水准。20世纪30年代铁路机车车辆的生产虽然已具备一定能力,如自制的蒸汽机车已占总数的6%,客车占59%,货车占62%,但是机车所用的一切原材料和主要零部件均系进口。1936年在南京筹建中国汽车制造公司。1933年由茅以升负责主持修建并在1937年建成的钱塘江铁路、公路大桥是由中国工程师独立建造的第一座近代大型桥梁,被誉为近代桥梁建筑史的里程碑。

1937年以后,日本的侵华战争不仅破坏了中国近代经济,也严重地摧残了本来就十分稚弱的中国近代科学和技术。几乎所有的科学部门都陷入了停顿的状态。这种局面一直持续到1949年。

第五节 中国近代力学的研究成果[14]

直至1949年,近代力学在中国虽有起步,但还不是一个独立的学科,从事教学与研究的大都是理工科的基础课教师,是依附于其他理工科而存在的。在这一时期,我国学者对近代力学作出了一些重要成果,大多是首先在国外开始,在导师指导下或与导师合作完成的,也有的是我国近代物理学家们,在力学方面做了重要研究成果[15],如:丁西林在20世纪30年代创造了一种可逆摆以测定重力加速度g的值,避免了过去以摆测定该值时的许多实验误差。江仁寿30年代中期以一种带有惯性棒的双线悬挂装置测定了液态碱金属的黏滞性,他所改进的方法在后来被广泛用于测定其他液态金属黏滞性实验中。魏嗣銮于1924年以变分法探讨了均匀负荷与四边固定的矩形板的挠度和弯矩。物理学家黄席棠在1940年对橡胶弹性的各种参数做了测定。张国藩1935年的博士论文《溪流中的落体及对湍流的影响》研究了落体落到流体中后的状态及对湍流的影响。这一成果后被研究流态化所引用。

还要提到林家翘和葛庭燧的工作。林家翘1944年关于流体力学稳定性的研究取得突破性进展,他求出了完整的中性曲线,得到临界雷诺数,其理论结果被后来的实验和数值计算所证实。葛庭燧在1945—1949年开展关于晶粒间界的研究工作,其中包括金属弛豫谱(内耗)、金属力学性质和位错理论的基础研究。他首创用于低频内耗测量的扭摆,被国际上称为"葛氏摆";首先发现了晶粒间的内耗峰,被国际称为"葛氏峰"、"葛庭燧晶粒间界模型"等,创立了金属内耗的整个研究领域。

特别要提到周培源湍流研究的成果,以及钱学森、钱伟长、郭永怀等在美国加州理工学院良好的学术环境中,经过自己的努力,在应用力学方面取得的举世瞩目成果,后来他们成为中国近代力学的奠基人。

本编小结

本编叙述的主题是：中国古代力学知识的积累；明清时期西方力学的传入；20世纪上半叶，即1950年以前中国力学教学和若干学者的研究工作简介。

在从古代到1950年之前的漫长岁月中，中国力学发展有如下的特点：在明末之前的数千年间，中国的力学主要体现为一些特定工艺、技术和力学知识的点滴积累，没有系统的力学研究，也没有一部专门讨论与力学论题相关的专著，所有的力学知识是散见于一些律学、历学和随笔杂记等类的著作中。

作为严密科学系统的力学，发源于西方，是古希腊理性思维和文艺复兴之后发端于欧洲的实证精神的产物。西方力学传入中国是明末开始，至清末近300年间的过程。其开始的标志性的事件是，1827年由传教士邓玉函口授、王徵笔录出版的著作《远西奇器图说》。其最后的重要事件是1858年由英国传教士艾约瑟口授、李善兰笔录合译出版的著作《重学》，该书第一次系统介绍牛顿三大定律。在这一阶段，力学知识主要是由外国传教士实践明末传教士利玛窦制定的"科技传教"的方针，通过传教送上门来的，国内有很少的对西学有兴趣的学者，配合翻译出版了少量与力学有关的专著。

中国人主动学习力学，是清末开始到1950年以前的事。主要手段是派出留学生、清末到民国初年开办洋学堂、聘请西方教习讲授力学等。进入民国之后，由于民主与科学思想在民众中普及，中国人开始有学习力学的积极性。这个时期中的一个显著的特点是在辛亥革命前后所派出的留学生中，除大批是学工程科学的以外，有一批学理的和个别学力学的。到1920年左右，有一些留学归国的学者如茅以升、夏元瑮、罗忠忱、凌鸿勋、李四光、周培源等在国内开始力学的教学与研究。

纵观这一时期，可以发现在近代力学发展上有以下的特点：

首先，力学在中国还不能说是一个独立的学科。许多从事力学教学与研究的，都是作为其他理工科的基础课教师来开展教学与研究的，是依附于其他理工科而存在的。整个国家没有一个专门从事力学的研究机构，也没有一个专门培养力学师资和力学人才的系科。其所以如此，是因为当时中国的工业十分落后，没有提出独立发展力学的课题。还由于这40来年的大部分时间是在内外战争中度过的。其间经过军阀割据、抗日战争和三年内战时期，工业、教育和科学研究都受到很大的影响。

其次，这个时期我国的学者在力学上做出了一些很好的研究工作。就其大多数来说，都是首先在国外开始，与外国的导师合作或在外国导师指导下完成一批成果，然后回国继续深入发展的。许多名家大都是这样走过来的。这个特点充分表明，中国的力学是从外国人送上门来的阶段，转而为中国人主动向外国学习为其主要特点。应当说，外国人送上门来，从排斥到接收，是漫长的。还应当说，从学习到独立发展的过程也是漫长的。西方牛顿的《自然哲学的数学原理》一书出版于1687年，清代李善兰等曾着手翻译但没有完成，直到1931年才由商务印书馆出版了郑太朴的译本，仅翻译就花去了100多年。到1903年才翻译出版了第一本以力学为题的《力学课编》教科书。截至中华人民共和国成立前夕,中国出版的力学书籍包括教科书在内寥若晨星。

在长长的300多年中,外国的传教士和一些有志于科学的学者,也培养过一些爱好科学的学生。清末丁韪良、李善兰等也曾经在同文馆里培养过一些学生。民国后,一些新型大学也曾经培养过一批理工科学习过力学的学生。可是,1949年以前的中国,没有给他们留下多少生存和发展的空间。所以绝大多数转行和销声匿迹了。

第三,在世界范围内,力学已经发展为分支学科众多、队伍庞大、对国民经济和其他学科影响深远的学科。到19世纪末,国外力学除了牛顿力学以外又发展了刚体力学、分析力学、天体力学、弹性力学、塑性力学、流体力学、气体力学、材料力学、实验应力分析等学科。在20世纪初,这些分支学科都得到快速的发展。而且在与近代工业结合上,又出现和发展了结构力学、航空力学、道桥力学、自动调节理论、岩石力学、土力学等。各发达国家都有许多专门的研究机构,在高等学校里也有专门为培养力学人才的专业。不过,由于19世纪末到20世纪初,相对论和量子力学的产生,在国际上出现了一种批判经典力学或机械论的哲学思潮。所以当我国到民国初期派出留学生时,适逢这种思潮的兴起,不能不影响我国留学生学习力学的积极性。即使在向国外学习上,学习力学的也只是少数人,在少数学科点上学到了一些力学知识,或在少数点上做了些研究。而且大部分从事力学教学和研究的学者又都是在留学时期从事工程学科或物理学科学习的,他们是在学习工程专业的过程中掌握力学知识的。例如周培源、茅以升、凌鸿勋等都是这样的。况且即使学到了一些力学知识,有相当一部分人在回国以后又转行做了别的事情。所以从总体上来说,中国近代力学的发展与发达国家相比,差距是非常大的。

尽管如此,自1840年中国国门被洋枪洋炮打开以后,资本主义对中国的渗透和影响已经不可避免。洋务运动时期鼓励官督民办、官民合办企业的发展,从而导致我国机械、造船、铁路、纺织、采矿工业的产生。为满足工业发展的人才需求,中国高等教育和科学技术也在逐渐进步。那时,中国可以自己建造铁路和桥梁。派遣留学生的政策,打开了国门,成为后来培养科技人才途径的先河。值得一提的是,在1949年以前,部分二三十年代的留学生学成归国,而且一直在国内从事力学研究与教学,其中最著名的是周培源和钱伟长两位先生,前者是学习物理出身,而后者是学习应用数学出身。他们在极其困难和艰苦的条件下,1949年之前就一直坚持力学的教学与研究是很难能可贵的。

力学从学习西方到独立发展的过程是漫长的。中国力学走上独立发展的道路是1949年之后的事。学习西方是走向独立的开始和基础,走向独立则是学习西方的终极目标。

参 考 文 献

[1] 戴念祖,老亮.力学史:中国物理学史大系.长沙:湖南教育出版社,2001.

[2] 戴念祖.中国力学史.石家庄:河北教育出版社,1988.

［3］武际可.力学史.上海：上海辞书出版社，2010.

［4］施宣圆.徐光启.南京：江苏古籍出版社，1984.

［5］(瑞士)邓玉函口授，王徵译绘.远西奇器图说.上海：商务印书馆，1936.

［6］李兰琴.汤若望传.北京：东方出版社，1995.

［7］(法)谢和耐.中国文化与基督教的冲突.于硕等译.沈阳：辽宁人民出版社，1989.

［8］阮元.畴人传.上海：商务印书馆，1933.

［9］(英)伟烈亚力口授，李善兰等笔录.谈天.上海：墨海书馆，1859.

［10］(英)艾约瑟口译，李善兰笔录.重学.钱氏刊本，1859.

［11］程新国.庚款留学百年.上海：东方出版社，2005

［12］中国科学技术协.中国科学技术专家传略·力学卷 I.北京：中国科学技术出版社，1993；力学卷 II.北京：中国科学技术出版社，1997.

［13］史仲文，胡晓林.中国全史 097 卷.北京：人民出版社，2011.

［14］郑哲敏.20 世纪中国知名科学家学术成就概览，力学卷：20 世纪的中国力学.北京：科学出版社，2012.

［15］戴念祖.20 世纪上半叶中国物理学论文集粹.长沙：湖南教育出版社，1993.

第三编 20世纪下半叶中国力学学科的发展

第七章 20世纪50—70年代中国近代力学学科的形成

20世纪50—70年代,新中国成立初期,基础薄弱,百废待兴,社会经济发展任务繁重。比如:要建设成渝铁路,建造南京、武汉长江大桥,治理长江、黄河、淮河,修建葛洲坝水利枢纽工程,制造12.5万千瓦的双水内冷汽轮发电机组,12000吨的水压机,开发克拉玛依、大庆油田等,在当时的国际环境下,除了从苏联得到一些技术援助外,这些工程大都需要自力更生、依靠发展科技完成。

另一方面,鸦片战争百年以来,经过多少仁人志士的努力,在新中国成立前后中国力学学科开始在中国大陆孕育,主要表现在如下三个方面[1-3]:

开展经典力学教育 这主要依靠早年留学归国的有识之士,如罗忠忱、刘仙洲、凌鸿勋、陆志鸿等。随后回国的有张国藩、徐芝纶、季文美、黄文熙、钱令希、黄玉珊、沈元、张维、陆士嘉等。当年在高等院校开设的课程有:理论力学、应用力学、流体力学、空气动力学、材料力学、结构力学、弹性力学、弹性稳定性理论、水力学、土力学、振动理论、强度设计、飞机设计、水工设计等课程,周培源在西南联合大学讲授湍流理论。他们呕心沥血教书育人,使年轻的中国学子可以学到经典力学的基本知识。

自主进行工程建设 这一时期,中国民族工业逐步兴起,在机械、兵工、造船、航空等制造业方面开设了工厂。最有所代表性的工程项目有:1908年詹天佑主持建成我国自建的第一条铁路——京张铁路;1937年茅以升主持建成我国第一座铁路公路两用桥梁——钱塘江大桥,是我国桥梁史上的一个里程碑。

少量一流的科学研究成果 在这一时期,在我国学者中出现了钱学森、周培源、钱伟长、郭永怀等若干杰出人才,他们的科学成就举世瞩目[4]:

周培源,1928年至1946年间,先后数次赴美留学和工作,起初研究广义相对论,证实了引力论中"坐标有关"的重要论点。然后,他独树一帜,首先导出了湍流脉动和关联函数的方程,奠定了湍流模式理论的基础。随着计算技术的进步和各国学者的拓展,已经形成了著名的周培源湍流模式理论流派(图7—1)。[①]

钱学森,1934年至1955年在美学习和工作,师从冯·卡门(T. von Kármán)。他给出了高亚声速翼型压力系数的卡门-钱公式,发现了上临界马赫数,开拓了高超声速空气动力学、稀薄气体动力学,发展了壳体稳定性的非线性理论,在应用力学、火箭推进、工程控制论、物理力学等诸多领域作出开创性的贡献。他是近代力学哥廷根学派的继承人,技术科学(又称工程科学)的倡导者,也是我国航天事业的奠基人(图7—2)。[②]

钱伟长,早年从事物理研究,对硒的单游离光谱分析开创了我国稀有元素研究的先河。1940年至1946年间,在加拿大和美国先后师从辛格(J. L. Synge)和冯·卡门,1946年回国在清华大学讲授近代力学。在弹性力学、变分原理、摄动方法等诸多领域有重要成果,尤其是创立薄板薄壳非线性内禀统一理论和圆板大挠度问题的摄动解法,为国际学术界公认(图7—3)。[③]

郭永怀,1940年至1956年先后在加拿大和美国学习工作。师从辛格和冯·卡门,发展跨声速空气动力学理论,得到绕平面翼型流动产生激波时的上临界马赫数;研究了激波和边界层的相互作用,发展了奇异摄动理论中的变形坐标法,即国际公认的PLK方法,为人类突破声障和我国的"两弹一星"事业作出了杰出贡献(图7—4)。[④]

图7—1　周培源　　　图7—2　钱学森　　　图7—3　钱伟长　　　图7—4　郭水怀
　(1902—1993)　　　　(1911—2009)　　　　(1912—2010)　　　　(1909—1968)

为了满足国家经济社会发展的紧迫需求,弥补科学技术发展水平严重滞后状况的差距,在中央的领导下,国家首先从建立适应我国当时状况的教育和科研体制着手,力学学科建设是其中的一个重要组成部分。

①　Chou P Y. On velocity correlations and the solutions of the equations of turbulent fluctuation. Q. Appl. Math. 1945,111(1): 38—54.

②　Tsien H S. Collected Works of H. S. Tsien (1938—1956). Bei Jing: Science Press,1991: 137—153,465—476,485—489.

③　Chien W Z. The intrinsic theory of the shells and plates. Part 1,General theory. Quarterly of Apllied Mathematics. 1944, 1: 297—327; Chien W Z. The intrinsic theory of the shells and plates. Part 2,Application to the plates. Quarterly of Apllied Mathematics, 1944,2 (1): 43—59;Chien W Z. The intrinsic theory of the shells and plates. Part 3,Application to the shells. Quarterly of Apllied Mathematics, 1944, 2 (2): 120—135.

④　郭永怀. 郭永怀文集. 北京:科学出版社,2009年,第22—158页,320—338页.

第一节 中国力学学科制度的建立

一、学习苏联,建立力学教学体系[2,6]

(一)高等院校的院系调整

中华人民共和国成立后,1949 年年底召开的第一次全国教育工作会议,提出了"教育为国家经济建设服务"的总方针。1952 年国家百废待兴,急需实现工业化,也由于苏联教育模式与中国传统教育价值的某种相容性和一致性,教育部根据"以培养工业建设人才和师资为重点,发展专门学院,整顿和加强综合性大学"的方针,国务院对全国高等学校进行了一次大调整。这次调整的主导思想是按照苏联的教育模式来重整中国的高等学校体制。调整的方针是撤去综合性大学中设立的专门学院,建立独立的专门学院,以适应当时国家经济建设急需人才的现实需要。大调整涉及全国 3/4 的高校,形成了 20 世纪后半叶中国高等教育系统的基本格局,调整于 1953 年结束。许多高等学校被分拆或合并,全国高校数量由 1952 年之前的 211 所下降到 1953 年后的 183 所。更重要的是,1952 年以前的著名高等院校,几乎经历了面目全非的结构改造。

综合大学有的被拆分成若干学校,有的与其他院校的系科合并成立新的学校,有的调整出省(市)与外省(市)学校的系科合并成全新的学校。

例如:北京八大学院的建立。1952 年院系调整,中央有关部门在北京西郊建设"学院区",统一集中建立了第一批(8 所)单一的专科性高等学校,合并的部分包括教职员工、在读学生、教学设备以及图书资料等,并于 1952 年暑期正式招生、开学,这就是 20 世纪 50—60 年代把该地区称为"八大学院"的历史由来。这 8 所学院是:

(1)北京航空学院(今北京航空航天大学)由清华大学、四川大学、北京工业学院、厦门大学、北洋大学、云南大学、西北工学院、西南工业专科学校等 8 所著名大学的航空系合并组成。

(2)北京地质学院(今中国地质大学)由清华大学、北京大学、唐山铁道学院的地质系科合并而成。

(3)北京矿冶学院(今中国矿业大学)由清华大学、北洋大学、唐山铁道学院的矿冶系和中国矿冶学院合并组成。

(4)北京钢铁学院(今北京科技大学)由北京工业学院、唐山铁道学院、山西大学工学院、国立西北工学院等校冶金系科及北京工业学院采矿、钢铁机械、天津大学采矿系金属组合并而成。

(5)北京石油学院(今中国石油大学)以清华大学石油系、化工系为基础,汇聚天津大学、北京大学等高校的部分师资而成。

(6)北京农业机械化学院(今中国农业大学)由北京农业大学机械系、北京机耕学校及农业专科学校合并而成。

(7)北京林学院(今北京林业大学)由北京农业大学、河北农学院、平原农学院森林系合并组成。

(8)北京医学院(今北京大学医学部)脱离北京大学,独立建院更名为北京医学院。

部分高校也进行了调整,例如:

(1)清华大学:创建于 1911 年,1928 年更名为国立清华大学。1952 年院系调整前,清华大学拥有 5 个学院(理、工、文、法、医)26 个系。1952 年调整:文、理、法并入北京大学;航空学院并入北京航空学院。工学院仅保留建筑、土木、机械、电机 4 个系。另外由北京大学工学院、燕京大学工科各系并入清华大学,总计有 8 个系 22 个专业。

(2)同济大学:创建于 1907 年,1927 年定名为同济大学,1946 年成为涵盖理、工、医、文、法 5 大学院的综合性大学。1952 年调整:文学院、法学院并入复旦大学;理学院生物系并入华东师范大学;数学、物理、化学等系(除了保留基本工科教学以外)全部并入复旦大学、华东化工学院;机械系、电机系、造船系并入上海交通大学、南京工学院、西安交通大学;水利系并入华东水利学院(今河海大学)。调入:上海交通大学、复旦大学、圣约翰大学等八所高校的土建系、科、组,成为国内最大的以建筑土木工程为主的工科大学。

(3)浙江大学:始创于 1897 年,1928 年为浙江大学,拥有 7 个学院(文、理、工、农、法、医、师范)的综合大学。1952 年调整:理学院的数学、物理、化学、生物并入复旦大学;理学院药物系并入上海第一医学院;理学院地理系分别并入华东师范大学和南京大学。文学院人类学系并入复旦大学;文学院、师范学院并入华东师范大学、北京大学、厦门大学等。法学院停办,医学院、农学院均调出并入相关学院。工学院、航空系与中央大学、上海交通大学的航空系合并,组建华东航空学院。调整后的浙江大学,只保留工学院电机、化工、土木、机械 4 系。之江大学相关工科及厦门大学电机系并入浙江大学。

(4)天津大学:始建于 1895 年,初名北洋大学堂,1913 年改称国立北洋大学,1951 年河北工学院并入北洋大学更名为天津大学。1952 年院系调整:从综合大学调为多科性工业大学。调出:地质组并入北京地质学院;冶金系、采矿系金属矿组并入北京钢铁学院;采矿系石油组并入北京石油学院;航空系并入北京航空学院;采矿系采煤组并入北京矿冶学院;水利系并入武汉水利学院;土木工程系测量专业并入武汉测绘学院;数学系、物理系并入南开大学。调入:南开大学、津沽大学的工学院,清华大学、北京大学、燕京大学、唐山铁道学院的化学工程系,北京铁道学院的建筑工程系并入天津大学。天津大学调整后设有机械工程、电力工程、电信工程、土木建筑工程、化学工程、纺织工程、水利工程 7 个系,20 个专业和 13 个专修科。

(5)北京大学:创建于 1898 年,初名京师大学堂,1912 年更名为国立北京大学,是中国第一所国立大学。拥有文、理、法、工、农、医 6 个学院。1952 年调整后成为一所以文理基础教学和研究为主的综合性大学。调出:农学院、医学院、地质系、政法专业等脱离北京大学或组建成新的高等院校或并入其他相关院校。调入:清华大学、燕京大学的文理科的部分师资并入北京大学。

(二)院系调整的核心是学习苏联

院系调整后发生了如下变化:

(1)全国高等学校学习苏联,制定统一的教学计划,用苏联教材,聘请大批苏联专家来华,参与经济建设和高等院校的教学工作,俄语确定为第一外国语。在教学制度上,取消学分制改为学年制。在专业设置上,与欧美大学的通才教育模式相对,苏联的高等教育一般称为专才教育。学生在修业期间必须按照专业教学大纲的要求,完成和通过每学年所规定的学习课程和教学环节,教学计划成为学校组织教学过程的主要依据,不能自由选课,一般不能转系或转专业。专业面常比西方大学生主修的专业要窄,在某些程度上限制了学生的学习主动性、个人兴趣和特长的发挥。

(2)院系调整加速了工业人才和师范类人才的培养,特别是出现了一大批专业性很强的工学院,工科学生大增,这也促进了力学学科的需求和迅速发展。相反,人文、社会科学则遭到否定,社会学和政治学等学科被停止或取消。费孝通在中南海曾向毛泽东进言,要求保留一点社会学,但毛泽东的态度很坚决,认为不能留。以后,一大批社会学学者转行民族学,或者做了图书馆资料员。

(3)院系调整的另一结果是私立教育退出历史舞台,圣约翰大学、震旦大学、沪江大学、燕京大学等多所由教会创办的学府,均在院系调整中被裁撤。分别并入复旦大学、上海交通大学、同济大学、华东师范大学、北京大学等。

(三)建立我国第一个力学专业[2,3,6]

(1)北京大学数学力学系力学专业成立。1949年前,全国没有专门培养力学人才的系、专业,也没有专门从事力学研究的研究机构。在苏联的教育模式中,力学是放在综合大学数学力学系内的一个专业,如莫斯科大学即有力学数学系。1952年,全国院系调整,周培源由清华大学转任北京大学教授、教务长。他在北京大学创办了北京大学数学力学系。这个系是由原来的北京大学、清华大学和燕京大学三校的数学系合并组建而成的,段学复是系主任。为满足国防和经济建设的需要,下设数学和力学两个专业,这是周培源主持创建的我国第一个力学专业(图7—5)。从1952年起招收了第一届学生(最初学制四年)。此后,该专业得到教育部和国家相关部门的大力支持,建立我国第一个力学专业的教学、实验、设备基地,如国内第一座实验段直径为2.25米的三元低速风洞,亦在周培源的具体领导下于1958年10月10日在力学专业建成,并运行成功。由此,力学专业初具规模。

(2)狠抓教师队伍建设。力学专业创建初期,教师以周培源教授为首,包括吴林襄(物理教授)、钱敏(数学教授)、叶开沅(时为钱伟长的研究生,固体力学)、陈耀松(时为周培源的研究生,流体力学)等四人,参与筹建的还有时任中国科学院力学研究室主任、清华大学教授的钱伟长。20世纪50年代中期,从美国陆续回来一批力学家,周光坰(流体力学)、王仁(塑性力学)、董铁宝(计算力学)、孙天风(流体力学)及黄敦(留苏,流体力学),他们受周培源之邀先后到北京大学数力系任教。与此同时,又从同济大学聘请了朱照宣,负责一般力学的教学工作。因此,很快形成了一支强有力的师资队伍。随后组成流体力学、固体力学、一般力学三个教研室,参照苏联莫斯科大学的教学模式,为力学专业的学

图7—5 北京大学数学力学系旧址

生安排两年的时间学习数学课程,因此,他们的数学基础较扎实,思维方法和逻辑关系受到了较好的训练,无疑这是培养力学人才的一种模式。

(3)聘请苏联专家讲学。与此同时,聘请苏联专家来华讲学,培养年轻教师,指导研究生等。如1954－1956年北京大学数学力学系聘请了苏联列宁格勒大学流体力学家别洛娃(А. В. Белова)在北京大学开设气体动力学专门课程,并写出《气体动力学讲义》一书,指导专题讨论和培养几名研究生。同时,她还担任力学专业教学和实验室建设的许多咨询任务。1954年莫斯科大学数力系为北京大学数力系提出了一个供教学用的实验室规划,其中包括材料试验机、光弹性试验机、小风洞等设备。1958年,从列宁工学院请来振动与控制专家特洛伊茨基(П. А. Троицкий),在北京大学开设了弹性体振动、颤振、控制等课程,以及莫斯科大学流体力学专家格里高亮讲授量纲分析和流体力学等。

此外,按照国家的安排,向苏联和东欧选派留学生。其中,在力学领域比较有名的如:郭仲衡、杨绪灿、黄克智、熊祝华、赵祖武、冯叔瑜、黄敦、杨桂通、郭尚平、徐秉业、王照林、刘延柱、贾书惠等。他们回国后在筹办各校的力学专业、开展力学研究方面都起到了骨干作用。

二、以技术科学思想建所[2,6-8]

(一)中国科学院数学研究所力学研究室[3]

1949年11月1日,中国科学院在北京成立,下设5个学部(数理、化学、生物、地学、技术科学),下有研究所。1952年7月1日数学研究所成立,华罗庚任所长,所址设在清华园内,并确立了纯粹数学与应用数学协同发展的方针。最初设立7个研究小组(数论、微分方程、力学、计算机研制、概率统计、代数、拓扑学),后小组改为研究室,钱伟长(清华大学教授)为外聘的研究员,任数学研究所的力学研究室主任。该室成员有庄逢甘、林鸿荪、胡海昌。1955年郑哲敏回国,即成为数学所力学研究室的成员,为副研究员。该室的外聘教授还有周培源和沈元。

这一时期,该室研究气氛非常浓厚,学术思想活跃,创造力强,研究成果非常突出。最重要的成果当属胡海昌于1954年在物理学报发表的论文《论弹性体力学与受范性体力学中的一般变分原理》①后被国际上公认为"胡海昌－鹫津久一郎原理"。当时,还出版了专著《弹性力学》(钱伟长,叶开沅著,科学出版社,1956)和钱伟长、林鸿荪、胡海昌、叶开沅合著的《弹性圆薄板大挠度问题》(科学出版社,1954)、《弹性柱体的扭转理论》(科学出版社,1956)。

(二)中国科学院力学研究所[6,7,8]

1955年10月,朱兆祥受陈毅副总理之命,作为中国科学院的代表专程赴深圳欢迎在美国受拘留、软禁迫害长达五年之久的著名科学家钱学森一家回国。同年11月,钱学森与钱伟长会晤即商量合作筹建中国科学院力学研究所一事。在政府和中国科学院的大力支持下,1956年1月5日即宣布中国科学院力学研究所正式成立(图7－6)。以原中科院

---

① 发表于《物理学报》,1954年第3期,第259－290页.

数学所力学研究室为基础独立出来而成,科学院任命钱学森为所长,钱伟长为副所长。钱学森回国后,迅速聚集了很多优秀科学家回国,如郭永怀回国并应邀到力学所,亦被任命为副所长。随之,土力学专家钱寿易,流体力学家林同骥,固体力学家程世祜、黄茂光,运筹学专家许国志等都来到力学所,形成并充实了力学研究所的骨干力量。再加上原力学研究室的成员形成了强有力的科研队伍。

1957 年钱学森在《科学通报》发表论文《论技术科学》,其中阐明了力学学科的性质和任务。钱学森认为:应用力学或工程力学应属于技术科学,它介于基础与工程技术之间,其研究对象是工程专业中具有共同性和规律性的科学问题,力学研究就是发挥技术科学的先导作用,把自然科学的理论应用到工程技术中去,为国家目标服务[7]。力学研究所以应用力学研究为主,要立足国际力学学科的前沿,努力为推动我国经济和国防

图 7—6 中国科学院力学研究所

建设服务,力争在科学上起到带头和领导的作用。这就是力学所的建所思想。

按照钱学森的设计,力学所当时除主要方向是火箭和航天技术外,对其他各分支学科布局做了全面的安排,共同的特点是服务目标明确,在手段上强调科学、强调创新。最初设的几个研究组是:弹性力学组——以动力学观点研究建筑物抗震问题,因为中国是一个地震多发国家,学科带头人是郑哲敏;塑性力学组——研究描写物质塑性行为的本构关系,应用背景十分广泛,学科带头人是李敏华;空气和流体动力组——研究叶栅流动,服务对象是各种叶轮机械,学科带头人是林同骥;自动控制理论组——研究工程控制论;运筹学研究室——运筹学对于一个有计划、按比例发展的社会主义国家特别重要,这是当时一门新兴的科学,钱学森希望引起国内的重视,因此在新建的力学所成立了我国第一个运筹学研究室,许国志为主任;大爆破组——钱学森十分重视爆破开山和定向爆破筑坝的科学技术问题,因为我国是一个多山缺水的国家。

随后建立的研究组还有:化学流体力学组——其目标之一就是为发展我国的化工和冶金工业服务,学科带头人是林鸿荪,钱学森还亲自研究转炉顶吹氧和流态化床的问题;物理力学组——研究物质的微观结构、原子、分子的性质,通过统计物理的方法来计算物质的宏观性质,包括:高温气体输运特性、高压固体的性质等;此外,还有激波管组,等离子体动力学组。

1961 年力学所承担了国防部五院的任务:液氢、液氧火箭发动机的燃烧与传热的研究(代号 101);飞行器再入大气层的气动和防热研究(代号 102);高温结构(代号 103);高超声速冲压发动机(代号 104);爆炸成形(代号 105)。1963 年力学所还承担了抗爆炸的有关任务,保证了我国第一颗原子弹爆炸成功,后在北京怀柔分部建立爆炸场,进行了大量系统的爆炸试验。1965 年又承担了东方红人造地球卫星本体结构设计及试验等。钱

学森全面负责,郭永怀参加了领导工作。

力学研究所自成立以来,在国家的经济和国防建设及培养力学人才方面起到了引领作用。

(三)创办清华工程力学研究班[2,6]

1957 年 2 月,钱学森、周培源、钱伟长、郭永怀等著名力学家创建工程力学研究班,专门培养高级力学研究人才。根据 1956 年 12 月高教部向各有关高校发出的《工程力学研究班简则草案》(以下简称《草案》),"国务院根据科学规划委员会关于力学学科的规划的建议,责成高等教育部与中国科学院合作在清华大学附设两年制的工程力学研究班,目的是对具有某一方面工程技术知识的人员施以力学的基础训练。每年招生 120 名,暂分固体力学和流体力学两个专业。本班结业学员之中成绩优秀者,经原单位同意的继续进行副博士论文工作约一年半到两年半"。1957 年 2 月,高等教育部与中国科学院在清华大学建立了工程力学研究班(办了三届,共招收学员 309 人),设固体力学与流体力学两个班(图 7-7)。钱学森为这两个研究班的第一主持人。根据《清华大学附设自动化进修班、工程力学研究班班务会议章程(草案)》,班委会委员名单为:钱伟长(兼班主任)、钱学森、张维、陆元九、钟士模、杜庆华。后来,力学研究班的班主任为郭永怀,副班主任为杜庆华。

图 7-7 清华大学工程力学研究班第一届毕业留念
(前排左起第 11 至 19 位为老师:解沛基,郭永怀,钱学森,
杜庆华,李敏华,卞荫贵,黄茂光,郑哲敏,胡海昌)

钱学森的"技术科学"思想,指导了工程力学研究班的创建。1957 年,钱学森在《科学通报》发表了论文《论技术科学》。他提出技术科学工作者要掌握三个方面的工具:工程分析的数学方法;工程问题的科学基础;工程设计的原理和实践。他长期从事力学的开创性研究,体会到了"技术科学"的重要性。工程力学研究班实际上是作为当时国内培养技术

科学人才的一个试点。因此,工程力学研究班的学员全部来自各高等学校的工科系(如机械、土木、造船等)以及工程科研部门和厂矿企业。并强调研究的课题应结合我国重大的工程建设的需求。工程力学研究班按这样的指导思想来设置课程和选择研究题目。经过40多年的工作实践,证明研究班的举办是成功的。它为我国培养了一大批早期的工程力学骨干人才。其中青年教师何友声、俞鸿儒、朱伯芳及学员范本尧、张涵信、谢友柏6人日后成为中国科学院或中国工程院的院士。经过毕业后30多年的教学与科研的历炼,在20世纪90年代,在中国力学学会两届常务理事会的20多位常务理事中,分别有约1/4至1/3的成员是当年工程力学研究班的学生或青年教师。

课程的设置与主讲教师的遴选也是在钱学森的"技术科学"指导思想下进行的。《草案》规定:"工程力学研究班的主要教师由清华大学和中国科学院力学研究所提供,再借调部分高等学校优秀助教和讲师担任实验和辅导工作。工作两年成绩表现卓著者,经评审后可进行副博士论文工作,但原则上应选拔教师中比较优秀并对实际工作较有经验者。"研究班需从一般学员中挑选程度较好者担任部分辅导工作,钱学森等知名教授为学员们亲自授课。研究班还注重体育锻炼,设立了体操、滑冰等体育课程,专门为学员购买了相应的体育器材。在大班听课,小班讨论课,读书的基础上,分别完成"研究论文"和"专题研究"。许多著名教授和中国科学院学部委员(院士)都参加了论文与专题的指导。论文与专题均结合当时我国航空、土木、水利、机械等重要工程的固体力学与流体力学问题进行。

学员的遴选要求比较严格。工程力学班的培养目标定位于高层次师资和研究人员,虽然当时未明确是否给予学位,但事实上是按照当时苏联培养副博士的模式要求的。学员与助教的来源是通过各单位遴选的。《草案》规定:①抽调高等工业学校四年级学生或四年制应届毕业生,选拔条件为:学业成绩优良,特别是一般科学理论基础较好或力学方面成绩较优异者,基本上掌握一种外文,身体健康以及政治品质良好者。这些学员结业后分配给高等工业学校(包括工程力学研究班)、科学院、军委系统和重要工业部门作为师资或研究人员。②选派科学院有关机构、重要工业部门设计单位或技术研究单位以及军委有关部门具有大学毕业程度以上人员。选派条件为:大学理工科毕业,具有一定的科学理论和实际工作经验,掌握一种外文,身体健康,工作积极和政治品质良好者。这些学员结业后返回原单位工作或由其主管部门分配在本部系统内有关单位工作。尔后教育部发文正式将这三届培养的研究班学员认同为"研究生毕业",虽然当时我国尚未实行学位制度。

工程力学研究班三届办学的成绩,也说明了让工程力学专业的本科生学习一定的工程基础、设计与实践的必要性。说明了吸引优秀的有志于工程力学的工程专业学生,经过两年左右的学习与研究,在毕业后继续学习与实践,是能够培养出适应于我国需要的从事工程力学教学和研究的骨干人才的。

三、建立其他与力学相关的研究机构[1,2,6]

在中国科学院力学研究所建立前后,我国还建立了一批力学研究机构。如:

中国科学院土木建筑研究所(现更名为中国地震局工程力学研究所),筹建于1952年,正式成立于1954年,地点设在哈尔滨。该所最初从事建筑材料、土壤力学、工程结构和建筑设计的研究。同时着重研究诸如钢筋混凝土和预应力钢筋混凝土、地震工程、结构安全度和黄土工程性质等方向。1962 年更名为中国科学院工程力学所。研究领域随之调整，主要包括地震工程、核反应堆结构力学、土壤力学、冲击与振动和特殊混凝土材料及其动力性质的研究。1984 年后，该所隶属于国家地震局，更名为中国地震局工程力学所。首任所长是刘恢先。

中国科学院武汉岩土力学所，创建于 1958 年，地点设在武汉。专门从事岩土力学基础与应用的研究，是以强烈工程应用背景为特征的综合性研究机构，陈宗基是该所的创始人，首届所长是袁建新。

中国科学院兰州渗流流体力学研究室，成立于 1960 年，创建人为郭尚平。主要研究油气水渗流和生物渗流。1988 年该所改为中国科学院渗流流体力学研究所（简称渗流所），由石油工业部（现为中国石油天然气集团总公司）和中国科学院合办，双重领导，是全国渗流流体力学基础理论和应用技术的研究中心。现阶段的主要研究方向是复杂物理化学渗流及其在低渗透油气田开发和高含水油田提高采收率等方面的应用，形成了特色优势技术。

动力研究室，1956 年成立，在清华大学和中国科学院的合作下，由吴仲华创建领导。1960 年动力研究室与中科院力学所合并，吴仲华任副所长。1980 年成立中科院工程热物理研究所，吴仲华任该所所长。

科学院系统内相关研究所有：中国科学院大气物理所（前身是 1928 年成立的中央研究院气象研究所）；中国科学院金属研究所（1953）；中国科学院计算研究所（1956）；中国科学院化工冶金所（1958，现改为过程工程研究所）等等。

各工业部委成立的与力学有关的科研机构：中国建筑科学院建筑结构研究所（1953）；中国水利水电科学研究院（1958）；中国铁道研究院铁道与桥梁研究所，茅以升为首任所长（1950）；中国石油勘探开发研究院（1956 年）；北京矿冶研究总院（1956）；长江科学院（1951），是国家水利行业的重点科研单位，隶属于水利部长江水利委员会，以水利水电科学研究为主，为长江三峡治理开发和水利行政管理提供科技支撑，下设 12 个专业研究所，主要专业有：防洪减灾、河流泥沙、水资源与生态环境、水土保持、工程安全与病害防治、空间信息技术应用、水力学、水工与渗流、岩石力学、水工结构、爆破与抗震等。

国防部门与力学相关的科研单位有：702 所（现称中国船舶科学研究中心），成立于1951 年。最初在上海，名称为船舶模型试验所，1954 年建成国内第一座拖曳水池。1957年改名为船舶科学研究所，20 世纪 60 年代初期，国家大力加强海军建设，成立了中国船舶研究院（七院），该所隶属之，成为 702 研究所，首任所长是辛一心。因 1978 年起对外开放，所名改为中国船舶科研中心。1965 年该所总部迁至无锡。主要从事船舶及海洋工程领域的水动力学、结构力学与振动噪声、抗冲击等相关技术的基础研究与应用基础研究。主要实验室有深水拖曳水池，减压拖曳水池，低速风洞，悬臂水池，耐波性水池，船模加工实验车间，空洞水筒，循环水槽，爆炸水池，振动及抗冲击实验室和水动力水池，露天水池，小型空泡水筒实验室，水下工程结构，材料强度、疲劳实验室，结构光弹及结构砰击水池实验室等。

中国航空工业空气动力研究院（即气动院），隶属于中航工业集团，是我国航空工业领域的风洞试验基地。成立于 1952 年，前身是中国人民解放军哈尔滨军事工程学院的一个实验室。哈军工撤销后,气动院独立成为一个单独的国防事业单位称为 627 所,是当时我国重要的低速风洞试验基地。国内重要的型号飞行器如 J8,均在该所完成选型、定型试验。626 所是沈阳空气动力研究所,是高速空气动力专业研究机构。2000 年,626 所与627 所合并,成立气动院。

北京空气动力研究所(航天 701 所,现为中国航天空气动力技术研究院),创建于1956 年,是钱学森亲自指导下创建的我国第一个、亦是最早建成的空气动力研究与实验基地。主要从事我国所有航天型号的气动理论、试验、应用研究等。

国防部第五研究院(现为中国航天科技集团公司),1956 年 10 月 8 日在北京正式成立,钱学森为首任院长。是中国最早的导弹研究机构,负责导弹的研究、设计、试制任务。建院初期,设有 10 个研究室,两个分院,分别承担导弹总体、火箭发动机和控制导弹系统的研究工作。曾历经第七机械工业部、航天工业部、航空航天工业部和中国航天工业总公司的历史沿革。1970 年 4 月 24 日成功研制并发射了第一颗人造地球卫星,开创了中国探索外层空间的新纪元。使中国成为世界第 5 个自行研制和发射人造地球卫星的国家。2003 年 10 月"神舟五号"飞船载人飞行获得成功,使中国成为世界上第三个能够独立开展载人飞行活动的国家,是中国航天史上的一座新的里程碑。

二机部第九研究所(现为中国工程物理研究院),创建于 1958 年,有 9 个研究所。1964 年撤销第九研究所,改为第九研究院。1985 年对外名称为中国工程物理研究院。该院是以发展国家尖端科学技术为主的理论、设计、生产的综合体。科研基地主体在四川绵阳。主要从事冲击波和爆轰物理、核物理、等离子体与激光技术、工程与材料科学、电子学与光电子学、化学与化工、计算机与计算数学等学科领域的研究与应用。历任该院领导职务的多是荣获"两弹一星"功勋奖章的科技专家,他们是于敏、王淦昌、邓稼先、朱光亚、陈能宽、周光召、郭永怀、程开甲、彭桓武等。

总参工程兵科研三所,1960 年成立。是由 1958 年 10 月 17 日成立的某防护试验研究组和 1959 年成立的某研究组组建而成的。1966 年由北京迁往洛阳。

中国空气动力研究与发展中心,1968 年建于四川绵阳,是为适应我国航空航天事业和国民经济发展需要,按照钱学森、郭永怀构思的蓝图而建立的,是我国规模最大、综合能力最强的空气动力试验、研究与开发机构。是国内唯一涉及气动力、气动热、气动物理、气动光学等研究领域的空气动力学研究单位。主要从事航空、航天、工业与民用建筑结构中的空气动力研究。

第二节　20 世纪上半叶力学学科的内涵和分化

建国初期,我国刚刚孕育的、基础薄弱的力学学科建设是在世界力学学科发展的背景下开始成长的。到 20 世纪 50 年代,力学学科在 200 余年的发展过程中,由于牛顿力学理论研究不断深化,应用范围不断扩大,学科内涵不断丰富,形成了一般力学和针对连续介质体系的固体力学和流体力学若干分支学科,以适应学科理论系统化、精细化的需求,以上二级学科下属的学科分支也逐步发展和成熟起来,包括如下三级学科领域[1,3,9]:

一、一般力学

即动力学与控制,是力学的一个分支,研究牛顿力学的一般原理和一切宏观离散系统的力学现象,包括静力学、运动学和牛顿力学为基础的一切离散系统的动力学。它研究的内容进展如下。

(一)天体力学

天体力学是天文学和力学之间的交叉学科,主要应用力学规律来研究天体的运动(包括运行轨道和自转)、形状和质量等。远在公元前一两千年,古人就开始用太阳、月亮和大行星等天体的视运动来编制星历表。16 世纪哥白尼提出"日心说"以后,才有反映太阳系的真运动的模型。牛顿是天体力学的实际创始人。17—19 世纪中期是经典天体力学奠基阶段,主要进展有:欧拉、拉格朗日分别创立月球和大行星运动理论;1799—1828 年由拉普拉斯集其大成,完成《天体力学》巨作,对大行星、月球运动和自转流体平衡形状提出了较完整的理论。

1846 年,根据勒威耶(U. Le Verrier)和亚当斯(J. C. Adams)的计算,发现了海王星。这是经典天体力学的伟大成果,也是自然科学理论预见性的重要验证。

自 19 世纪后期到 20 世纪 50 年代,是近代天体力学取得重要进展的阶段。首先,天体力学家们发展了定性理论等新方法,研究对象包括了太阳系内小天体(小行星、彗星和卫星等)的运动,庞加莱在 1892—1899 年出版的三卷本《天体力学的新方法》是这个时期的代表作;其次,希尔伯特在 1900 年提出 20 世纪 23 个数学问题时,将三体问题作为范例来加以说明。这一时期,人们为寻求一般三体问题完整的初积分,研究限制性三体问题的解答和探索三个物体在有限时间内奇特的振荡形爆破是否可能发生的庞勒维(Paul Painleve)的猜想做出了努力;第三,19 世纪中期法国天文学家勒威耶发现水星近日点进动的观测值与牛顿定律算得的理论值存在差异[勒威耶测定为每世纪 38 角秒,纽康(S. Newcomb)测定为 43 角秒]。人们曾以水内行星吸引、星际弥漫物质的阻尼和电磁理论解释,纽康甚至怀疑万有引力定律需要改进,但均未能得出满意的结果。1915 年,爱因斯坦发表广义相对论,可以解释水星近日点进动现象。这一时期,研究对象还扩充到恒星和星系动力学。这里所说的恒星系统是指由恒星以及星际气体和星际尘埃所组成的整体,星系动力学研究恒星系统中物质分布和运动状态的动力学理论,又称恒星动力学。1927 年林德布拉德(B. Lindblad)完成了速度椭球分布理论的研究,成功地解释了星系较差自转的现象。40 年代,他进一步提出了星系密度波理论。以后,林家翘进一步发展了该理论,解释了星系旋涡结构的机理。

(二)刚体动力学

刚体动力学研究刚体在外力作用下的运动规律,它是机器部件运动,舰船、飞机、火箭等航行器的运动和姿态的力学基础。因刚体一般运动可由平动和绕质心的转动合成,故应用质心运动定理和对质心的角动量定理,即可建立刚体一般运动的微分方程。再利用欧拉运动学方程和初始条件,即可确定刚体在空间的一般运动规律。这一时期,主要根据现代工程技术的需要,发展了如下分支学科:

外弹道力学：外弹道学研究弹丸或抛射体在空气阻力、地球引力和惯性力的作用下运动规律（速度、方向、轨道和姿态）及有关现象的学科，是弹道学的一个分支。在火箭发动机工作期间，将受到推力和推力矩的作用，周围大气对弹丸运动产生影响。19 世纪中叶，用线膛炮发射长圆形弹丸成功后，先后创立了旋转理论和摆动理论，研究弹丸绕心运动，确定了判定弹丸飞行稳定性的准则。20 世纪以来，随着风洞和靶道测试的发展以及闪光照像，激光、雷达、遥测，多普勒测速技术的应用，对弹丸运动姿态和空气动力的测量日趋完善，逐渐形成动态稳定性线性理论及其判别准则，随后又发展了弹丸稳定性的非线性理论。

陀螺力学：是一般力学的一个分支，基于刚体动力学理论研究陀螺仪（或称回转仪）和陀螺系统的运动。18 世纪后半叶起，该学科成为数学力学家感兴趣的纯理论研究课题，而且只在天文学中获得应用；到 20 世纪初，陀螺力学在工程中得到广泛应用。其研究的内容包括：陀螺仪、陀螺系统的定位方法和运动特征（定轴性、旋进性和陀螺力矩）、陀螺系统稳定性，以及各种陀螺装置的特殊性能和功用、误差分析及其补偿和校正技术，特别是陀螺在运动物体的导航及控制中的应用等。

转子动力学：主要研究转子－支承系统在旋转状态下的振动、平衡和稳定性问题，尤其是研究接近或超过临界转速运转状态下转子的横向振动问题。转子是涡轮机、电机等旋转机械中的主要部件，随着近代工业的发展，逐渐出现了高速细长转子。由于它们常在挠性状态下工作，所以其振动和稳定性问题就尤为重要。转子动力学的研究内容主要有以下方面：临界转速、通过临界转速的状态、动力响应、动平衡、转子稳定性。

（三）分析力学

一般力学的一个分支，主要研究对象是具有约束的质点系，通过用广义坐标为描述质点系的变数，运用数学分析的方法，研究宏观现象中的力学问题。分析力学是独立于牛顿力学的描述宏观机械运动的体系，其基本原理同牛顿运动定律是等价的。

为了研究有约束的质点系的动力学，1760 年拉格朗日提出了分析力学，以能量和功为出发点，基于虚功原理和达朗伯原理，在理想约束的条件下，导出了动力学普遍方程，并于 1788 年出版了世界上最早的《分析力学》著作。1834 年，哈密顿推得用广义坐标和广义动量联合表示的动力学方程，称为正则方程。哈密顿体系在多维空间中，可用代表一个系统的点的路径积分的变分原理研究完整系统的力学问题。从 1861 年有人导出球在水平面上作无滑动的滚动方程开始，到 1899 年阿佩尔（P. Appell）在《理性力学》中提出阿佩尔方程为止，初步建立了非完整约束的理论。1927 年伯克霍夫在《动力系统》中提出了对哈密顿力学的推广，被后人称为"Birkhoff 力学"。20 世纪分析力学对非线性、非定常、变质量等力学系统作了进一步研究。另一方面，分析力学在物理学中得到广泛应用，包括：统计力学、电动力学、量子力学。

（四）运动稳定性

运动稳定性研究干扰力对运动状态［位置、姿态、（角）速度和（角）加速度］的影响和判别法则，它是一般力学的分支学科。物体或系统在外干扰的作用下偏离其运动后，若逐渐返回原运动则称此运动是稳定的，否则就是不稳定的。对任何运动，外部干扰都是经常存在的,因此可以说,物体或系统的某一运动的稳定性就是它的存在性,只有稳定的运动才能存在。在工程技术上,要使设计对象的某些运动能够实现,那些运动也必须是稳定的。

1892 年,在庞加莱几何方法研究的基础上,俄国数学家里雅普诺夫开创了运动稳定性研究的新纪元。他提出解决运动稳定性问题的两种方法:一是通过求解系统的微分方程分析运动的稳定性;二是直接法,是定性的方法,它不需求解微分方程,而是寻求具有某些性质的函数(称里雅普诺夫函数),使这些函数与微分方程相联系,就可控制积分轨线的动向。里雅普诺夫第二方法是目前解决运动稳定性问题的基本方法,已在应用数学、陀螺力学、自动控制、航空航天等领域广泛得到应用。

(五)非线性振动

非线性振动是恢复力与位移不成线性比例或阻尼力与速度不成线性比例的系统的振动。线性振动理论较为成熟,并已得到广泛的应用,但在实际问题中,非线性效应不仅导致结果的定量差异,还可揭示许多用线性理论无法解释的现象,也就是说,还会在定性行为上有本质的区别,这就促使人们研究非线性振动。

在 19 世纪末,出现了庞加莱这样伟大的数学家,他于 1881 年和 1892 年分别发表了《微分方程所定义的积分曲线》和《天体力学的新方法》,给出了非线性问题的定量分析的参数摄动法和定性分析的几何方法,为非线性问题的研究提供了数学工具。20 世纪 30 年代,苏联出现了安德罗诺夫等非线性振动的专家和以克雷洛夫(A. H. Крылов)、博戈留博夫(H. H. Боголюбов)、克里斯提安诺维奇为代表的应用数学学派,系统地发展了平均法,对非线性振动问题进行了深入研究,揭示了一系列非线性现象:固有频率振幅依赖,自激振动,参数激振,亚谐、超谐共振,跳跃现象,同步现象等。

二、固体力学

固体力学是力学中形成较早、理论性较强、应用较广的一个分支,它主要研究可变形固体在外界因素(如载荷、温度、湿度等)作用下,其内部各个质点所产生的位移、运动、应力、应变以及破坏等的规律。早期研究多偏重于结构力学,如:材料力学行为、桁架矩阵理论、板壳理论等方面。固体力学的发展很快就形成了几个主体分支:材料力学、结构力学、弹性力学、塑性力学、板壳力学。

(一)材料力学

材料力学是研究结构构件和机械零件承载能力的基础学科。19 世纪中叶,铁路尤其是铁路桥梁工程的发展,大大推动了材料力学的发展,使钢材成为材料力学的主要研究对象。按照钢材的特点,均匀连续、各向同性基本假定以及胡克定律成为当今材料力学的基础。材料力学的研究通常包括两大部分:一部分是材料的力学性能(或称机械性能)的研究,材料的力学性能变量不仅可用于材料力学的计算,而且也是固体力学其他分支的计算中必不可少的依据;另一部分是对杆件进行力学分析。

从 19 世纪末起,材料力学已进入飞速发展的阶段。国际材料试验会议引起越来越多的工程师和物理学家的重视,前者着重研究材料的力学性能,后者着重研究固体的物理性质。由于亥姆赫兹(H. von Helmholtz)和渥勒·齐门斯(W. Siemens)的努力,在柏林成立了国立研究院(1883—1887),其目的在于使物理学家的研究工作能与工业上的实际需要密切结合。随着材料实验研究发展的同时,材料力学和弹性理论的应用范围也迅速扩大了。在19世纪已经在结构工程中正式采用了应力分析方法。在20世纪初期,机械工业中出现了一个新的趋向,它迫切需要对机械零件做出更精密的应力分析。这种新的趋向表现在机械设计方面新出版的一些书籍中。

20世纪上半叶,材料力学的研究范围主要涉及:材料在弹性极限内的特性,延性材料的变形行为,脆性材料的断裂,材料的强度理论,金属的疲劳,高温下金属的蠕变,实验应力分析等。材料力学的基本任务是:将工程结构和机械中的简单构件简化为一维杆件,计算杆中的应力、变形并研究杆的稳定性,以保证结构能承受预定的载荷;选择适当的材料、截面形状和尺寸,以便设计出既安全又经济的结构构件和机械零件。

(二)结构力学

结构力学主要研究在工程结构(杆、板、壳以及它们的组合体)在外载荷作用下的应力、应变和位移等的规律;分析不同形式和不同材料的工程结构,为工程设计提供分析方法和计算公式;确定工程结构承受和传递外力的能力;研究和发展新型工程结构。根据研究性质和对象的不同,结构力学可分为结构静力学、结构动力学、结构稳定性理论、结构断裂、疲劳理论和杆系结构理论、薄壁结构理论和整体结构理论等。

就基本原理和方法而言,结构力学是与理论力学、材料力学同时发展起来的。所以结构力学在发展的初期是与理论力学和材料力学融合在一起的。到19世纪初,由于工业的发展,人们开始设计各种大型的工程结构,对于这些结构的设计,要做较精确的分析和计算。因此,工程结构理论和分析方法开始独立出来,到19世纪中叶,结构力学开始成为一门独立的学科。20世纪上半叶,结构力学的研究范围主要涉及问题为:

超静定结构:结构理论在19世纪的发展主要是桁架分析。通过假定所有构件只承受轴向力,就可得出桁架分析的满意解式。自从建筑工程中使用钢筋混凝土以后,各种框架结构得到了广泛的采用。这些结构经常属于高次的超静定系统,其构件主要系承受弯曲,因此需要发展新的方法。Bendixen提出了角变位移法,系统地使用转角来分析框架结构。Calisev和Cross对刚架结构分析作了进一步简化。梁式柱的问题在分析既承受轴向力又承受横向力的细长杆系统中显得非常重要。Fleet对此类问题进行了系统研究。

拱与悬索桥:由于建筑工程中使用了钢筋混凝土,拱的结构形式又被广泛地使用,特别是在桥梁建筑中,而拱的应力分析方法也成为研究的对象。Oulmann介绍了弹性中心并指出如果作用于拱的台座上的反力能以作用于其弹性中心的力及力偶来表示,便能求出此三个未知量。其他各种拱的分析法是由Morsch,Melan和Strassner提出来的。为降低拱结构内的最大应力,Freyssinet和Dischinger提出有益的设计建议。在悬索桥的分析和建造方面也得到了显著的进步。Ritter第一个考虑加劲桁架变位,在这方面还有几位研究者有过进一步的贡献,而Melan则提出了一种适合实用的形式。Godard采用三角级数分析过加劲桁架的弯曲。这个级数方法被Bleich和Steurman加以推广。铁摩辛柯和Way也研究过具有连续三跨加劲桁架的悬索桥。

铁路轨道应力分析:大致从第一条铁路建成的时候起,对于在动载荷作用下的钢轨应力分析就已经引起工程师们的注意。巴洛将轨条假定为搁在两个支座上的梁,研究了各种截面形式钢轨的抗弯强度。尹克勒则将轨条看作搁在刚性支座上的连续梁。Zimmermann 对此问题作了进一步的研究。测量铁路轨道在动载荷下的变形有许多实验工作。瓦修丁斯基发明了一种光学方法,成功地得出了钢轨在一台运行中的机车的各个车轮下轨条内的弯曲应变和挠度的摄影记录。美国西屋电气公司对轨道应力也进行过大规模的试验。现场试验指出动力系数对车轮运转所产生的轨道应力有很大的影响,瓦修丁斯基、彼得洛夫在这个方面进行了深入的理论研究。

船舰结构力学:20 世纪以来,在船舰结构设计中应用应力分析已获得巨大的成就。由于舰只的吨位日益增大,故船壳重量务求减小,以便装置更重的大炮和防卫设备并满足增加速率等要求,因此设计者遇到了许多新的问题。为了满足这些要求,他们已经集中到理论分析上去探求。汤姆士·杨提出将兵舰假定为一根大梁并做出作浮力曲线和载重曲线的方法,这种分析船舰纵向强度的方法已被普遍接受,而它的精确度也已经由直接试验校验出来了。船舰横向强度的问题经过许多造船技师的研究,并且发展了各种分析构架变形的方法。这个问题在鱼雷艇和潜水艇中特别重要。这些舰艇的构架很相似于封闭环圈,因之曲杆理论和在拱的理论中所用的一些方法都被用来分析这些构架。纵向横向互联梁的理论在船舰设计中是极为重要的,波布诺夫在这个理论上贡献很大,他考虑了由一根横梁支承的一组平行等距纵梁,并将该方法推广到有几根横梁的情况中。克累劳夫则在发展应力分析上的各种理论方法及其在船舰结构设计中的应用方面作出了重大的贡献。

(三)弹性力学

弹性力学也称弹性理论,是固体力学的重要分支,主要研究弹性体在外力作用或温度变化等外界因素下所产生的应力、应变和位移,从而解决结构或机械设计中所提出的强度和刚度问题。弹性力学是材料力学、结构力学、塑性力学和某些交叉学科的基础。

19 世纪固体力学方面的发展,除材料力学更趋完善并逐渐发展为杆件系统的结构力学外,主要是数学弹性力学的建立。材料力学、结构力学与当时的土木建筑技术、机械制造、交通运输等密切相关,而弹性力学在当时很少有直接的应用背景,主要是为探索自然规律而开展的基础研究。在研究对象上,弹性力学同材料力学和结构力学之间有一定的分工。材料力学基本上只研究杆状构件;结构力学主要是在材料力学的基础上研究杆状构件所组成的结构,即所谓杆件系统;而弹性力学研究包括杆状构件在内的各种形状的弹性体。20 世纪上半叶,弹性力学研究的主要进展为:

弹性问题的近似理论:对于弹性问题,精确的数学解只是在极简单的情况下才有实用价值,弹性理论的现代发展趋势是使用各种近似法。这些方法之一是以利用比拟法为基础的。例如,所提出的薄膜比拟法被推广到弯曲理论上。此外,提出了二维光测弹性的薄膜比拟法来决定两主应力的总和。除此之外,还发展出弹性微分方程的有限差分法,二维弹性有限差分方程。对于寻求弹性力学问题的近似解方面,瑞利—里兹法在杆件弯曲和振动方面得到很好的应用。

二维弹性问题:20 世纪上半叶,弹性的二维问题获得了更大的进展,在实际应力分析中使用精确解已极为普遍。普遍采用多项式形式的应力函数和富勒级数解二维问题。例如,应用傅里叶级数来讨论矩形梁的弯曲、圆形板和圆环变形、圆盘上任一点处承受集中力问题、杆受压问题。此外,弹性力学的复变函数方法得到了很大的发展,被应用于求解许多重要的弹性二维问题。例如,在沟槽等孔洞处所发现的应力集中、受单向均匀拉力的薄板内环绕一个圆孔的应力分布以及椭圆孔问题。

三维弹性问题:已经发展出复变函数求解三维弹性问题,这包括应用复变函数求解了圣维南问题,分析了扭转角高阶微量对扭转问题的影响,变直径的圆轴受扭的问题,等等。除此之外,也发展了应力函数求解三维弹性问题,例如,旋转体的轴对称应力分布,等等。弹性微分方程的一般解已引起学者们的注意。不但给出了一般解,并用来求解许多带有沟槽或椭圆孔的圆轴产生应力集中的实际问题。

板壳理论:在近代结构建筑中广泛使用比较薄的板和壳,促进了板壳理论的发展。虽然有关的方程式是由克希霍夫导出的,但在工程上广泛使用薄板理论还是在 20 世纪才开始的。从两对边简支而其他两对边具有任意边界条件的矩形板,到其他呈椭圆形的、三角形的以及呈扇形的一些薄板弯曲问题都被一些学者求解出来,而着重介绍薄板弯曲的书籍亦有问世。在薄板理论中已广泛地利用里兹法,它能得出很有用的结果。在一些复杂的情况中,应用了有限差分方程,必要的资料都可通过数值运算获得。在大挠度情况下,克希霍夫和克列布希导出基本方程式。由于方程的非线性,克希霍夫也只将它们用在中央面伸长均匀的最简单情况中。在这方面的进展是由一些工程师完成的,特别是研究有关船壳的应力分布的工程师。由于薄壁结构日渐推广的结果,薄壳理论在现代也引起了许多人的注意。薄壳弯曲的一般理论是由阿朗(H. Aron)及勒夫提出来的,之后许多学者和工程师将此理论用于工程实用上,如等厚度锥形壳和等厚度受对称载荷的球壳的应力分析等。

弹性稳定性:由于在工程结构物上(特别在桥梁、船舶和飞机方面)广泛使用了钢料和高强度合金,弹性失稳已成为一个非常重要的问题。许多学者先后发展出更精确的弹性稳定性理论。例如,飞机结构中薄壁截面压杆受扭压屈的一般研究,各种开口截面薄壁构件的弯曲、扭转和压屈的基本理论。受压曲杆的弹性稳定对于建造薄拱具有实用价值,而薄壳的弹性稳定在现代飞机构造中具有头等重要的意义。例如,圆柱壳在轴向及侧向压力联合作用下的稳定问题,薄曲板嵌块的轴向受压问题等,在弹性稳定性的实验研究方面也成果斐然,如工字梁侧向压屈实验研究和薄壳压屈实验研究,并做出一些实验证明:压屈一般在实际载荷较理论计算值小得多时发生。解释这种现象的人有冯·卡门和钱学森两人,他们利用大挠度理论证明了实现真正稳定平衡形式所需的载荷值较由经典理论所得的结果小。

振动与冲击:现代的机械经常要分析由于动力上的起因而产生应力的许多问题。研究成果一致认为研究振动的首要问题之一是轮船螺旋桨轴杆的受扭振动问题。发展提出了在高低频率都适用的逐步求近法。此外,轴与梁的横向振动具有重大的实际意义,也得到了许多学者的关注:克鲁劳夫得出了桥梁横向振动问题的全解,而铁摩辛柯研究了桥梁受到脉冲载荷的情形。最后,关联到汽轮机和涡轮机设计的改进方面,学者和工程师们研究了几种重要的振动问题,例如,带有一个圆盘的轴的高速运转的理论和实验研究,滞后现象对于轴杆高速运转的效应,圆盘振动的实验研究,等等。

(四)塑性力学

塑性力学又称塑性理论,是固体力学的一个分支,它主要研究固体受力后处于塑性变形状态时,塑性变形与外力的关系,以及物体中的应力场、应变场以及有关规律,及其相应的数值分析方法。塑性力学一般可分为数学塑性力学和应用塑性力学,前者是经典的精确理论,后者是在前者各种假设的基础上,根据实际应用的需要,再加上一些补充的简化假设而形成的应用性很强的理论。从数学上看,应用塑性力学粗糙一些,但从应用的角度看,它的方程和计算公式比较简单,并且能满足很多结构设计的要求。

塑性力学的发展历史虽然可以追溯到 18 世纪的 70 年代,但真正得到充分发展并日臻成熟却是在 20 世纪的 40 年代和 50 年代初。特别是理想塑性理论,这时已达到成熟并开始在工程实践中得到应用的阶段。20 世纪上半叶,塑性力学范围主要研究如下问题:

屈服条件:1900 年 Guest 通过薄管的联合拉伸和内压试验,初步证实最大剪应力屈服条件。此后 20 年内进行了许多类似实验,提出多种屈服条件,其中最有意义的是 Mises 于 1913 年从数学简化的要求出发提出的屈服条件(后称米泽斯条件)。

塑性增量理论:在 1920 年及 1921 年,普朗特证明了二维塑性问题是双曲线型的,并且计算了用平冲头压入半平面及截劈所需要的载荷。Nadai 所做的平行实验和这些计算相符。之后,学者们发展出作为普朗特的特殊解的基础的一般理论,并发现了在平面塑性应变状态下滑移线场的简单几何性质。不过,过了相当久才得出流动速度沿滑移线变化的方程,而处理平面问题的正确方法则在更久以后才搞清楚。通过量度了各种金属管在拉伸和内压联合作用下的变形,学者们才证明莱维—米泽斯应力—应变关系在一级近似下是准确的。塑性理论沿着两个重要方向被推广了:其一是考虑了弹性应变分量;其二是证明了如何把加工强化效应加到莱维—米泽斯方程组中。这样,到 1932 年已经形成一个能够反映在常温下各向同性金属的主要塑性和弹性性质的理论,并且在很大程度上与观察结果一致。

塑性全量理论:亨奇(H. Hencky)在 1924 年提出的另一个理论,因为在塑性变形微小时解题方便而受到欢迎,虽然在应力和应变之间建立一一对应关系上它是和实际经验相违背的。在 Nadai 的塑性力学专著中,这个理论受到了突出的重视,后来它又被伊柳辛等苏联学者广泛地应用。Henoky 方程只对某些加载路径给出近似正确的结果,但许多作者不加分辨地继续在各方面应用。

这一阶段,塑性力学在许多工程领域,如交通、机械制造、航空航天、土木工程、兵器制造中得到应用,分别涉及机械加工极限分析、爆炸与冲击、材料的弹塑性本构理论,等等,为刚塑性动力学和弹塑性动力学发展奠定了基础。

三、流体力学

流体力学是连续介质力学的一个重要分支,主要研究流体介质,包括液体、气体和等离子体在各种驱动力作用下的流动行为和由此导致所携带的动量、质量和能量的传输。其主要进展分成理论流体力学和工程流体力学两个方面进行:

(一)理论流体力学

1738 年丹尼尔·伯努利出版他的专著时,首先采用了水动力学这个名词并作为书名;1880 年前后出现了空气动力学这个名词;1935 年以后,人们综合了这两方面的知识,建立了统一的体系,统称为流体力学。

理想流体力学:17—18 世纪,力学奠基人牛顿首先研究了流体中运动物体所受到的阻力;瑞士的欧拉采用了连续介质的概念,建立了描述无黏性流体运动的欧拉方程;雅各布·伯努利导出体现流体运动机械能守恒的伯努利方程。欧拉方程和伯努利方程是流体动力学作为一个分支学科建立的标志。

19 世纪以来,理想流体力学的发展体现在如下方面:在势流理论的基础上,进一步发展了旋涡运动的理论,包括环量守恒定理与涡管保持定理等。在线性水波基础上,进一步发展了非线性水波理论:用摄动方法相继获得了有限波幅深水 Stokes 波的三阶解和五阶解,发现波峰与波谷的不对称性,波速的振幅依赖和水质点漂移运动;荷兰 Koteweg 和 de Vries 导出了孤立波运动的 KdV 方程,并可获得符合观察的理论波形。在水表面波理论基础上,进一步研究分层介质中的波:1893—1896 年北极探险过程中,南森从船只航行在很浅的密度跃层上方时减速发现了内波。在瑞利声波理论的基础上,研究了声波绕物体和在容器中的传播,声波在流体介质中的折射、反射、绕射、衰减、吸收,为 20 世纪 Lighthill 提出声比拟理论奠定基础。在牛顿、麦克劳林关于地球形状研究的基础上,庞加莱等进一步研究了在引力作用下,旋转液体团的平衡形状、微小振动及其稳定性。

黏性流体力学:1822 年,纳维建立了黏性流体的基本运动方程;1845 年,斯托克斯又在宏观力学基本概念的基础上,严格论证了这个方程,随后又对规则简单、几何形状典型的流动情况进行研究,获得了若干精确解,压力驱动下圆管内的哈根—泊肃叶流就是实例。这组方程就是沿用至今的纳维-斯托克斯方程(简称 N-S 方程),欧拉方程是黏性极小时的特例,它们是流体动力学的理论基础。

由于黏性流动只有少数精确解,人们开始研究小雷诺数和大雷诺数的近似解。1845 年,在完全忽略惯性力的条件下,斯托克斯给出了小颗粒球体缓慢运动时的阻力公式。1910 年,在部分保留惯性力影响时,奥辛获得了一阶阻力修正,从此,渐近方法被应用于研究低雷诺数流动。对于高雷诺数问题,为了解决飞行器的阻力问题,普朗特在实验观察的基础上,于 1904 年提出了边界层理论,从而使流动问题可以近似求解,边界层解可以用排移厚度进行一阶修正。这一理论既明确了理想流体的适用范围,又能计算物体运动时受到的摩擦阻力,并广泛地应用到飞机和燃汽轮机的设计中去。普朗特的边界层理论开创了研究真实介质解决航空工程重大问题的先河,为人类进入空间时代作出了杰出贡献,因此,可以说普朗特是国际近代力学的奠基人。

空气动力学:是在经典流体力学基础上,研究高速运动情况下,介质密度显著变化的可压缩流体运动的新分支。往往还要考虑介质内能的变化,乃至内自由度激发的物理化学过程,这是流体力学与热力学和气动热化学相结合的交叉学科。

19 世纪末,气体动力学的概念萌芽。1887—1896 年间,奥地利科学家马赫发现弹丸在亚声速和超声速运动时,扰动的传播显示了不同特征。后来,阿克莱特把飞行速度与声速之比定义为马赫数。1870 年兰金、1887 年雨贡尼奥分别导出了通过激波前后物理量的关系式。1894 年,英国的兰彻斯特首先提出无限翼展机翼或翼型产生举力的环量理论和有限翼展机翼产生举力的涡旋理论等。

20世纪上半叶,空气动力学的发展突飞猛进。1901—1910年间,库塔和儒科夫斯基分别独立地提出了翼型的环量和升力理论,并给出升力理论的数学形式,建立了二维机翼理论。1918年,普朗特完整地提出了有限翼展机翼升力线理论。机翼理论和边界层理论的建立为航空工程的发展和飞机设计奠定了理论基础。20世纪30年代,高亚声速气体动力学取得进展,给出了卡门—钱公式,建立了翼型高亚声速飞行时和低速飞行时压力系数间的关系式;提出了边界层理论的各种近似计算方法,发展可压缩边界层理论,方便了飞机设计;在飞行速度或流动速度接近声速时,飞行器的气动性能发生急剧变化,阻力突增,升力骤降,操纵性和稳定性极度恶化,这就是航空史上著名的声障。1940年代,钱学森、郭永怀提出了上翼面首先出现激波的上临界马赫数的概念,研究了激波与边界层的相互作用,提出后掠翼、超临界翼等途径来突破声障。1946—1948年,钱学森进一步提出了高超声速相似律,系统发展了稀薄空气动力学,开始了气动加热的研究,为飞出大气层做了科学准备。

湍流:研究湍流运动状态的流体力学分支。相对于层流运动,湍流是在大雷诺数情况下,流体团间的约束减弱而导致无规则运动的流动状态。鉴于自然界和工业中产生的湍流运动十分普遍,它对于增加动量、质量、能量扩散有重要影响,所以可以应用于减小阻力、减轻污染、加速掺混和其他流动控制技术,是十分重要的基础研究和工程应用领域。

1883年,雷诺的实验证明,当雷诺数超过2300时,圆管内的哈根—泊肃叶流动会从层流转变为湍流。1908年,奥尔—索末菲尔德导出了平行流线性稳定性理论的基本方程。众多的物理学家,薛定谔、海森伯格等研究了流动稳定性问题,应用林家翘的渐近理论计算边界层流动线性失稳的临界雷诺数为低湍流度风洞实验证实。在此期间,无限受热平板间的贝纳对流和同心圆柱间的库塔流的稳定性研究也取得了重要进展。

1895年,雷诺导出了完全发展湍流的雷诺平均方程。20世纪30年代,对于典型流动,普朗特的混合长度理论、卡门的相似理论得到了较好的工程近似结果。40年代,尼库拉德赛系统测量了各种圆形和非圆形光滑和粗糙管道的平均速度和摩阻系数,50年代,劳福和克莱巴诺夫对沿圆管和沿平板湍流边界层特性进行了精细测量。1945年,周培源、洛塔推导了雷诺应力的基本方程,为湍流模式理论奠定了基础。在这一阶段,泰勒发展了湍流统计理论,用湍流强度、偏度和峰度来度量湍流脉动的大小,脉动的对称性和间歇性。湍流能谱是描述湍流结构和大小尺度涡能量分布的函数形式,1941年,苏联统计数学家柯尔莫果洛夫得到了均匀各向同性湍流在惯性区能谱的 $-5/3$ 的普适定律,其不足是未计及小尺度结构的非高斯分布和间隙性的影响。

(二)工程流体力学

水力学:研究水通过管道、水力机械和河道中运动规律的工程流体力学分支。文艺复兴期间,意大利人达·芬奇在实验水力学方面获得巨大的进展。18世纪末和整个19世纪,依靠实验的应用水力学得到了进一步发展,谢才、达西、巴赞、弗朗西斯、曼宁等人则在应用水力学方面进行了大量的实验研究,提出了各种实用的经验公式,从而可以在圣维南方程的基础上,计算粗糙床面上的洪水演进,泥沙输运和河道演化。

20世纪蓬勃发展的经济建设提出了越来越复杂的水力学问题:高浓度泥沙河流的治理;高水头水力发电的开发;输油干管的铺设;采油平台的建造;河流湖泊海港污染的防治

等,使水力学的研究方向不断发展,从定床水力学转向动床水力学;从单相流动到多相流动;从牛顿流体规律到非牛顿流体规律;从流速分布到温度和污染物浓度分布;从一般水流到产生渗气、气蚀,诱发振动的高速水流,从而不断丰富了流体力学的内容。

渗流力学:流体通过多孔介质的流动称为渗流。多孔介质是指由固体骨架和相互连通的孔隙、裂缝组成的多孔体,分为地下多孔介质、人造多孔介质及生物多孔介质。渗流力学就是研究流体在多孔介质中运动规律及其应用的科学。它是流体力学的一个重要分支,是流体力学与岩石力学、多孔介质理论、表面物理、物理化学、地质学以及生命科学交叉渗透而形成的。渗流运动的特点是:多孔介质的比表面积很大,表面力作用显著,必须考虑黏性作用;地下渗流往往压力较大,因而通常要考虑流体的压缩性;孔道形状复杂、阻力大、毛管力作用较普遍,有时还要考虑分子力;往往伴随有复杂的物理化学过程等。

1856年法国工程师达西发表了水通过均匀砂质渗流的达西定律,这是渗流理论的发端。发展初期主要应用于城市供水地下水开发,水利和水力工程。20世纪20年代起,又在石油、天然气开发过程中得到应用,这一阶段限于均匀介质中的单相牛顿流体渗流。40年代起,开始出现二相渗流理论,多相渗流得到相应发展。当前的渗流研究和应用已涉及地下水、地下热水和盐卤的渗流;石油、天然气和煤层气的渗流;海水入侵、地面沉降和环境污染等方面的渗流;动物体内的血液、淋巴和气体等生物流体渗流;植物体内水分、气体和糖分的输送;陶瓷、砖石、砂模、填充床等人造多孔材料中气体的渗流等。

第三节 力学学科规划

一、《1956—1967 年科学技术发展远景规划纲要》[2,6,10]

1956年初,我国社会主义建设的第一个五年计划即将完成,第二和第三个五年计划又将更大规模地展开。在这个期间内,将全部或部分完成国民经济各部门的技术改造,以实现社会主义工业化的目标,而这必须有强大的科学技术作支撑。为此,1956年春,在周恩来总理亲自领导下,国务院成立了科学规划委员会,调集了几百名各种门类和学科的科学家参加编制规划工作,还邀请了16名苏联各学科的著名科学家来华,帮助我们了解世界科学技术水平和发展趋势。历经7个月完成了《1956—1967年科学技术发展规划纲要》(以下简称《规划》)。1956年12月中共中央、国务院批准后执行。

《规划》明确规定基本任务:迅速壮大我国的科学技术力量,力求某些重要和急需的部门在十二年内接近或赶上世界先进水平,使我国建设中许多复杂的科学和技术问题能够逐步地依靠自己的力量加以解决,做到更好更快地进行社会主义建设。《规划》确定了"重点发展,迎头赶上"的方针。《规划》中与力学密切相关的有两处:一是《规划》第二节中提出了13个方面,57项重要科学技术任务,其中第八方面"新技术"中的第37项"喷气和火箭技术的建立"与力学有关;另一是第四节中"基础科学的发展方向"中的"力学"。钱学森在《规划》制定过程中,任综合组组长。

(一)"喷气和火箭技术的建立"

《规划》第37项是钱学森主持并与王弼、沈元、任新民等共同合作完成的。《规划》中指出"首先掌握喷气飞机和火箭的设计和制造方法,同时研究有关的理论,并建立必须的研究设备,从事高速气体动力学、机身结构、各种喷气动力、控制方法以及飞行技术的研究,使在最短时间能独立设计民用的喷气飞机和国防所需的喷气飞机和火箭"。钱学森等在这项重要科学技术任务的说明书中指出:"喷气和火箭技术是现代国防事业的两个主要方面:一方面是喷气式的飞机,一方面是导弹。没有这两种技术,就没有现代的航空,就没有现代的国防。建立了喷气和导弹的技术,民用航空方面的科学技术问题也就不难解决了。""本任务的预期结果是建立并发展喷气和火箭技术,以便在 12 年内使我国喷气和火箭技术走上独立发展的道路并接近世界先进的科学技术水平,以满足国防的需要。"

解决本任务的途径:"必须尽先建立包括研究、设计和试制的综合性的导弹研究机构,并逐步建立飞机方面的各个研究机构。"

解决本任务的大体进度:"1963—1967 年,在本国研究工作的指导下,独立进行设计和制造国防上需要的、达到当时先进性能指标的导弹。"

组织措施是:"在国防部的航空委员会下成立导弹研究院,该院自 1956 年起开始建设,1960 年建成。"

随后,具体执行的历程是:

1956 年 10 月 8 日,由周恩来总理签署国务院令,任命钱学森为国防部第五研究院院长;1957 年 11 月 16 日,再任命钱学森兼任五院第一分院院长。在聂荣臻元帅领导下,国防科工委系统开始全面组建该项目的设计、研制、研发基地。

1958 年 5 月,聂荣臻元帅与黄克诚、钱学森一起部署了我国第一枚近程导弹的研制工作。

与此同时,1958 年至 1960 年年底,在聂荣臻元帅统一领导下,以张劲夫、裴丽生为首的中国科学院成立了中国科学院新技术局,将中国科学院力学研究所(所长钱学森)与中国科学院动力研究室(主任吴仲华)合并,代号为中国科学院新技术局 101 单位。负责导弹与喷气技术的先期理论与测试研究,为承担主任务的国防部五院提供必要的理论基础和设计依据,同时将一大批科技人员调入五院。集全国之力在国家强有力的组织和保证下,开始了数年的艰苦奋斗的历程。1960 年 11 月 5 日,在甘肃酒泉成功发射了我国第一枚近程导弹,完成了飞行试验;1964 年 6 月 29 日,中近程导弹飞行试验成功;1966 年 10 月 27 日,中近程导弹运载原子弹的"两弹结合"飞行试验成功,标志着中国开始有了用于自卫的导弹核武器;同时也标志着《规划》中规定的"1963—1967 年在本国研究工作的指导下,独立进行设计和制造国防上需要的达到当时先进性能指标的导弹"这一任务提前完成。

(二)"基础科学的发展方向"——力学(《规划》中第四节)

参加这次《规划》的力学专家有:钱学森、周培源、钱伟长、张维、吴仲华、沈元、林同骥、李敏华、钱令希、季文美、王仁、郑哲敏、刘恢先等人。朱兆祥、郑哲敏、林鸿荪任秘书。

《规划》指出:"基础科学的学科规划是十二年科学技术发展远景规划的重要组成部分","对数学、力学、天文学、物理学、化学、生物学、地质学及地理学等八门科学的发展方向作了规划。"确认力学为一级学科。《规划》还指出:"力学是一切工程技术的基础。""近代的航空、火箭技术的发展中,力学研究是先导。固体强度的研究是机器制造业和土木建筑工程中最关键的问题。""巨大规模的水利建设要求流体力学、结构力学、土力学解决大量的问题。"

对力学的各个学科应该着重发展的方向,提出了具体的意见:

关于流体力学:"主要研究高速飞机空气动力学问题、亚声速飞行和超声速飞行中的边界层理论;结合火箭研究发展高超声速空气动力学和稀薄气体力学的研究;结合航海事业开发关于船舶造波理论和推进理论以及水翼理论的研究;发展旋转机械中流体力学的研究,以提高涡轮机和压气机的效率。此外,应该着重发展与水利建设、石油工业等有密切关系的含颗粒流体力学、渗流力学和多相流体动力学。继续发展流体力学中基本理论问题之一——湍流理论。"并指出应对化学流体力学和电磁流体力学这两个新的学科生长点给予重视。

关于固体力学:指出"应发展强度理论,特别是高温状态下或高速变形状态下的金属的塑性理论;开展关于金属的破裂理论和疲劳规律的研究。结合机器制造工业开展关于金属压力加工和金属切削的塑性变形理论的研究;发展弹性动力学、流体力学和流体弹性力学的研究,以解决抗御地震和爆炸的结构、飞机和水工结构的颤动问题以及高速机械的振动问题;发展非线性弹性力学和非均匀体弹性力学并解决机械制造和建筑工程中大量的强度分析问题;此外,还应展开岩石力学和土力学的工作,并建立流变学的基础"。

应重视建立起把力学和近代物理学、化学结合起来的生长点——物理力学,研究从物质的微观结构预测气体、液体和工程材料的性质等重大问题。

关于一般力学:指出"应该结合新技术的进展加以发展。目前应该结合控制机械系统的要求着重发展运动的稳定性理论;非线性振动理论;以及和控制仪表相关联的刚体动力学(如陀螺仪理论)、机械运动学和动力学等。此外,也应发展和火箭及星际航行相关的外弹道学和变质量物体力学"。

总之,《规划》高屋建瓴,为随后二十多年的力学研究指出了方向。

二、《1963—1972 年科学技术发展规划纲要》[11]

(一)制订经过

"十二年科学技术发展规划"中规定要在 1962 年以前完成的任务,大部分已经完成或基本完成。1961 年国家科委对十二年规划检查以后,及时成立了各种学科组,由各学科组组织十年科学规划的制定工作,即《1963—1972 年科学技术发展规划纲要》。

在该规划中,力学学科依然处在基础科学之列。规划中指出现代的基础科学的三个特点:第一是基础科学学科除了探索自然这一根本任务之外,还直接参与发展新技术的工作;第二是基础学科之间的相互渗透,边缘学科分支的大量形成;第三是"科学技术化"在现代基础科学的研究中,往往需要庞大而复杂的试验仪器和设备。同时,现代计算技术的发展和大容量、高速度电子计算机的出现,又给现代基础科学带来了新的研究方法。

在力学方面参与的专家有:钱学森(力学学科组组长)、周培源(副组长)、郭永怀(副组长)、钱令希、王仁、张维、杜庆华、董铁宝、林同骥、吴仲华、郑哲敏、沈元、方文均、陈宗基、钱寿易、杜士谔、黄玉珊、林鸿荪、郭尚平等人。学科组另设秘书二人,即中科院力学研究所的李毓昌和清华大学的王和祥。

(二)规划内容

1962 年制订科学规划时,指导思想是比较务实、全面的。作为多个科学规划的一个组成部分,力学学科规划在内容上同样是比较务实和全面的。如水动力方面的研究,在全部 20 个项目中有 2.5 个,即有自由表面的水动力学、实验理论,另外半个是气弹性和水弹性。又如,由于我国开始重视油气开采,与之相关的多相渗流问题也单独立项。

与 1956 年的远景规划相比,1962 年的十年规划和我国的国防建设、经济建设结合得更加紧密。如规划中有关高超音速空气动力学、稀薄空气动力学和边界层理论的具体研究内容都是围绕中程导弹回地问题制定的,因此研究内容十分具体,目标明确,避免了以往的空泛。

具体项目及研究内容为:

(1)飞行力学及航行力学:主要研究内容为飞行器操控系统的稳定性问题。

(2)控制系统动力学和稳定性理论:该项目为力学及自动控制之间的交叉学科。

(3)振动理论及其应用:主要研究地表烈度及大型建筑(如水坝)的抗震问题。

(4)陀螺仪理论及其应用:研究陀螺仪的漂移等与导航有关问题。

(5)板壳静动力学:研究板和薄壳的非线性理论,包括平衡、屈曲、动力和动力稳定等问题。

(6)气弹性和水弹性问题:主要研究飞机的颤振问题。

(7)结构及材料疲劳问题:主要研究微裂缝扩展理论、材料的疲劳强度、疲劳寿命的估计等。

(8)固体力学的实验技术:包括电阻应变技术、光弹性、加筋板及薄壳的热应力测量、高温蠕变测量等。

(9)低速和高速空气动力学:高亚音速及超音速机翼、机身的非定常流空气动力学计算等。

(10)超高声速空气动力学:研究在超高声速情况下,真实气体效应(原子分子的离解、电离等)对气动力及气动加热的影响。

(11)边界层理论:研究高超声速气流的湍流边界层、材料烧蚀形成的化学反应对边界层传热的影响。

(12)稀薄气体动力学:研究远程导弹再入大气层时,进入稀薄气体空间弹头受到的气动力及空气动力加热。

(13)高速空气动力学技术:包括发展超声速风洞技术,发展激波管技术,利用激波管进行高马赫数(M>5)空气动力学试验。包括瞬态加热和瞬态压力测量。

(14)化学流体力学:主要研究与火箭发动机有关的燃烧问题,包括燃料的热力学和输运参数、各种参数的选择和计算(如燃烧流量、燃烧压力和温度)、各种燃烧振荡(如纵振荡、横振荡、声学共振)发生的机理及其规避。

(15)有自由表面的水动力学问题:船舶高速行进受到的造波阻力、高速水翼船的设计问题。

(16)空泡问题:任意翼形的空泡流和超空泡流问题、空泡流的非定常问题。

(17)多相渗流:多孔介质中油气两相渗流,采用新工艺(如水驱动)条件下的多相渗流,伴有物理化学变化的多相渗流。

(18)连续介质中爆破波的形成及传播:结合爆破工程,研究爆破波的形成和传播,了解各种介质——岩石土体的破碎机理,破碎介质的抛掷和堆积规律,为爆破工程提供设计依据,研究爆破成形的相似律。

(19)物理力学:研究高速高温气流中,部分空气分子发生离解或电离后,气体分子的热力学性质和输运性质的变化,为超高声速空气动力学奠定坚实的基础,研究高压气体的状态方程。

(20)电磁流体力学:研究受控热核反应中,有磁约束的等离子体的不稳定性问题。磁流体直接发电的理论分析和实验研究。

应附带说明的是:20世纪60年代,中国科学院武汉岩土力学研究所以陈宗基为首的研究组,对有物理、化学作用下岩体流变性质的研究,受到国际上的瞩目,也获得钱学森高度评价;中国科学院力学研究所钱寿易领导的研究室对上海沉降问题的研究,在理论上和实用价值上都意义重大。但岩石和土力学的研究并未列入十年科学规划之内。

(三)科学规划的组织实施

力学组的正常运转约在三年左右,到了1966年开展"文化大革命"运动,各研究机构先后陷于瘫痪状态,也就再也无人过问学科规划的执行情况了。

第四节 奠定近代力学基础[1,2,6]

1957年10月,苏联发射了第一颗人造卫星,1961年实现了载人飞行;1969年,美国"阿波罗计划"实现登月。人类探索太空的活动不断取得新的进展。国家决定"我们也要搞人造卫星",于是启动了"两弹一星"计划。在这一新形势下,发展近代力学的任务更加迫在眉睫。在我国老一代科学家的带领下,按照刚刚制定的学科规划,经过艰苦努力,逐步建立了高超声速空气动力学、化学流体力学、磁流体力学、板壳力学、爆炸力学、物理力学、高速水动力学、渗流力学等新兴学科,并建成了近代力学必须的试验基地,为我国奠定了近代力学的基础。

一、高超声速空气动力学[5]

高超声速空气动力学指的是来流马赫数远超过声速的流动(一般指马赫数大于5的情况),是空气动力学的前沿学科分支。高超声速流可以粗略地划分为:马赫数5~10的流动主要应用于高超声速推进系统、研究超声速燃烧机理;马赫数10~20的流动主要应用于各种大气再入飞行器、研究高超声流动气动力/热规律和气动物理现象;马赫数20~30的流动主要应用于深空探测飞行器、涉及低密度气体的非平衡流动。在高超声速范围,不仅流体介质的内能变化不可忽视,而且内自由度的激发和气动热化学效应会产生重要的影响。

高超声速绕流:高超声速飞行器外形有:钝头体、小钝锥、组合体等,我国学者研究初期曾用摄动方法和数值方法(积分关系法、特征线法、有限差分法等)研究钝体和小钝锥绕流流场与波系结构,随后逐步应用欧拉方程、简化N-S方程进行数值模拟。高超声速飞行器绕流具有薄激波层、高熵层、复杂波系、低密度和黏性相互作用等独特流动物理现象。飞行器的复杂几何结构,特别是进气道附近,可以引起波系的相互作用,并导致机翼前沿、进气道下唇口热流增加,因此,往往需要进行气动力、气动热和推进系统一体化的设计方案。

气动加热和热环境:高超声速飞行器的事故往往源自热防护失效,因此,气动加热研究一直备受重视。高超声速滞止区,包括底部是气动热问题最严重的区域,早在 20 世纪 60 年代就给出了驻点传热率的经验公式。我国科学家利用激波风洞、电弧加热器或燃气流装置创造的高焓热流环境,进行了飞行器气动加热的实验。此外,也开展了飞行器肩部和突起物区的局部传热率的测定。发展了高温边界层理论,计算高超声速湍流边界层内的传热和传质;高温边界层转捩是流动稳定性研究的难题,需要考虑由于气体热化学效应和其他诸多因素如:表面冷却速率、飞行器头部钝度、高熵层发展、局部横向流动、飞行器物面粗糙度、表面突出物、质量射流的影响。

再入物理现象研究:由于电离现象发生,在高超声速飞行器周围往往会形成等离子体鞘套和电离尾迹,从而影响飞行器的光电特性和通讯质量。为此,我国科学家开展了不同环境参数条件下纯空气或具有烧蚀产物的头部、后身、尾迹乃至全目标的高超声速绕流流场及其光电特性研究。理论计算了尾迹的雷达散射截面和回波特性,分析不同波段辐射系数,用激波管或弹道靶测定高温气体流场电子密度、电离速率常数、松弛时间、分谱辐射特性,给出环境参数及烧蚀材料对流动光电特性的影响。研究了电磁波在等离子体鞘套中传播规律和受电子密度、电波频率和鞘套厚度等参数的影响规律,计算天线阻抗,提出减轻通讯中断的措施等。

稀薄气体动力学:于 1947 年由钱学森开创,指的是研究在高空低密度空气环境下当分子平均自由程与飞行物体尺度相当时的流动问题,真空物理和微流动也属于该学科的研究范畴。按照 Kn 数(λ/L,分子平均自由程与流动典型尺度之比)的大小,稀薄气体动力学分为三大领域:滑流领域($0.01 < Kn < 0.1$),过渡领域($0.1 < Kn < 10$),自由分子流领域($Kn > 10$)。由于求解带有碰撞项的积分微分玻尔兹曼方程,而实际的问题还往往包含了化学与热力学非平衡,过渡领域是稀薄气体动力学研究的核心课题。国际上发展了线化玻尔兹曼方程方法、矩方法、模型方程方法、积分方法,由 G. A. Bird 发展起来的 DSMC 方法已能模拟多维复杂外形并包括气体内部的各种化学、热力学及辐射等过程,且其结果得到了微观细节和宏观气动力实验的验证。我国科学家发展了有热化学非平衡效应的 DSMC 方法,计算一些外形气动力和羽流污染等问题;提出了基于玻尔兹曼模型方程的统一算法,求解了一维激波、二维圆柱、三维复杂外形问题,并推广于计算微槽道流动计算。

二、化学流体力学

化学流体力学是将流体力学原理应用于伴有化学反应的工程,如:发动机、化工、冶金等,以实现、改善或提高工程装置的技术指标,是一门流体力学与化学交叉的新兴分支学科。20 世纪 50 年代,因航天工程发展,冯·卡门到北大西洋组织咨询委员会任职,倡导气动热化学,标志了化学流体力学的开始,随后不久,我国也建立了化学流体力学这门新兴学科。

气动热化学：由于高速气流导致高温、振动自由度激发、离解和化学反应，流动过程和化学过程的耦合不可避免。我国科学家为改进理想气体或变 γ 模型的缺陷，研究了真实气体效应对于无黏外流、边界层传热、传质的影响。开展了烧蚀防热的研究，筛选了各种烧蚀材料，考虑了壁面催化的影响，比较了各种烧蚀材料的防热效果，利用吉林陨石雨和蜂蜡风洞试验，分析了烧蚀花纹沟槽图案的影响机理。

火箭发动机和燃烧理论：我国科学家为了研制高比冲的液氢液氧火箭发动机，进行了测定液氢、液氧宏观物理特性，分析液体燃料喷注和雾化过程，设计火箭发动机喷管，计算结构传热和热应力，改进再生冷却方法，特别是研究高频振荡燃烧发生的机理和预防措施，实现火箭发动机的点火和稳燃，在火箭发动机试车台测定燃烧室性能等研究。此外，航空用涡扇发动机、冲压发动机也是化学流体力学的研究对象。

工业应用：包括流态化机理及其在化学工业中的应用。由于流态化床利用气流使颗粒物质处于悬浮状态，从而极大地提高了化学反应的效率。工业应用的其他典型例子还有：冶金工业的转炉顶吹氧气炼钢，电力工业的电站锅炉煤粉和水煤浆点火和稳燃，化工中利用激波加热生产聚乙烯等。

三、磁流体力学

磁流体力学是研究电磁场与导电流体介质（如：等离子体和液态金属）相互作用的学科。20 世纪中期，针对能源问题和高速流动中的电离现象，出现了电磁流体力学这门流体力学与电动力学交叉的新兴学科，20 世纪 40 年代阿尔芬（H. Alfven）的工作标志了现代磁流体力学的诞生。该学科的应用领域包括：核聚变反应、天体和空间物理、高温气动力学以及等离子体技术。

磁流体动力学：研究导电流体，包括等离子体和液态金属在磁场中的动力学或运动规律，而研究平衡位形的磁流体静力学是磁流体动力学的特殊情形。等离子体是物质的第四态，由电子气、离子气加上（或不加）中性气体组成，磁流体动力学仅研究等离子体的宏观运动。各种磁流体力学流动、磁流体力学波、磁流体力学不稳定性和磁流体力学湍流都属于该学科的研究范畴。

天体物理：宇宙中恒星和星际气体都是等离子体，而且伴有磁场，因此，磁流体力学首先在天体物理、太阳物理和地球物理中得到发展和应用，相应的研究课题有：新星、超新星的爆发，太阳磁场的性质和起源，磁场对日冕、黑子、耀斑的影响，太阳风与地球磁场相互作用，地球磁场的起源等。我国科学家在日地关系方面开展了基础研究，如：研究了太阳活动区磁场，太阳耀斑和磁层亚暴的波动模型，日冕瞬变的活塞驱动理论，日球磁场的三维结构，太阳风加速机制，地球极区极风的慢 MHD 激波结构等。

托克马克装置：即环形真空室磁线圈，20 世纪 50 年代由苏联科学家阿齐莫维奇（L. A. Artsimovich）发明，该装置将近亿度高温的等离子体约束在环形线圈真空室中，以实现核聚变。需要解决等离子体加热和磁流体力学稳定性等关键问题，并着力提高能量增益。1956 年开始，我国已经研制了相应的装置，如：小型角向箍缩放电实验装置，环流器 HL—1，HL—1M 和全超导环流器；在基础理论方面，开展了磁流体力学不稳定性的研究。以上工作为后来参加国际托克马克实验堆计划(ITER)奠定了基础。

工业应用:低温等离子体在我国工业中有广泛的应用,如:研制了同步卫星上用的轻型直流电磁泵,液态钠的密封输送汞,输送液态铝的电磁流槽,将高频感应等离子体源用于制备钛白超细粉末,将三相工频等离子体富集难熔金属钼、钽,将电磁搅拌应用于连铸等。另外,还成功研制了等离子体表面镀膜的设备,利用直流电将低气压条件下形成的仿金氮化钛离子镀到阴极的金属制品的表面上,耐磨损、耐腐蚀。在直接发电方面,开展了以液态金属为工质的三相交流发电器和模拟实验研究。在同位素分离方面,提出电磁离心分离的设想,即用电磁力加速电离气体的旋转,进行了一些原理性实验及理论分析。

四、板壳力学

板壳力学是弹性力学基本理论具体应用到板壳结构中的一种工程简化理论。板壳理论是以弹性力学与若干工程假设(Kirchhoff 假设,Kirchhoff－Love 假设,等等)为基础,研究工程中的板壳结构在外力作用下的应力分布、变形规律、稳定性和破坏的学科。它的研究范围涉及:板壳的弹塑性静力和振动问题、中厚板理论、板壳的大挠度理论、板壳稳定性理论、板壳的断裂分析。

板壳的弹塑性平衡和振动问题:弹性板理论中的一个主要问题是涉及确定板中的变形和应力。在此期间,国外研究者主要工作涉及:动力解的本征函数的展开式及其收敛性,壳体理论的模态加速度法,脉冲阶跃载荷作用下半无限长圆柱壳的瞬态响应,有限壳体的瞬态响应,矩形板弹塑性弯曲和蠕变弯曲。在此期间,国内钱令希、胡海昌、黄克智、钟万勰、柳春图、高玉臣等在板壳的弹塑性分析、圆对称平板与圆柱壳的蠕变、扁壳固有频率的广义变分原理等方面也进行了很多研究。

中厚板理论:1945 年,E. Reissner 首先采用直线假定代替直法线假设,并用此研究矩形板的扭转和有圆孔的无限大板的弯曲、扭转。之后 A. Green,R. D. Mindlin 相继发展了 Reissner 理论。20 世纪 50 年代中,A. Kromm 提出另一种精化理论,他力求严格满足三维弹性体应力平衡方程,以克服 Reissner 理论中的不足之处。苏联学者 1957 年提出考虑切应力对变形影响的平板理论。关于球体问题的三维弹性解,相对来说研究得不够充分。早期的工作多限于整球问题或半空间体表面以及内部含有球形缺损等问题。国内胡海昌早在 1954 年通过引入三个位移函数导出了一般横观各向同性非轴对称问题的通解。罗祖道等应用傅里叶法研究了有限空心柱的几个具体问题,并给出了数值结果。

板壳的大挠度理论:由于航天、航空、仪表元件、海洋工程等广泛采用柔性构件,使薄板、薄壳的非线性大挠度问题越来越引起人们注意。研究内容包括:薄板大挠度方程,薄圆筒壳受压屈曲大变形非线性微分方程,Karman 和钱的薄圆柱形壳的非线性屈曲分析。由于非线性方程在求解中数学上的困难较大,因此如何求解这些方程就成为这类问题的关键。在薄板有限弯曲变形方面,钱伟长于 1947 年提出了求解大挠度问题的摄动法,该方法至今仍在国内外广泛应用。20 世纪 50 年代,钱伟长和叶开沅又计算了多种载荷和边界条件下的圆薄板和矩形薄板大挠度问题,并参加了 1956 年在布鲁塞尔举行的第九届国际理论和应用力学大会(ICTAM 1956)。

板壳稳定性理论:板壳稳定性理论可分为经典线性理论和非线性稳定理论。稳定性问题本质上是属于非线性的,经典线性理论是数学上线性化的近似理论。由壳体经典线性理论得到的临界载荷预测值与实验结果往往不一致,尤其对于圆柱壳受轴向压力和球壳受均匀外压的情况。为解释线性理论与实验的差异,在长期的研究中形成了三个主要研究方向:几何非线性的影响、失稳前应力状态的影响、原始缺陷的影响。20世纪40年代初,冯·卡门和钱学森提出非线性大挠度稳定性理论,开辟了后屈曲性态的研究。在60年代中期,斯泰因提出的前屈曲一致理论考虑了失稳前应力的不均匀性及支撑边界条件的影响。但是这两种理论都是以理想完善结构为对象,而实际结构总是存在各种不完善因素(即初始缺陷)。在1970年前后,B. Budiansky 和 J. W. Hutchinson 对板壳的前屈曲及后屈曲行为进行了理论研究,其中对 Koiter 理论进行了进一步发展。在国内,罗祖道和吴连元在60年代初也对圆柱壳的屈曲进行了研究,他们基于小挠度理论,求得一般圆柱薄壳的稳定临界曲面,并可表达在复合情况下各种载荷同对稳定性的相互影响。

板壳的断裂分析:早期的薄板断裂问题是根据 Kirchhoff 假设进行分析。1961年 M. L. Williams 利用特征值展开方法详细推导了弯曲时直线裂纹尖端的应力表达式。G. C. Sih 将 Hilbert 边值问题推广至板内,求得了直线裂纹尖端的应力强度因子。苏联学者解决了板内含有各种曲线型缺陷的弯扭问题。与薄板断裂分析相仿,最初薄壳断裂分析亦普遍应用 Kirchhoff 理论。在精化理论方面,近年来已有较多的研究者采用 Reissner 精化理论进行研究,导得 Reissner 型板的奇异性。

五、爆炸力学

爆炸力学是研究爆炸的发生、发展的规律及其力学效应的利用与防护的学科,它是流体力学、固体力学和物理学、化学相交叉的一门在理论与工程应用上极有特色的新兴学科。钱学森、郭永怀极力倡导爆炸力学在我国的发展。1958年中科院力学所二室组建了爆破课题组,在郑哲敏领导下,紧密结合工程实际,开展了理论研究,逐步建立了动态力学特性实验室、爆炸洞和相应的测试设备,开展广泛、深入的研究,为创建和发展爆炸力学学科作出了贡献。我国爆炸力学研究在适应我国国民经济和国防建设的需要,特别是在核武器研制、核爆防护、水利铁路工程等方面作出了巨大贡献。

爆轰:是化学爆炸最本质的形式,是一种通过反应区前沿的冲击波(爆轰波)之超声速传播和压缩介质,引起能量的剧烈转化与释放,并对介质做功的过程,因而是一个力学—化学反应相耦合的复杂过程。需要应用流体动力学和化学反应动力学的基本理论,通过实验—理论—数值模拟相结合的方法,来研究爆轰的起爆机理、爆轰产物性质、爆轰波的结构和传播特性,以及爆轰对周围介质的相互作用规律等。虽然20世纪上半叶建立了一些理论模型,奠定了爆轰反应流体动力学的理论基础,但由于爆轰波结构的复杂性和爆轰过程的短时性,以及力学—化学反应过程之间的耦合作用,不少方面人们至今仍认识有限。本领域的研究一直十分活跃,如每两年召开一次国际爆轰会议。无疑,爆轰学始终是爆炸力学最重要的分支学科之一。

材料的动态力学特性:不仅在爆炸力学与冲击动力学领域占有非常高的地位,而且在国防工业及武器装备的研制与开发中具有极其重要的军事应用价值。由于爆炸和冲击载荷的短历时、高幅值以及变化剧烈等特征,材料在爆炸或高速冲击等冲击载荷作用下,必须考虑两个效应:惯性效应和应变率效应。材料动态力学特性一直是急需解决的热点和难点问题,冲击载荷已经成为军用材料设计和结构设计的重要参数之一。在第二次世界大战期间,由于军事工程的需要,材料动态特性的研究引起了人们新的兴趣。进入 20 世纪 70 年代,材料动态损伤和破坏的研究有了进一步的深入,并作为一门新兴的学科受到众多学者的关注。由于材料的动态破坏不仅与外部的加载条件和温度条件等有关,而且还与材料内部的微观结构有关,因此,材料的动态损伤演化的机制是十分复杂的。

弹体侵彻靶板:是一个非常复杂的力学问题,一直是冲击动力学领域重点研究的课题。对侵彻问题的研究可以追溯到 18 世纪,在这个时期,人们既缺乏实验工具,又缺乏必要的塑性力学理论基础,主要从事实弹射击试验,从试验中综合出经验公式。第二次世界大战期间侵彻力学有了长足的发展,人们着重分析靶体的各种破坏模式,根据不同的破坏模式建立不同的有效分析模型。从 20 世纪 60 年代到目前是侵彻力学发展的第三个时期,沿着第二时期的发展道路,分析理论方面取得了一系列成果。最显著的成就是随着计算机技术的进步,数值方法迅速发展、成熟。目前,受武器研制、工程应用和安全问题需求的牵引,依靠先进的实验测量技术和计算机数值模拟技术,侵彻力学研究取得了长足的进步。研究重点集中在对岩石、混凝土以及新型复合装甲的侵彻问题上,主要从机理上研究这些结构的破坏过程以及抗侵彻破坏能力,为弹药设计提供理论依据。

爆炸力学理论及其工业应用:1959 年开始探索"高速、高压塑性动力学",用相似理论和模型律,完成了"金属薄板典型零件的爆炸成形理论"的研究,揭示了二次加载的机理,为导弹零件和潜艇壳体头部的爆炸成形提供了重要的理论依据与工艺方案。1964 年与国外同期独立地提出了统一的流体弹塑性体模型,这一模型能够满意地体现介质在流体和固体介质之间的紧密耦合及其运动在时间和空间上的连续变化的天然特性,该模型的提出被国际学术界高度评价为是爆炸力学的一项重大进展。该成果被应用于我国地下核爆炸力学效应的测试和分析,成功地处理了高速加载和高速变形下岩石的流动与变形问题。以后还被应用于装甲钢板抗弹性能研究,包括:聚能射流和侵彻机理,复合材料聚能射流干扰机理研究。此外,还进行了炸药爆炸法合成金刚石和复合金属板的研究。

爆破工程:首先在河北东川口和广东韶关南水电站实施定向爆破筑坝。后来又与工程兵研究设计院合作进行平地定向爆破堆山,提出了抛掷爆破基础研究的一些半经验的工程设计方法,成为后来全国大中型爆破工程的重要设计依据。以后在爆破拆除、爆炸清淤方面取得广泛应用。

另外,北京工业学院(北京理工大学前身)组建了我国第一个弹药装药加工专业,建立爆炸实验室;第二机械部九院、总参工程兵科研三所等也进行了爆炸力学的研究。中国科技大学近代力学系于 20 世纪 60 年代前期就有爆炸力学专业的毕业生,在 1977 年和 1978 年,中国力学学会分别召开了全国第一届爆炸力学和第一届全国土岩爆破学术会议,创办了《爆炸与冲击》杂志。

目前,国内从事爆炸与冲击动力学领域研究的主要单位有中国工程物理研究院、北京理工大学、中国科学院力学研究所、南京理工大学、国防科学技术大学、北京大学、中国科学技术大学、西北核技术研究所、解放军理工大学等单位。上述单位的研究各有特色。中国工程物理研究院在炸药的损伤与点火问题、爆轰传播计算及爆轰驱动与推进等方面达到或领先国际水平,在国际上有较大的影响力;北京理工大学在非理想爆轰的能量输出结构控制、爆轰产物状态方程、爆轰波与冲击波的二维测试、爆炸物质危险性控制以及爆炸力学计算方法与软件开发等方面达到国际领先水平。在爆炸与冲击动力学领域建成了多个国家重点实验室和省部级重点实验室,如爆炸科学与技术国家重点实验室(北京理工大学),冲击波物理与爆轰物理国防科技重点实验室(中国工程物理研究院),计算物理国防科技重点实验室(北京应用物理与计算数学研究所),弹道国防科技重点实验室(南京理工大学)等研究机构,形成了各具特色的爆炸与冲击动力学研究基地。

六、物理力学

是介质宏观性质的微观理论,力学的一个新兴交叉学科分支,它从物质的微观结构及其运动规律出发,运用近代物理学、物理化学和量子化学等学科的成就,通过分析研究和数值计算,直接为工程技术提供介质和材料的宏观性质,并对介质和材料的宏观现象及其运动规律做出微观解释。

随着喷气推进、航天工程和核能工程的兴起,需要提供高温、高压等非常条件下(温度高达几千度到几百万度,压力达几万到几百万大气压,应变率达百万分之一到亿分之一秒)介质的宏观物性。由于直接实验测量极其困难,钱学森认为依靠描述物质微观行为的量子力学和描述电磁相互作用的量子电动力学,以及当时已经发展起来的量子化学方法、原子分子结构理论和量子辐射理论,并采用光谱、色谱等测试手段进行研究的设想是可行的。1953年,钱学森创立了物理力学(physical mechanics)这一新学科。

物理力学研究内容包括:平衡现象,如气体、液体、固体的状态方程,各种热力学平衡性质和化学平衡的研究等;非平衡现象,如偏离平衡状态较小的非平衡过程(扩散、热传导、黏性、辐射);远离平衡态的问题(开放系统中的各种能量耗散过程)和趋向于平衡的过程(各种化学反应、弛豫现象、相变等)。自20世纪50年代起,我国科学家开展了如下领域的研究:

高温气体性质:研究气体在高温下的状态方程、输运性质以及与各种动力学过程有关的弛豫现象;高温气体辐射吸收系数与光谱;等离子体诊断、松弛过程。开展了化学动力学的研究,研究振动松弛和离解、置换反应的耦合。

高压固体特性:通过研究相互作用势和碰撞理论,获得若干种固体(如:石墨、岩石)在高温、高压条件下的状态方程;提出提高金属和合金强度的新途径;探讨了金属氢合成的可能性;利用微观理论研究材料的弹性、塑性、强度以及本构关系等,并拓展到断裂机制、位错结构、韧脆转变、裂尖处的组态、纳米材料力学性质和金属相变的分子动力学研究。

实验研究:测定高温气动与燃烧过程中主要基元反应的速率常数;利用激波创造核爆炸极端环境,测定超高压固体状态方程的参数。

七、高速水动力学

因水中航行体、船舶推进器或水轮机的高速运动在水体中形成低压区,从而产生空泡。高速水动力学是研究空泡、超空泡产生、发展、溃灭的过程及其与航行体和旋转机械叶片相互作用的水动力学分支学科,20世纪60年代起,该学科受到了重视,我国科学家开展了如下的研究工作：

自然空泡流：是指水体中的空泡不是由人为产生的流动。用势流理论、自由流线理论和速度图法研究了二维流动、三维翼型和轴对称体的空泡流问题大都采用奇点法求解，对低空化数下轴对称细长体空泡流的研究采用的摄动法取得了许多近似解析结果。自然空化在特定范围内会出现流态脉动，有两种典型形态：一种是空泡末端的抖动，并有少量汽泡局部溃灭。这类脉动对物体运动影响不大；另一种是空泡末端出现回射流或空泡断裂，断裂部分向后移动以云雾空泡团的形式消失，未断裂部分则孕育成长到再断裂，循环不息。对于这一类脉动积累了较多的二维翼型试验结果，分析了断裂频率的 St 数与翼型、雷诺数、空化数和攻角的关系，三维轴对称流动需要进一步加强。近年来，已经将航速从亚声速提高到近声速或超声速，水下射弹模型试验的速度可达 $2500 \sim 5000 \mathrm{m/s}$，这时空化数已低至 $\sigma \approx 10e^{-4} \sim 10e^{-6}$，空泡的长径比可达到数百，完全处于稳定的自然超空泡状态。但是一旦射弹在空泡区域内有不稳定的运动，使弹肩、弹体或弹尾与空泡界面相擦，必然引起强烈的反弹，射弹在空泡内有颠覆、翻滚或来回碰撞的可能，弹面的升力甚至会出现迟滞环，需要开展对射弹的运动稳定性及其控制的研究。

通气空泡流：由于人工通气能促成超空泡流，从而获得减阻效果，因此一度停滞的通气空泡流研究得到青睐。国外的研究偏重于通气空泡的减阻实效、稳定性和流态模拟。国内研究表明利用通气空泡减阻是可能的，但空化器与通气位置、通气方向、通气量的协调配合至关重要；通气量对超空泡流的形成存在不稳定区段，有阶跃现象；对轴对称细长体通气空泡流开展了研究，包括通气空泡的形态特性、非对称性、稳定性、重力效应以及空化器形状对空泡外形的影响等。需要研究通气空泡和自然空泡的相互作用。

高速出入水：低速出水仅与自由液面兴波有关，一般认为研究已较成熟。高速出水时航行体有附体空泡存在，接近和穿出水面时，附体空泡剧变和溃灭，并使航行体受到脉冲压力和强干扰。所以，出水过程不仅使阻力骤降，而且会产生附加推力，工程问题关注附体空泡的溃灭及对航行体所产生的影响。物体高速入水比出水的物理图像复杂得多，首先考虑尾随气体的流动，呈现喷溅、合拢、射流和气囊断裂等一系列复杂流动现象。为此，研究和解决了尾随气囊的闭合问题，构建了新的气囊空气流动模型；基于势流理论和边界积分方法，发展了轴对称体垂直入水和斜入水的完全非线性数值模型；将零攻角非线性解作为首阶近似，给出了轴对称体以大入水角斜入水非线性问题的摄动解；基于 MAC 方法，发展了物体入水空泡演化的数值模拟方法；建立了物体入水模型实验的相似准则。

八、渗流力学

它是研究通过多孔介质的流动的流体力学分支。因多孔介质广泛存在于自然界、工程材料和动植物体内，因而，渗流力学的研究范畴越来越宽，可以分为：地下渗流，如石油、天然气、煤层气、水等在岩土体和地表堆积物中的渗流运动；工业渗流，如流体在各种人造多孔介质和工程装置中的渗流运动；生物渗流，如血液、淋巴液等在动物肝、肺、肾、心等脏器中的渗流运动，水分、糖分和气体在植物根、茎、叶中的渗流运动。渗流力学在环境、工程和技术等领域都有非常广阔的应用前景。

物理化学渗流：渗流力学发展到现阶段，多数问题都是复杂的物理化学渗流问题。我国在油田开采后期,大规模采用的三次采油提高原油采收率技术,涉及的渗流问题就是向油层注聚合物、注表面活性剂和碱的三元流体物化渗流。这是研究物理化学渗流的工业背景。在复杂的渗流过程中,流体介质必须看成是多相、多组分的,经常还伴随着各种物理化学过程,如:对流、扩散、吸附、解吸、传热、乳化、分解、化合、中和、氧化和燃烧等。

我国科学家开展了一些有成效的物理化学渗流研究:将计算渗流力学与物化渗流结合研究建立的三元复合流体渗流的计算方法,考虑了渗流中的碱垢和乳化等物化过程并得到渗流过程的精细预测;传统理论认为,聚合物驱油渗流能提高波及系数,不能提高洗油系数(驱油效率),但我国科学家经过细观渗流研究发现,聚合物驱油渗流不但能够提高波及系数,而且能够提高洗油系数。这就为聚合物驱油渗流提高原油采收率这一工程措施提供了新的理论基础,为有关科研、技术、计算和预测等提供了新的理论依据;发展了低渗透多孔介质条件下的非达西非线性渗流理论,根据这一理论创立的超前注水等工艺保证了低渗透油田的有效开发。

非饱和渗流:在发展农田水利、保护水资源和治理水污染时,需要了解土体介质中的渗流运动和物质输运。由于在土壤中的渗流往往是非饱和的,也就是说,水体往往没有完全充满土壤的孔隙,这时,由于导水率是水头的函数,问题是非线性的,需要研究非饱和渗流。我国学者发展了土壤水动力学和大气—植被—土壤连续体模型,应用于干旱、半干旱地区农业对策,侵蚀地区水土保持,三北地区防护林种植,盐水入侵预防,水库大坝建设和地面沉降治理。

细观渗流:20世纪70年代,我国科学家提出了细观渗流(油气部门和地质部门称为"微观渗流")的概念、理论和技术,对比宏观渗流以岩样和地层等为研究对象,细观渗流研究多孔体内部的孔隙裂隙内物质的流动和物理化学过程细节,可以使渗流力学及多孔介质物理的研究深入到孔隙裂隙层次,探知内在的机理和规律。他们建立了多孔介质的人造细观模型、天然岩石的细观物理模型,开发了观测实验技术,完成了一系列细观渗流研究,建立了有关多相渗流、物理化学渗流、非牛顿流体渗流、非等温渗流等细观渗流理论,发现了一些在理论上、应用上都十分重要的机理,并于20世纪90年代初出版专著。细观渗流的物理模拟及测试技术在20世纪90年代初已在我国推广应用,并已成为相关研究院所的常规实验技术,随后我国又发展了渗流力学细观研究的数值模拟方法。总之,渗流细观研究的数值模拟方法和物理模拟方法结合,细观模拟和宏观模拟相结合,能够使渗流研究逐步深化,既可以知道宏观结果,又知道与此相应的宏观对象内的任意节点的细观数据,这对科学研究和实际应用都很重要。

九、试验基地和设备

在20世纪,凡近代力学发展的先进国家都具有大型的实验基地和研究中心。如:美国的国家航空航天局(NASA)的兰利研究中心,阿姆斯研究中心,格林研究中心和空军阿诺德工程发展中心(AEDC);俄罗斯的中央流体动力学研究院(TsAGI),中央通用机械研究院(TsNIIMASH);法国航空航天研究院(ONERA);德国宇航研究院(DLR);英国皇家航空航天研究院(RAE);意大利航天研究中心(CIRA);日本宇航开发研究机构(JAXA);加拿大航空航天研究院(IAR)等。为了实施大型工程计划和研究项目,必须建设最基本的实验设备,并配置相应的测试仪器。自 1871 年迄今,全世界已经有近 400 座风洞,其中,俄罗斯 125 座,美国 120 座,英国 27 座,法国 18 座,日本 16 座,德国 11 座,加拿大 5 座。其中,亚声速风洞 103 座,跨声速风洞 92 座,超声速风洞 76 座,高超声速风洞 107 座。

1929 年,冯·卡门访问中国,由他的学生华敦德帮助,在清华大学开始建造第一座 5 英尺风洞。1936 年冯·卡门来中国指导,1937 年在南昌建造 15 英尺风洞。

20 世纪 50—70 年代,为适应航空、航天、船舶、兵器、民用项目科学研究和工程设计的需求,建设了若干研究基地,并拥有各类空气动力学、水动力学设备和测试仪器。同时,分布在各高等院校和工业企业中,也有一些中小型的设备,有的适用于基础研究和教学。据统计,至 20 世纪 70 年代,我国共拥有风洞 100 余座,其中有低速风洞 60 余座(包括大气边界层风洞 20 余座),高速风洞 50 余座,其他各类风洞若干座,主要分布在空气动力研究与发展中心,北京空气动力学研究所,中国科学院力学研究所和哈尔滨、沈阳飞机设计研究所。此外,水动力学的设备主要建在中国船舶科学研究中心、哈尔滨工程大学、大连理工大学和上海交通大学。上述实验基地建设,为我国发展近代力学准备了条件和奠定了基础。

第八章 20 世纪 80—90 年代中国 力学学科的全面发展

20 世纪 70 年代,我国与美国、日本、西欧国家的关系正常化,为我国科学技术的发展创造了良好的学术环境。特别是 70 年代末,我国实行改革开放以后,进一步加强了国际学术交流。1972 年任之恭率美国科学代表团访华,成员中有力学家林家翘、张捷迁、易家训、徐皆苏等。次年,冯元桢率加州科技工作者代表团访华。1979 年,郑哲敏率中国力学代表团访美。此后,派遣了大批访问学者与留学生至美国、加拿大、西欧、澳大利亚进修、学习,增强国际学术交流,培养优秀人才,使我国在前 20 余年发展近代力学的基础上,急起直追,进一步跟上国际力学学科快速发展的步伐,促进前沿和交叉学科研究,使我国的现代力学得到了全面发展。

第一节 20 世纪下半叶力学学科的发展特征

20 世纪 40 年代出现了世界上第一代电子管计算机,经历了晶体管、集成电路和大规模集成电路阶段,计算机性能得到了极大提高。20 世纪 80 年代起,世界各国开始注意高性能计算技术的战略地位,美国国防部、能源部,基金委联合提出发展大规模科学计算的报告。90 年代以来,通过实施"高性能计算与通讯"(HPCC),"高端计算和通讯"(HECC)和"加速战略计算创新"(ASCI)计划,于 1998 年制成超过每秒万亿次的超级计算机 Blue Mountain,Blue Pacific 和 Red。日本在这一方面不甘示弱,于 2002 年研制成 Earth Simulator,峰值速度达到每秒 35.6 万亿次 Flops,震惊了美国,因此被称为计算机领域中的一颗卫星"Computenik"。经过三年的努力,美国才研制成主要用于生物信息处理的每秒百万亿次级的超级计算机"Blue Gene"。迄今,世界各国已经成功研制了每秒千万亿级(Peta Flops)新一代超级计算机,并朝着更高的目标奋斗,高性能计算(HPC)已经成为科技创新的强大工具和必需途径,它也是衡量一个国家实力和科技水平的标志。从此,理论、实验和计算成为科学研究的三大途径,也深刻地影响着 20 世纪下半叶现代力学学科的发展进程。[1,2,6,9,12—15] 现代力学具有如下的特征:

一、深入研究非线性问题

(一)孤立子的发现

1834 年秋,英国科学家、造船工程师罗素(J. S. Russell)在运河河道上看到了由两匹骏马拉着的一只迅速前进的船突然停止时所产生的孤立波。1895 年,两位数学家科特维格(D. J. Korteweg)与得佛里斯(G. de Vries)从数学上导出了有名的 KdV 方程,获得了一个类似于罗素孤立波的解析解,即孤立波解,孤立波的存在才得到普遍承认。

起初人们认为虽然单个孤立波在行进中非常稳定,但在孤立波相互碰撞时,就可被撞得四分五裂,稳定波包将不复存在。20世纪60—70年代通过计算机对孤立波进行研究的结果表明,两个孤立波相互碰撞后,仍然保持原来的形状不变,并与物质粒子的弹性碰撞一样,遵守动量守恒和能量守恒。孤立波还具有质量特征,甚至在外力作用下其运动还服从牛顿第二定律。因此,完全可以把孤立波当作原子或分子那样的粒子看待,人们将这种具有粒子特性的孤立波称为孤立子,有时又简称为孤子。随着研究的深入,发现除KdV方程外,还有一系列在应用中十分重要的非线性发展方程也有类似的性质。孤立子解反映了自然界的一种相当普遍的非线性现象;并发展了一套求解这类非线性微分方程的普适解法,因而受到广泛的重视。除了力学外,孤子被应用于粒子物理、固体物理以及各种非线性问题中,取得不少成功,特别是被应用到光纤通信中。在罗素逝世100周年即1982年,人们在罗素发现孤立波的运河河边树起了一座罗素纪念碑,以纪念148年前他的这一不寻常的发现。

(二)混沌现象

1963年,洛伦兹(E. N. Lorenz)在计算机上用他所建立的微分方程模拟气候变化的时候,偶然发现输入的初始条件的极细微的差别,可以引起模拟结果的巨大变化,并在《大气科学》杂志上发表了《确定性的非周期流》一文,阐述了在气候不能精确重演与长期天气预报无能为力之间必然存在着一种联系的观点。他进一步于1972年在美国科学发展学会第139次会议上发表了题为《蝴蝶效应》的论文,提出天气的不可准确预报性问题,形象地将它做了一个貌似荒谬的比喻:在巴西一只蝴蝶翅膀的拍打能在美国得克萨斯州产生一场龙卷风,从而激发了人们对混沌学的浓厚兴趣。

混沌是指发生在确定性系统中的貌似随机的不规则运动:一个确定性理论描述的系统,其行为却表现为不确定性——不可重复、不可预测,这就是混沌现象。进一步研究表明,发生混沌的原因是:这个系统是敏感地依赖于初始条件的,而对初始条件的敏感的依赖性也可作为混沌的一个定义。

混沌是非线性动力系统的固有特性,是非线性系统普遍存在的现象。因此,混沌的概念的提出极大影响了20世纪下半叶力学界对非线性动力系统的研究方向、方法和进程。由于在现实生活和实际工程技术问题中,混沌是无处不在的,混沌已经成为非线性科学研究的核心内容。

二、发展宏微观结合的研究方法

尽管物质是由分子、原子组成的,但当人们只关注物质宏观运动规律时,长期以来经典力学在连续介质的假定下建立了质量、动量、能量守恒的方程组,并用唯象模型描述介质特性和相关的物理过程,将问题归结成一个微分方程的初边值问题,从而获得它的准确或近似的理论解,这一研究模式给研究工作带来了极大的方便。

20世纪中,经典力学的这种研究模式正在突破。当时,人类正在为发射卫星、载人飞船和登月活动而努力,飞行器必须以高超声速飞行,并安全返回地球。在高超声速流动范围,由于分子内自由度的激发,振动松弛,离解、化学反应、电离等非平衡现象发生,飞行器周围的空气是一种多组分的混合气体,不能再将它当作单一的理想介质来处理了。同时,在极端条件下,高温气体特性的测量也是不可能的。为此,钱学森基于物质的原子、分子结构,用统计物理、量子力学、量子化学、辐射理论来克服这一困难,从理论上推导出计算高温气体特性的公式,并结合光谱、色谱测量进行验证。这一方法也被应用到研究高压气体、高压固体、临界现象等方面,从而创立了物理力学这一门新兴学科。

为了揭示流体湍流和固体破坏这两个最具有挑战性基础力学问题的机理,从微观角度进行研究十分必要。人们已经知道,流体湍流是由不同尺度的涡构成的,大尺度的相干结构支配着物质、动量、能量的输运,小尺度结构耗散流体机械能。了解大小尺度涡的相互作用和能量级串现象是建立湍流模型和大涡模拟亚格子模型的物理基础。固体破坏的理论也要从深入了解介质的原有缺陷、损伤发展到裂纹扩展到材料结构失效的微观过程以后,才能不断得到完善。由于先进高分辨率的观测仪器的出现,超级计算机性能的不断提高,基于第一原理计算方法的不断发展,宏微观结合的研究方法取得了飞速的进展。

三、学科的交叉与融合

20世纪50年代后,力学学科正在突破传统经典力学的框架,学科交叉的趋势日益明显,不仅与数学、天文、物理、化学交叉,而且最突出的新生长点是研究生命现象和自然现象。

(一)生物力学

生物力学(biomechanics)是应用力学原理和方法对生物体中的力学问题定量研究的力学分支。其研究范围从生物整体到系统、器官(包括血液、体液、脏器、骨骼等),从鸟飞、鱼游、鞭毛和纤毛运动到植物体液的输运等。尽管生物力学的基础是能量守恒、动量定律、质量守恒三定律,但它必须加上描写生物介质物性的本构方程和考虑生物活体对于外加环境和载荷的响应,生物学与力学的相互交缘是必须的。科学的发展过程也是如此:哈维在1615年根据流体力学中的连续性原理,推断了血液循环的存在,并由马尔皮基于1661年发现蛙肺微血管而得到证实;材料力学中著名的杨氏模量是杨为建立声带发音的弹性力学理论而提出的;流体力学中描述直圆管层流运动的泊肃叶定理,其实验基础是狗主动脉血压的测量;希尔由于肌肉力学的贡献而先后(1920,1922)获诺贝尔生理学或医学奖。到了20世纪60年代以后,冯元桢将连续介质力学与解剖学、生理学和临床医学结合,生物力学成为一门完整、独立的学科。

(二)地学—力学

这是力学和地球科学各分支学科结合的新兴学科,涉及大气、海洋和固体地球物理三个领域:

动力气象学:是根据物理学和流体力学的基本规律和数学原理探讨发生在大气中的各种热力和动力过程及其相互作用,它既是大气科学的一个分支,又是流体力学的一个分支。20世纪20年代,挪威皮耶克尼斯(J. A. B. Bjerknes)提出了锋面气旋学说。30年代,无线电探空仪发现了中纬度高空的大气环流在具有自西向东的绕极运动(指北半球)之上,叠加有波长达数千千米的波动,1939年,瑞典气象学家罗斯比(C. G. A. Rossby)首先提出了长波(行星波)理论,这是动力气象学历史上的一个重大发展,从而形成了以罗斯比为首的芝加哥学派。该学派的主要贡献还有:大气运动的地转适应,行星波的能量频散,西风带急流的形成,行星波的正压和斜压不稳定性理论,为数值天气预报的发展奠定了理论基础。

近年来,随着观测工具的进步(如气象雷达、气象卫星)和观测资料的丰富,动力气象学在研究大气中小尺度运动、热带大尺度运动以及平流层大气运动等方面也取得了新的成果,如:台风发展的动力学研究,热带罗斯比—重力混合波的动力学研究等。当前,随着对预测全球大气环流和气候的形成和变化规律的需求,动力气象学研究的对象已不只局限于大气本身,而需要研究发生在海洋、陆地中的过程及其与大气运动的相互作用了。

物理海洋学:是现代海洋物理学中最早发展起来的一个分支学科,主要研究发生在海洋中的流体动力学和热力学过程,如:海洋中的热量平衡和水量平衡,海水的温度、盐度和密度等海洋水文状态参数的分布和变化,海洋水体在各种力场作用下的动力学过程等。这里所指的海洋动力过程包括:天体引潮力所引起的海洋潮汐;风和热盐效应引起的海洋环流;风产生的海水波浪,包括随机的风浪、远处传来的涌浪和近岸波浪等;海洋湍流指的是海洋水体中不稳定的紊乱流动。以上的海洋动力学过程十分复杂,但是其计算方法都建立在经典的牛顿力学基础上,并考虑热力学过程。19 世纪,英国达尔文提出了海洋潮汐分析和预报的调和分析方法,艾里、斯托克斯等已经建立了各种波浪理论。

20 世纪,随着先进海洋观测手段的不断发展,物理海洋学的研究进入了一个新的发展阶段,其主要研究课题有:考虑地球旋转和海水密度层结效应,研究动力和热力作用下各种尺度的海洋环流和海洋内波;深入研究风生浪、波—波相互作用和波浪耗散机理,发展新一代的风浪预报模式,预测灾害性的极端海洋环境;结合厄尔尼诺和长期气候模拟,海气相互作用成为气候耦合模型的关键科学问题;结合海洋资源利用、空间开发和环境保护,进一步发展近岸和河口海洋动力学。

地球动力学:分析在自身引力,日、月引潮力,地球自转,地幔对流等内外力和热力作用下固体地球内部发生的力学现象和地球构造运动,并揭示地球介质的力学特性和上述现象的力学机理。早在 19 世纪下半叶,开尔文就已研究过地球的整体刚度;达尔文还研究了黏性球体在引潮力作用下的形变;古登堡(B. Gutenberg)分析了地球内部的作用力,1911 年,洛甫在他的著作中最早使用了地球动力学这个名词。在当代的地球动力学研究中,由于人们通常将地球看成是由弹性外壳、液核和固体内核三部分组成,这三部分的相对大小、密度和它们的弹性系数、黏滞系数等力学参量尚无定值;同时,地球动力学所处理的问题,多数属于给定了某些力学后果,而要寻求它们的力学机理和参数,乃至于调整或重建地球模型,属于力学中的反演问题,以上两个方面是对地球动力学研究的挑战。

1910—1915 年间,魏格纳根据大西洋两岸相似岸线提出大陆漂移说,认为泛大陆的漂移形成现今的海陆分布;1960 年代赫斯根据大洋中脊两侧地磁异常特性提出了海底扩张说;1968 年勒皮雄等提出了板块构造学说,认为地壳是由分割的被称为"板块"的不同构造单元组成的。板块在地幔对流的驱动下从海洋中脊向两侧水平移动,并于深海沟俯冲入地壳,从而揭示了许多自然地理现象。板块构造学说是地球动力学的重大进展,并为它增添了许多新的研究内容,如:地壳的构造运动及其力学机制;地幔对流、海底扩张和大陆漂移;极移、固体潮和地球自由振荡等。我国地质学家李四光在 1926—1960 年用力学原理研究地壳构造及其运动的规律、成因和机理,从而创立了地质力学。1970 年代后,各国学者组织了地球动力学计划,其主要内容是验证板块大地构造学说。此外,史密斯用连续介质力学的方法,以整个地球为对象,统一研究了地球章动、固体潮及地球内波等。

由此可见,这一阶段力学学科除了继续与数学和天文学的交叉以外,已经扩展到物理、化学、地球科学和生命科学的领域中去了。

第二节 加强国际学术交流[2,6]

一、参加国际会议和国际学术组织

由于断裂力学是固体力学新的生长点,1974 年起国内召开了两次学术讨论会,研究工作有了一定基础。1977 年,经中国科协批准,决定派由柳春图任组长,中科院力学研究所何明元、王克仁,中科院金属所郭可信,北京航空学院何庆芝组成的代表团,参加 6 月在加拿大滑铁卢召开的第四届国际断裂会议。在会议期间,国际断裂会议主席 B. L. Averbach 邀请中国参加国际断裂组织(International Conference on Fracture,ICF),并成为理事会成员国,柳春图为理事,此后,我国始终保持了与该组织的联系。

1979 年 3 月 12 日,中国科学院、中国科协、外交部联合报国务院"关于中国力学学会加入国际理论与应用力学联合会(简称 IUTAM,拟恢复在该联合会的一切学术活动的报告"。经方毅同志批示同意后,又经邓小平、余秋里、耿飚圈示同意,下达中国力学学会。4 月 29 日由张维秘书长致函 IUTAM 秘书长 J. Hult 教授,正式表示中国力学学会将作为中华人民共和国在该联合会中的"团体会员",确认会员级别(即缴纳会费)为 I 级,具 1 位委员资格(至 1986 年,我会在 IUTAM 的会员资格升为 IV 级,具 4 位委员资格),并告知:1980 年 8 月加拿大多伦多会议我会拟派代表团参加。从此,中国力学学会成为 IUTAM 的重要成员,建立了一条与国际交流的重要渠道。1980 年 8 月 17 日至 23 日,由周培源为团长,林同骥为副团长的中国力学学会代表团一行 13 人参加了在加拿大多伦多召开的第 15 届国际理论与应用力学大会。团员有叶开沅、钟万勰、陈钟祥、刘慈群、高玉臣、云天铨、徐建军、刘殿魁、盖秉政、程耿东和黄永念。

1980 年 12 月,周培源、林同骥为首的中国力学学会流体力学代表团出席了在印度班加罗尔召开的中、印、日发起的亚洲流体力学国际会议。此次会议还决定了 1983 年在北京召开第二届亚洲流体力学会议的各项工作,从此,亚洲流体力学会议成为一项重要的国际学术活动平台。随后亚洲流体力学国际会议被 IUTAM 通过为其联属组织。此后,分别于 1983 年、1999 年在中国北京和深圳召开了第二届、第八届亚洲流体力学会议。我国科学家始终在该组织任职,并在亚洲发挥了愈来愈重要的作用。

1980 年中国力学学会还派出了以贾有权为首的代表团参加了在美国召开的国际实验应力分析会议。

此外,在我国召开的系列国际会议有:国际等离子体物理会议,国际稀薄气体动力学会议,国际计算力学会议,国际多相流会议,国际水动力学会议等,还有各类专题研讨会和双边学术研讨会等。我国创办的在中国召开的国际会议有:国际非线性力学会议,国际流体力学会议,国际动力学、振动与控制学术会议等。

中国力学开始在国际力学舞台上扮演重要角色,同时,这些国际学术交流活动极大地促进了中国力学前沿和交叉学科的飞速发展。

二、邀请国际知名专家来华讲学

(一)应用数学与力学讲习班

20世纪六七十年代,正是国际上应用数学发展最活跃的时期。奇异摄动理论和渐近方法在力学和工程中取得重要应用,并形成学科。1974年,美国麻省理工学院林家翘的著作《自然科学中确定性问题的应用数学》一书出版,详细阐述了以他为代表的物理建模、理论求解、阐述现象和发展学科的四部曲的应用数学学派的特点,对应用数学的发展起了积极的推动作用。由于"文化大革命"的干扰,中国在这方面发展相对滞后。

1979年,林家翘到母校清华大学报告他在应用渐近方法研究星系密度波理论方面的最新成果。同年,美国布朗大学谢定裕访华,讲授《渐近方法及其应用》。1980年,美国纽约科朗数学研究所丁汝讲授《奇异摄动理论及其应用》,内容涉及 PLK 方法、匹配渐近理论、WKB 方法及它们的广泛应用。中国科学院力学研究所组织了全国性的讲习班,使得应用数学方法在国内力学界得到了普及。

1982年5月至7月,在周培源和林家翘倡议下,举办了流体力学与应用数学讲习班。在这次讲习班上先后应邀前来讲学的有:美国密歇根大学易家训、麻省理工学院梅强中和加州理工学院吴耀祖。他们分别讲授了《分层流》、《水波动力学》、《船舶水动力学、空泡和尾流》这三门水动力学专题课程。内容包括:分层流中的波动和稳定性理论、线性和非线性水波及波浪与海洋工程结构的相互作用、船舶的兴波阻力和二维轴对称自由流线理论和相关的数值方法等。次年,又有美国哥伦比亚大学朱家鲲、康奈尔大学沈申甫讲授《有限元方法》和《计算流体力学》,讲课内容以讲座丛书形式陆续出版。参加听讲者共约170人次,来自全国30多个科研机构和高等院校。讲习班期间,中外学者进行了广泛的学术交流,共同探讨了学科的研究方向。同时,我国的力学工作者还作了《海洋大气耦合系统中多年振荡的理论》、《缓变截面渠道中的孤立波》、《渤海潮流的数值模拟》、《地形对洋流影响的实验模拟》、《河口不定常流的数值计算方法》等学术报告。在流体力学与应用数学讲习班过程中,参加组织和撰写讲义、丛书的人员有李家春、戴世强、周显初、庄峰青、沈青、赵国英、江文华等。

(二)生物力学讲习班和国内外交流

早在1976年前后,一些单位就开始生物力学的研究,1978年被《1978-1985年全国基础科学发展规划(草案)·理论和应用力学》列入力学学科的新生长点。1979年,成立了生物力学专业组,王君健为组长,后来又升级为生物力学专业委员会,隶属于中国力学学会、中国生物医学工程学会,这是中国生物力学的开始。

1979年秋,美籍华人、近代生物力学的先驱冯元桢带领颜荣次,先后在武汉华中工学院(今华中科技大学)和重庆大学开办生物力学讲习班。在重庆开办的生物力学讲习班最后三天,召开了生物力学座谈会,交流了生物力学的研究成果。此后,全国生物力学会议定期召开：1981年，柳兆荣在上海主持召开第一届全国生物力学会议；1985年，杨桂通在太原主持召开第二届全国生物力学会议；1990年，岑人经在珠海主持召开第三届全国生物力学会议，此后每3～4年召开一次，延续至今。此外，还经常举办一些专门化的小型学术交流会，如1980年第一届全国生物流体力学讨论会（贵阳）；1983年第一届全国生物固体力学讨论会（西安）；1986年第二届全国生物固体力学讨论会（石家庄）。

在冯元桢的提议下，1983年在武汉华中工学院召开了中日美第一届生物力学会议，以后相继在日本、美国、新加坡召开，最后形成了中日美新生物力学会议。1994年在北京饭店还召开了中法生物力学会议。此外，被邀请前来中国讲学的专家有：钱煦（美）、毛照宪（美）、陈友亮（美）、胡流源（美）、李仁师（美）、张信刚（美）、黄焕常（美）、R. Skalak（美）、余家斌（美）、S. Weinbaum（美）、B. W. Zweifach（美）、Gola（意）、深田荣一（日）……

以上所列的各种国际学术活动促进了生物力学的发展，并形成了若干研究基地：中国科学院力学研究所在1976年成立了生物力学组，并在谈镐生带领下，开展了生物力学多方面的研究工作，研究课题涉及生物流体力学，体液流变学，软组织、骨力学，喉生物力学等多个方面，他们还研制了人体振荡装置等。以后又展开了微重力状态下的生物力学研究。清华大学在心脏瓣膜的研究方面做得非常深入，模拟心脏血液流动，制作了实验平台，测量了有关流动参数，并和有关单位制作了人工心瓣等。北京大学研究血栓形成、动脉粥样硬化，采用双重介质模型研究微循环、肿瘤传质等。在微粒子运动，血液流动和血液流变等方面也做出了成果。复旦大学在心血管流体力学，特别是弹性腔理论及其在心血管系统分析中的应用，动脉顺应性等许多方面作出了贡献。重庆大学在血液流变学和肝胆系统流变学方面，作出了成绩。太原工业大学在骨和眼生物力学作出了贡献。华中工学院在心包的流变特性、肺生物力学方面，成都科技大学等在模拟心血管方面，上海交通大学在人和动物的步态分析方面做了许多工作。

第三节 学科发展规划[2,6,14—16]

制定《1978—1985年全国基础科学发展规划（草案）·理论和应用力学》（以下简称《力学规划》）的背景：1977年文化大革命结束以后，各行各业都在复苏。9月，为准备全国第二次科学大会的召开，在副总理方毅的领导下，中国科学院、国家科委先后召开了"全国自然科学学科规划会议"和"全国科学技术规划会议"，并分别制定了《1978—1985年全国自然科学学科规划纲要（草案）》和《1978—1985年全国科学技术发展规划纲要（草案）》，这也是我国制定的第三个科技发展长远规划。然而，对于力学学科却因是归属于自然科学还是归属于技术科学未有结论，因而在上述两个规划会中，都没有涉及力学学科。

中国科学院力学研究所研究员、著名力学和应用数学家谈镐生随即向中央写信论证力学学科的基础性和重要性，并要求单独制定力学学科规划。这封信引起科学院及中央各级领导的重视，后经邓小平批示，同意单独制定全国力学学科发展规划。

一、筹备及制定的过程

国家科委、中国科学院成立全国力学规划筹备工作办公室，并于1978年1月17—19

日召开筹备会。邀请著名力学家进行了四次座谈会,参加会议的有周培源、钱学森、张维、李国豪、钱令希、钱伟长、沈元、朱照宣、陈宗基、谈镐生、郑哲敏、李敏华、潘良儒等。首先确定制定规划的原则:立足于赶超世界先进水平;正确处理基础与应用科学,当务之急与长远性重大理论研究之间的关系;处理好点与面的关系,突出重点,全面安排;正确处理新、老学科的关系。中国科学院所属单位的主要任务是探索、发展力学的新理论和新技术,侧重基础,侧重提高;产业部门(包括军口)和地方的研究力量,主要搞应用研究,也要搞一部分基础研究;高等学校既是教育中心,又是科学研究中心;基础和应用研究两者兼而有之,他们既有分工,又有合作。

筹备会决定按学科成立 7 个调研小组:参加固体力学小组调研的有 30 个单位,参加流体力学小组的有 40 个单位。在调研工作基本完成后,召开了固体和流体的两个学科会议(80 名专家参加)之后,成立了规划起草小组。由区德士(时任中科院力学所副所长)任组长;副组长:丁惟(代表国防工办系统)、杜庆华(代表教育部系统)、张建柏(代表国防科委)。成员有:陈宗基、谈镐生、李灏、郑哲敏、周光坰、钱伟长、王仁、黄克累、朱兆祥、唐立民、朱照宣、欧阳鬯、王武林、陈致英、路展民、陶祖莱、魏中磊、郭仲衡等共计 22 人组成。同时由郑哲敏、钱令希、杜庆华、朱兆祥、朱自强、朱照宣组成秘书组,负责修改。在全国范围内组织力学界专家、学者 410 人完成各分支学科调研报告 127 篇,拟定了质点和刚体力学、流体力学、固体力学、土力学、岩体力学、爆炸力学、地球构造动力学、等离子体和电磁流体力学、物理力学、生物力学、流变学、计算力学、实验力学、理性力学和力学中的数学方法共 14 个分支学科的规划草案,在此基础上起草了《1978-1985 年全国基础科学发展规划(草案)·理论和应用力学》(以下简称《力学规划》)的讨论稿。

1978 年 8 月 10-23 日召开了全国力学规划会议。起草小组向大会提交调研报告 20 篇及《力学规划》初稿。近 400 名来自全国各地的科研、高校、国防及工业部门的力学专家参加了此次会议。会议领导小组组长周培源(时任中国科学院副院长),副组长钱学森(时任国防委员会副主任)、张维(时任清华大学副校长)、李寿慈(时任国家科委副局长)、丁惟(时任国防工办副主任);秘书长邓述慧(时任中国科学院二局局长)。成员有李国豪、钱令希、沈元、区德士、庄逢甘。

周培源致开幕词;区德士作了《力学规划》起草和筹备情况报告;钱学森作了《力学发展的形势和方向》的大会报告;方毅作了重要讲话;张维致闭幕词。此外,还有大会报告 12 个和分组讨论(7 个小组)。大家各抒己见、求同存异、反复斟酌、认真修改。8 月 20 日通过了《1978-1985 年全国基础科学发展规划(草案)·理论和应用力学》。

二、《力学规划》主要内容

(一)关于力学学科的性质

"力学是研究物质机械运动规律的科学。""力学科学是许多自然科学学科和工程技术的基础。它在人类的生产活动中,有着广泛的应用,对于我国实现农业、工业、国防与科学技术的现代化,具有重要意义。"

(二)现代力学的新特点

(1)《力学规划》指出:"现代力学的发展已超出了经典的牛顿力学范畴,需要从现代物理学中吸取营养。""现代科学技术中遇到的力学问题,往往与热、电磁、辐射等物理效应相结合,需要进一步探明材料或介质的物性;一些宏观力学现象,必须从细观(如晶粒、分子团)微观角度才能阐明;宇观现象的研究也要求探索新的力学规律。"

(2)电子计算机的出现。

《力学规划》指出:"电子计算机为力学提供了强有力的工具。解决力学问题不仅速度加快了,而且范围扩大了;在工程技术的应用中由数值计算扩大到机理探索;提炼力学模型时有了先进的计算工具,这就有需要并有可能对于机械运动的本质和物性做出更深入的研究。"

(3)如上两个特点也在力学实验的现代化中有所体现。实验是力学研究的基础。测试技术越来越有成效地运用光学、声学、电子学等方面的最新成就;并广泛使用计算机进行实验设计、控制和自动化以及数据的采集和处理。

(4)力学与数学、物理、化学、天文学、地学、生物等学科的相互渗透交叉产生新的分支学科,如聚合物力学、宇宙气体动力学、地球力学、生物力学等。

(5)力学与数学的结合,利用数学的最新成就,可以更深刻地揭示许多力学现象的物理本质,或者为理论体系的建立提供更合理的基础。

(三)力学学科的分支学科及新生长点

《力学规划》指出:规划的范围包括中国科学院、高等学校、产业部门、国防部门的力学学科性研究工作,分为四类共十四个分支或方面。

第一类:传统的三个分支①质点与刚体力学;②流体力学;③固体力学。

它们历史悠久、基础性强、应用面广。这些分支的成员组成了我国力学队伍的主体。

第二类:交叉分支学科④土力学;⑤岩体力学;⑥爆炸力学。

第三类:薄弱和空白分支⑦等离子体动力学和电磁流体力学;⑧物理力学;⑨地球力学;⑩流变学;⑪生物力学。

第四类:带有共性的三个方面:⑫计算力学;⑬实验力学;⑭理性力学和力学中的数学方法。

《力学规划》特别提出地球力学、生物力学等是力学的新生长点,我国在这些方面还是空白,应采取有效措施保证它们的成长。

(四)十五项主攻重点项目及负责部门

(1)材料的力学性能(负责部门:中国科学院)。

(2)湍流理论(负责部门:教育部)。

(3)爆炸过程及其力学效应(负责部门:防护,工程兵;其他,中国科学院)。

(4)岩体及土的基本力学性质和强度理论(负责部门:岩,中国科学院;土,教育部)。

(5)断裂力学和疲劳强度(负责部门:教育部)。

(6)地下渗流(负责部门:中国科学院)。

(7)气体非平衡流、分离流动和旋涡流动(负责部门:国防科委)。

(8)非线性水波和空泡、汽蚀(负责部门:国防工办)。

(9)振动理论与实验(负责部门:教育部)。

（10）用微观与宏观结合的方法研究介质的力学性质（负责部门：中国科学院）。

（11）等离子体和电磁场的相互作用（负责部门：中国科学院）。

（12）地震工程中的力学问题（负责部门：国家地震局）。

（13）陀螺力学和惯性导航理论（负责部门：陀螺，教育部；惯导，待定）。

（14）＊力学分析和综合的计算机化。

（15）＊力学实验方法的现代化。

＊为重点项目。《力学规划》指出："为了加速力学的现代化，尽快改变我国力学研究工作的落后面貌，必须加强现代计算和现代实验方法在力学研究工作中的重要作用，为此特别提出影响力学研究工作全局的现代化手段的两个重点项目。"

为实现上述任务，《力学规划》还制定了建立全国重要实验基地和研究中心。提高现有中国科学院、工业部门各研究院、所；高等院校的基础条件，有计划地进行重大设备建设，办好各种专门刊物，统一力学名词，出版丛书、词典、专著等。为了加强学术领导，由李寿慈代表国家科委宣布成立由国家科委直接领导的力学学科小组，组成如下：

组长：周培源

第一副组长：钱学森

常务副组长：张维

副组长：邓述慧　区德士　钱令希　李国豪　沈元　庄逢甘　丁儆

组员：（37 人）

陈宗基	刘恢先	王 仁	方文钧	杜庆华	李敏华	陆士嘉	林士锷	林同骥
郭尚平	黄玉珊	钱寿易	郑哲敏	谈镐生	吴承康	朱兆祥	陶亨咸	韩大匡
徐芝纶	李 灏	贾有权	周 履	张涤明	欧阳鬯	罗时钧	王 锋	刘延柱
陈绍汀	张孝铺	魏佑海	董孚允	胡海昌	杨绪灿	周光坰	黄文熙	张维岳
黄克智								

三、《力学规划》会议最终成果

（1）完善学科布局。规划的制定是在中国科学院、教育部、国家科委、国防工办及其他产业部门各自独立的力学计划的基础上，经过充分调研，考虑到基础研究与力学的广泛应用，涵盖科研、产业、国防和教育各方的特点和需求，而制定的一个全面安排、突出重点的规划，是全国性的力学规划，促进了学科协调发展。

（2）《力学规划》补入了《1978－1985 年全国基础科学规划纲要》的有关"力学"部分500 字的说明；同时改写了《1978－1985 年科学技术规划纲要》108 项国家重点项目中的第 96 项用"力学的近代理论和重大应用"代替原来的"工程力学的理论和应用"。

总之，1978 年全国科学大会的召开和力学界《力学规划》的制定是为全国力学工作者指明了方向，大家有了一个符合国际学科发展趋势、切合我国国情和具体可行的共同目标，成为我国力学界以后若干年的行动纲领，从而迎来了科学的第二个春天，力学学科的发展也出现了欣欣向荣的局面。

附：全国力学规划会议大会报告题目及报告人

（1）机械工程中的力学问题——陶亨咸（第一机械工业部）

(2)爆炸力学——朱兆祥(中国科学技术大学)

(3)湍流力学——黄永念(北京大学)

(4)聚合物材料力学性质——钱人元(中国科学院化学研究所)

(5)金属材料力学性质——张双寅(中国科学院力学研究所)

(6)渗流——郭尚平(兰州冰川所)

(7)物理力学——陈致英(中国科学院力学研究所)

(8)实验力学——贾有权(天津大学)

(9)理性力学——郭仲衡(北京大学)

(10)金属弹塑性理论——杨绪灿(重庆大学)

(11)计算力学和力学计算方法——钱令希(大连工学院)

(12)力学发展的形势和方向——钱学森

(13)徐泰然报告(加籍教授)

第四节　前沿学科的发展[1,6,9,12,13,17-25]

一、计算力学与高性能计算

面对日益复杂的力学问题,力学计算仿真的发展日新月异。快速发展的信息科学和计算机技术将不断推动计算力学的发展。计算力学产生了 CAE 产业并成为计算科学新领域的核心,以计算力学方法为纲,集建模推理、数据测量、智能控制和力学计算为一体的力学研究手段正在形成。与之对应,将导致一系列新的计算体系、大规模高性能的数值和智能算法、软件系统及其集成、计算可视化与虚拟仿真技术的发展。

计算力学是用计算机方法求解力学问题的学科。计算固体力学起始于 20 世纪 50 年代中期诞生的有限元法,其基础是变分原理和加权余量法,其基本求解思想是把计算域划分为有限个互不重叠的单元,在每个单元内,选择一些合适的节点作为求解函数的插值点,借助于变分原理或加权余量法,将微分方程离散求解。并迅速推广至结构、岩土、动力学、稳定性等工程问题的求解。并因而发展为庞大的结构分析软件产业,相应地,与数学、计算机科学杂交形成计算机研究领域。计算流体力学以 20 世纪 50 年代冯·诺依曼(J. von Neumann)和恰尔内依的首次数值天气预报为标志,主要发展各种有限差分格式,抑制数值耗散和频散,实现真实物理现象的模拟。在空气动力学中,发展人工黏性、Godunov、通量分裂、TVD、WENO 等格式,自动捕捉激波。在水动力学领域,采用 MAC、VOF、Level Set、SPH 方法确定自由面。相继发展了诸如:有限分析法、有限体积法、谱方法一系列微分方程离散化的方法。随着超级计算机的出现,类似于 MD、LB、DPD、Stokes 动力学等颗粒、拟颗粒的方法得到广泛应用,以建立基于微观机理的物理模型或者直接应用于微纳米器件和生物反应器的设计,多尺度计算也成为最具有挑战性的课题。对于上述问题的基础数学理论和求解算法也不断得到完善。

构造高性能算法,提高求解速度和精度一直是计算力学工作者追求的目标。为此,发展各种网格生成技术,提出了高精度紧致格式,使用了大型矩阵高效算法、加速收敛的多重网格法,特别是采用了并行算法和 GPU 技术,极大地提高了计算效率,使得精细的基础研究和大规模的工程计算成为可能。

计算力学的成就已经使得科学界公认:理论、实验和计算成为现代科学的三大支撑;计算力学产生了 CAE 产业并成为新领域"计算科学"的核心。在 2005 年美国总统信息技术顾问委员会给总统的报告《计算科学:确保美国竞争力》中指出,"计算科学采用先进的计算能力理解和求解复杂问题,已经成为对美国科技领导地位、经济竞争力和国家安全的关键,计算科学是 21 世纪最重要的技术领域之一"。21 世纪,人们关心以量子、分子和生物力学为基础的物理(微电子、微机电系统)和生物系统的模型,关心巨尺度的自然现象(海啸、雪崩),计算力学获得新的发展机遇和空间。计算力学已经成为当今力学家通向工程的必由之路,成为关系到一个国家竞争力的关键科学和技术。大型计算力学软件的开发,需要创造性的研究工作,既是一项高难度的科学研究,也是一项大规模的工程。力学理论、算法软件和虚拟技术的结合,将发展成效能更大的计算机辅助工程。这样,人们不但可以优化设计、优化加工,还可以在整个工程建造之前,预测、优化工程的服役表现和效能。这将不但会极大地促进计算力学的飞跃发展,更会使一批产业发生质的变化,并成为未来工程界提高竞争力的一个主要技术源泉。

我国学者也有诸多贡献。动力学问题时程积分是很基本的算法,20 世纪 80 年代我国学者建立了动力学保辛时程积分。在流体力学方面,为计算可压缩空气动力学问题,发展了 NND 格式,可以有效地抑制非物理振荡,并准确地确定激波位置。在固体力学方面,近年来我国学者提出了精细积分法,对于定常齐次动力学系统,其精度与计算机的精度相同;发展了高效线性方程组求解器;适合于在固定网格上表示边界的移动、融合、分裂,结构优化,具有自由界面的流动等问题的水平集方法等一直受到关注;构造分析和优化设计的元模型的减缩基方法、响应曲面法等,神经元网络、遗传算法、蚁群算法等软计算方法也在不断提高计算性能。虚拟激励法将随机振动计算效率成数量级的提高,使随机振动理论得以在工程中应用。

二、实验力学的先进技术

微小尺度、极端条件、多场耦合、生命活动等给力学测试带来了巨大的挑战,现代测控技术和数据处理技术将开拓新的先进实验测试和分析手段,信息与微电子技术的飞速发展对先进力学实验设备发展起到了巨大的推动作用。在此背景下,实验力学需要发展新一代的测量技术,例如,微区变形与微纳米试件力学性能测试技术、多场耦合加载与测试技术、极端条件下材料与结构的力学响应测试技术等。在流动测量方面,随着激光多普勒测速技术、粒子图像测速技术(PIV)和激光诱导荧光技术的发展,已经可以实现单点和全场的瞬时速度、温度和组分测量。尤其是近年来 Micro—PIV 和高速 PIV 技术的发展,为研究微观结构的流动特性和非定常流动特性提供了强有力的实验手段。

实验测试技术和光、机、电、声、图像与计算机等领域技术紧密交叉,和工程技术与生产实践密切结合。世界发达国家十分重视力学的先进实验测试,美国实验力学学会每年组织国际性年会,欧洲以实验和计算为主题的力学会议近来也十分频繁。力学的先进实验测试发展趋势是进一步与物理、化学、电子、信息、生物及工程领域中的新技术结合,其基础性、交叉性、技术性等的学科特点更加突出。实验力学的前沿领域是：微纳尺度实验力学检测技术与装置，多场与多系统实验测量技术，特殊环境与极端条件下力学量检测技术，声光电磁等无损检测新技术，实验数据识别与力学场可视化技术，大装置与巨系统中的安全测量及监测技术，新型、极限力学量传感技术与智能仪器系统；声光电磁振动等新型结构损伤无损监检测理论与技术；无损监检测中的信号处理、模式识别与反问题理论和方法。

在实验固体力学领域，我国力学工作者从以电阻应变测量和光弹性法为主的实验应力分析，发展为包括含有电学、光学、声学各种实验方法，多尺度实验方法、显微实验方法、多场耦合实验方法、三维姿态的测试方法，以及实验与计算结合的应力分析混合法的现代实验力学阶段，解决了如航空锥齿断裂故障分析、涡轮叶片和涡轮盘耦合振动的全息干涉测量、内燃机活塞由于热应力和热变形造成早期开裂破损等许多重大工程问题。我国的力学工作者还将力学实验的研究从实验室扩展到实际现场，在涠11-4平台结构强度全尺度原位监测研究中，在海洋环境、平台结构和海洋土壤三者耦合的条件下，通过实测分析，给出了与海洋平台结构设计和运行安全相关的力学规律和重要资料。在实验流体力学领域，我国力学工作者采用氢气泡流动显示技术，检测壁湍流的相干结构和猝发现象；在工程应用方面，系统地发展了气动力、气动热的测试方法。除了速度、压力、温度、热流、组分、浓度等物理量的测试技术和常规气动、水洞装备方面基本上保持了与国际发展趋势同步，发展了激光测速、PIV/DPIV、激光诱导荧光技术等，我国学者还自主创新研制了高参数的风洞和水动力学设备，如：高焓风洞、增压风洞、出入水池、深水池等，使我国的实验流体力学研究水平上了一个新的台阶。

近年来，我国的实验力学工作者在开发新技术，完善已有技术，拓展工程应用方面取得了很多突出进展，在光学测量、图像处理、无损检测、传感技术、工程电测等实验力学的测试理论与技术上取得了可喜成果，同时，在促进力学发展与国防建设和工程实践中发挥了重要作用。我国学者开展了多场多尺度下，材料和结构力学行为实验研究，揭示了新材料和结构力学响应规律；根据微/纳米材料和微电子技术等高科技发展对实验力学测试技术的需求，发展了新型的力学测试方法、技术，有效地解决了许多有价值的学术问题。在力学测试系统和设备开发方面取得了显著进展，并利用实验力学手段，针对重要工程问题的需求开展了大量研究，为国民经济和国防建设作出了重要贡献。例如，针对多场、多尺度的材料和结构力学行为研究的需求，进行实验研究，揭示材料和结构力学响应规律；发明和研制的用光测手段测量靶场基地目标运动三维姿态的系列方法和装备，已经在国防建设中得到应用。实验力学实现了与其他学科更广泛的交叉，使得实验力学研究对象和范围不断拓宽，产生了新的生长点。例如，基于 MEMS 制作技术在国内首次实现非制冷技术的室温物体红外成像，其温度分辨率处于国际先进水平；我国实验力学工作者在力学测试系统和设备开发方面取得了显著的进展，为实验力学技术的进一步推广和应用作出重要贡献，例如，基于 Linnik 显微光学系统构形，建立起微尺度对象动静态全场位移与变形检测系统，并结合镜面干涉、ESPI、相移 ESPI 和 TSPI 多种计量模式，完成了 Cu 和 NiFe 微桥的变形检测，目前该系统可检测的微尺度对象的特征尺度在数微米量级。实验力学在与生物医学工程、土木工程、新材料和器件等的跨学科研究方面也取得了许多重要成果。

三、非线性力学

由于缺乏数学理论和计算工具,非线性问题长期困扰着学术界。20 世纪 60 年代,计算机得到广泛使用,非线性力学的领域里首先取得若干突破性进展。1960 年,Zabusky 发现孤立波经过非线性相互作用后其波形保持不变的孤立子现象。1963 年,Lorenz 突破 300 年来牛顿力学确定论对运动规律的束缚,发现了对初始条件敏感依赖的貌似随机的混沌运动形式,极大地促进了非线性问题的前沿研究。

非线性动力学:原来独立发展的分岔理论汇入了非线性动力学研究的主流,分岔、混沌现象成为非线性动力学理论新的研究热点,为非线性动力学注入了新的活力,出现了保守系统的 KAM 定理,耗散系统的奇怪吸引子。研究了各种离散和连续动力系统的分岔和混沌现象。我国学者将 Lyapunov－Schmidt 方法引入非线性振动问题,揭示非线性振动系统拓扑周期分岔解与系统结构参数之间的关系;分析非线性参数激励系统广义 Mathieu 方程的周期解分岔;研究各种时滞系统的稳定性、鲁棒稳定性、非线性动力学行为和最优鲁棒控制;发展了预测非线性随机系统响应、稳定、分岔和最优控制的理论方法;探索了混沌控制的理论和方法。在工程应用方面,将非线性动力学应用于大型旋转机械、车辆－轨道耦合系统、生物化学系统和神经系统等实际问题,特别是在由多刚体、柔性体、充液腔体和不同连接方式的航天器中,进一步发展了复杂系统动力学。

理性力学:是用数学的基本概念和严格的逻辑推理方法研究力学中的共性问题,建立和发展统一的力学模型。理性力学的研究特点是强调概念的确切性和数学证明的严格性,并力图用公理体系来演绎力学理论。1945 年后,由赖纳、里夫林、特鲁斯台尔的工作起,理性力学复兴,并转向以研究连续介质为主,发展成为连续统物理学的理论基础,即包括热物质、混合物、电磁物质的广义连续介质理论。理性力学使非线性本构关系一般表述成为可能,促进了大变形问题的研究进展。我国学者提出了有限变形内禀表达的 PAI 方法;研究了微极和非局部连续介质理论,建立微极弹性拉格朗日场论;发展了张量表示理论,证明哈密顿－凯莱定理等。

非线性波:孤立波的研究引起了学术界的兴趣,发展了一系列获得发展方程理论解的反演散射法等普适方法。我国学者研究了发展方程的守恒律,发展了 KdV 方程,朗道－金斯伯格方程,非线性薛定谔方程,KP 方程的理论和数值方法,应用于研究大气、海洋、等离子体中的孤立波,内孤立波,斯托克斯波的 BJ 不稳定性,非传播孤立波等;研究非线性双曲型方程不连续解的理论和计算方法,应用于各种流体力学问题。

四、复杂流体

在自然界和工业中,往往会遇到复杂介质的变形和流动问题。所谓复杂流体,指的是由多相、多组分物质构成的混合物,这种混合物还没有在分子水平上达到充分的混合,而是一种粗分散体系(颗粒粒径大于 0.1 微米)或胶体(粒径在 1－100 纳米)。20 世纪初,我们的研究对象从理想介质深入到真实介质时,出现了近代力学,并取得了航空、航天工程的巨大成就。当我们的研究对象从真实介质深入到复杂介质时,必将在化工、石油、环境、能源、海岸、生物医学等工程领域取得突破性的进展。

非牛顿/黏弹性流体:如果把这类物质视为单一介质,其本构关系往往表现为非牛顿流体或黏弹性介质性质。非牛顿流体包括:宾汉流体、幂律流体,乃至触变流体等。如果这种介质同时显示流体和固体介质的特性,即黏弹性流体,可以采用黏壶和弹簧的串并联接,或连接成具有分形特征的网络结构,建立马克斯韦和开尔文模型。非牛顿和黏弹性流体力学可以揭示栓塞效应、维森贝尔格效应、开口虹吸效应、挤出膨胀效应、Thomson 效应等的机理,促进与数学的学科交叉。我国学者分析了非牛顿流体的稳定性和指进现象,研究河道、油藏、模具、血管中的非牛顿、黏弹性流体流动和电/磁流变液的智能特性,并在航道治理、三次采油、注塑成型和医学工程中得到应用。

胶体:又称胶状分散体。由于在胶体中含有两种不同状态的物质,一种分散,另一种连续,分散质是由粒径在 1—100 纳米之间的微小粒子或液滴组成,所以胶体是一种介于粗分散体系和溶液之间的多相混合物,如:气溶胶、悬浮液、乳状液等。鉴于胶体中的微小粒子处于不停顿的布朗运动中,有时往往还带有静电力,所以胶体处于亚稳状态,胶体的凝并和失稳现象备受关注,一旦凝并发生,分散质便会析出。我国学者研究了胶体凝并的统计理论,考虑了不同皮克列克数下重力、布朗运动、静电力对凝并的影响,并推广到多分散体系;系统地研究了胶体的凝并沉降理论,改进了用浊度法测定胶体凝并速率公式,应用到暖云增长和人工降水,发展了微大气物理学。

多相流:对于分散系统,还可以应用多相流理论进行研究。我国学者分析了颗粒的受力情况,建立颗粒轨道和颗粒群模型,研究相间的相互作用和质量、动量、能量交换,建立多相流的双流体模型;分析典型流动的流态和流态转换;研究多相湍流模型和分散相对连续相湍流的影响;研制了多相流分离器和流量计量装置,应用多相流理论于锅炉煤粉燃烧、造纸纸浆流动、河口泥沙输运、风蚀风沙运动、风力机磨损计算、化工流化床反应等工程问题。

五、湍流

湍流:是 20 世纪物理学的经典难题。由于湍流普遍存在和广泛应用,它将仍然是 21 世纪最具挑战性的科学问题之一。数学家关心描述湍流的 N—S 方程解的存在唯一性;物理学家关心作为非平衡态典型案例的湍流;流体力学家关心真实湍流的机理和预测湍流特性的方法。目前受到特别关注的科学问题有:湍流的产生与发展的物理机制、剪切湍流的拟序结构和动力学、工程和自然环境湍流的有效模拟方法。

非线性流动稳定性:20 世纪 50 年代,林家翘用 WKB 方法分析 TS 波的演化,应用于平板边界层,为低湍流度风洞试验验证,从而解决了平行流的线性稳定性问题。20 世纪 60 年代起发展了流动稳定性的非线性理论,深入了解从层流到湍流的发展过程,发现了 K 型、H 型和 N 型模式,并经过湍流斑,最后演化为完全发展的湍流。我国科学家发展了中性稳定条件下的三波共振理论,研究了泊肃叶流、库塔流、贝纳、马拉高尼、瑞利—泰勒对流等非线性稳定性问题。在转捩方面,开展了旁路转捩的实验研究,结合流动稳定性线性理论半经验的 e—N 方法和抛物化稳定性方程(PSE)的理论方法,预测高超声速飞行器边界层转捩位置。

均匀各向同性湍流:20 世纪 60 年代,湍流研究发现柯尔莫果洛夫的均匀各向同性湍流的假定及其相似律(K41)的局限性,导致高阶矩统计量的反常标度律,原因是忽视了小尺度结构间隙性和非高斯分布的影响,并提出修正的相似律(K62)。我国学者分析了有限雷诺数的影响,发展了层次结构理论,计算了各种流动的标度指数,直接模拟了高雷诺数各向同性湍流,分析了其小尺度结构。

湍流拟序结构:20 世纪 70 年代,Brown 和 Roshko 发现在无序的湍流中具有较为规则的大尺度拟序结构。由于它们携带着大部分的动量、质量和能量,对于湍流运动起着主导作用,可以通过流动控制,调整拟序结构,从而达到减阻、降噪、掺混的目的。发现了各种涡结构:展向涡、流向涡、发卡涡,还有强剪切层,低速条带和经过抬升、振荡、破裂、下扫阶段的猝发现象。我国学者用氢气泡、PIV 等流动显示技术观察各种拟序结构,用激光测速和条件采样检测猝发事件,基于直接数值模拟数据用改进的 POD 方法识别大尺度拟序结构,并应用于流动控制。

湍流模拟:基于雷诺平均的湍流模型仍然是湍流模拟的主要方法,但模型的普适性仍然存在很大不确定性;随着大涡模拟技术的发展,人们更关注于研究雷诺平均和大涡模拟混合模式。我国学者建立了以显式代数应力模式为基础的非线性涡黏性湍流模式体系,提出了满足可实现性原理的二阶非线性涡黏性模式、无壁面几何参数的近壁低雷诺数模式修正、考虑流动曲率影响的非线性模式、高阶紧致非线性模式等。在对标量湍流输运特性的研究中,发现雷诺平均普朗特数和分子普朗特数的倒数呈线性关系、亚格子普朗特数在分子普朗特数 1 附近有极值。鉴于湍流研究已从经典解析模型走向计算模型,从实验研究走向数值模拟和实验模拟相结合,从而能够处理复杂问题,并已经在许多工程问题中得到应用。

六、断裂力学与损伤力学

断裂力学作为研究材料和结构的断裂失效与裂纹扩展规律的力学学科,从达·芬奇的工作算起已有几百年的历史,但真正成为一门定量的科学并应用于人们对客观世界破坏规律的认识,则是从 20 世纪 50 年代开始的。断裂力学从宏观的断裂力学研究开始,向着微—细—纳观尺度的方向拓展,则是近二三十年的事。与此同时,它也在向着更大尺度的方向发展,与大型结构的安全评定、油气储藏甚至地球物理的学科相结合,用以阐明大尺度范围内断裂的力学规律。

断裂与损伤力学是 20 世纪 60 年代出现的应用现代力学理论与宏、微观相结合的方法,研究各种材料与结构的裂纹产生与扩展,并最终导致破坏的过程的一门新兴学科。冶金部钢铁研究院陈篪等人最早呼吁我国开展这方面研究。1974 年,在中科院力学所以《力学》编辑部名义召开了断裂力学学术座谈会,介绍了断裂力学基础知识,交流了研究工作成果,出版了《北京地区断裂力学座谈会文集》,随后又参加了第四届国际断裂会议。从此,断裂力学理论推广应用于工程技术各部门,如:直升机机翼、桥梁、铁轨、机车传动轴、螺杆、石油储罐等,为各种工程设备的断裂、破损、疲劳提供了理论分析的新思路,也为固体力学开拓了新的研究领域,并推出了一批供设计部门参考的安全标准。

该学科早期的研究有:裂纹尖端弹塑性应力场的理论分析;复合型断裂准则的研究;

应力强度因子的计算方法,包括权函数法、无限单元法、边界配置法等;断裂力学在疲劳和腐蚀中的应用;断裂韧性的测试;制订KIC、COD、J积分的国家标准。最重要的是如何应用断裂力学解决工程问题,如:汽轮机高、中压转子、压力球罐、内燃机车铸铁曲轴的安全评定,电站大锻件缺陷评定,飞机零部件、氨合成塔的安全分析等。

近年来,我国力学界在断裂力学的诸多方面,也取得了不少重要的研究成果,可以概述如下几个方面:

智能材料断裂与损伤:在以压电、铁电等智能材料的断裂与失效研究中,我国学者出版了《力电失效学》等专著;开展了电—磁—力耦合的本构关系以及裂纹扩展的系列实验研究;分析了压电材料裂纹尖端场的特点;获得了电致疲劳的裂纹扩展公式;研究了含裂纹压电材料的力电冲击响应与波的散射及热效应;用有限元、边界元等方法研究了压电材料的界面裂纹等问题;考察了压电材料的介电断裂、裂纹扩展准则;采用周期结构胞元的方法,得到了压电材料双周期裂纹的封闭形式精确解;研究了压电材料的多尺度断裂分析方法;实验研究了环境引发的压电材料断裂,等等。

微纳米尺度断裂力学:我国学者在微纳米尺度断裂力学的工作也有了很好的开端。发展了应变梯度塑性理论并用于研究相应的裂纹尖端场和断裂与压痕接触行为;利用离散位错动力学方法研究了在微尺度下材料的孔洞损伤机制和相应的力学模型。针对贝壳等生物复合材料,阐明了纳米尺度的断裂与通常断裂力学的Griffith准则之间的过渡;提出了一种基于原子势的方法研究碳纳米管的变形与破坏,应用于碳纳米管复合材料的分析;针对纳米尺度断裂的计算分析,基于Cauchy—Born法则建立了一种基于原子势的准连续介质力学,并用于研究碳纳米管的缺陷与裂纹萌生行为;实施了千万个原子的系统和数百万步的国内计算量最大的超高速撞击的分子动力学模拟,揭示了超音速传播的激波和冲塞型射流形成的破坏过程;用原子连续模型研究了断裂的尺寸效应。《结构完整性评价大全》第8卷对微纳米尺度的断裂力学进行了总结,其中也涵盖了我国学者的部分工作。

非均质材料的断裂和损伤力学:非均质材料的断裂和损伤力学也取得了明显的进展。对于含有大量微裂纹损伤的材料的计算力学,是一个研究的重要课题。发展了岩石等脆性材料损伤的计算软件,并应用于工程结构及基础的破坏与稳定性分析;研究了大量微裂纹存在的脆性材料的损伤和断裂行为;将快速多极边界元方法推广应用于多个微裂纹与微夹杂的等效力学性能的计算;对微米尺度下金属多晶材料的细观损伤与断裂问题进行了系统研究;提出了任意铺设层合复合材料多层基体开裂的"等效约束模型";解释了环境友好型水性聚合物——异氰酸酯黏合剂粘接胶层的断裂机制,等等。

断裂力学的试验与工程应用:我国学者自行设计并研制出了国内首台多轴多功能力—电—磁耦合试验机,完成了力电耦合/力磁耦合的断裂试验;发展了一体化的界面损伤与开裂的识别方法;研发了高温条件下,薄膜断裂参量的试验方法;测量和分析了骨裂纹尖端压电电位的分布。应用有限元进行结构的断裂分析在工程界已经相当普遍。对于压力容器和管道与金属结构物中大量存在的体积型缺陷,应用塑性极限分析与安定理论,提出了体积型缺陷的安全评定方法,并且已反映在2005年正式实行的我国国家标准之中;研究了弹塑性断裂的三维效应,用于处理航空结构与构件的断裂与疲劳寿命预计;此外,对高温结构的蠕变和老化问题也进行了比较深入的研究,结合油气管道研究了管道的动力扩展。

七、复合材料力学

复合材料是指由有机高分子、无机非金属或金属等几类不同材料通过复合工艺组合而成的新型材料,它既能保留原有组分材料的主要特色,又通过材料设计使各组分的性能互相补充并彼此关联与协同,从而获得新的组分材料无法比拟的优越性能。复合材料包括金属基复合材料、树脂基复合材料、陶瓷基复合材料等。复合材料从宏观来看,其基本的力学特征是它的各向异性,随着复合材料的广泛应用,各向异性弹性力学吸引了众多力学家的研究,是 20 世纪发展最快的力学分支学科之一。

复合材料的非均质性和各向异性,推动了非均匀材料力学和各向异性弹性力学的发展,也拓宽了传统的复合材料力学和细观力学的概念和范围,发展的特点是不局限在传统的非均匀材料力学平均场理论,更多地强调统计、尺度、非局部、梯度等概念,发展方向呈现出多样化:非均匀微结构的概率力学、自组装统计力学、微极理论和梯度理论、非局部连续介质力学理论,等等。复合材料力学涉及的主要科学问题为:①复合材料结构对不同能量撞击的响应问题;②材料的内部缺陷对材料性能的影响及材料破坏性能的界定;③编织复合材料工艺对材料结构性能的影响;④复合材料结构使用寿命、疲劳寿命、安全性的准确确定;⑤热载荷,特别是高温对材料力学性能的影响;⑥材料性能的标准检测方法;⑦材料静态及动态破坏机理。

近十多年来,我国力学界在复合材料力学的诸多方面,也取得了不少重要的研究成果,可以概述如下几个方面:

复合材料力学的基本理论:我国学者给出了横观各向同性弹性力学轴对称问题用两个应力函数表示的通解;首先给出横观各向同性和各向同性无限体均能适用的统一点力解,给出了横观各向同性热弹性力学的另一种通解,并与位势理论相结合给出了币状裂纹精确解;建立了压电弹性力学通解以及无限体、半无限体和两相材料无限体的点力解。此外,在旋转体的平衡、接触和断裂、板壳的弯曲和振动等问题上均有建树。

纤维增强复合材料的桥联模型与细观力学:我国力学工作者解决了纤维复合材料的基本问题 ——纤维的拔出机理及脱胶的判据。基于剪滞模型建立了考虑脱黏区界面摩擦与纤维泊松收缩的纤维-基体脱黏问题的力学模型,研究了纤维增强的复合材料由于纤维脱黏、纤维与基体材料间的摩擦耗散,并讨论了断裂韧性及弹纤维与弱纤维的其他细观断裂机制。研究了循环载荷下的材料界面磨损力学模型。并且还分析了纤维增强复合材料的基体开裂和夹层复合材料的界面裂纹的大变形。

超高温等特种服役环境下复合材料力学的模拟表征与优化设计:我国学者建立了细观热防护理论,将细观力学理论推广到复合材料领域,用来预报复合材料的性能和复合材料设计,并对复合材料及结构进行了多尺度力学分析,用"材料、设计、分析、评价"一体化的思想解决复合材料结构的安全评价问题。研制了智能复合材料用于振动和复合材料工艺过程的监控系统。力学工作者提出了一个新的适用于开口和闭口的复合材料各向异性薄壁杆弯-扭耦合的一般理论,在纤维增强复合材料(包括短纤维)的强度和性能方面以及层压板横向裂纹扩展、损伤机理方面的研究也都有原创性成果。

功能梯度复合材料与结构力学：我国学者针对功能梯度材料与结构的设计、制造与服役过程中提出了大量富有挑战性的力学问题，并开展了全方位的研究，如功能梯度材料与结构的静态和动态响应、破坏、基本力学性能测试、多场耦合、参数识别、多目标的优化设计理论等。功能梯度材料固有的材料性能不均匀性，给力学分析带来了很大的困难，以往针对均匀材料引入和发展的力学概念、理论、计算方案和实验手段有许多已不再适用于功能梯度材料。近十年来，我国学者在功能梯度材料与结构力学方面取得了具有世界先进水平研究成果，特别在结构响应、断裂以及多场耦合分析方面有较大影响，得到了国际同行的广泛关注和引用。

第五节　交叉学科的建立[1,6,9,12,13,17-25]

一、与生命科学的交叉

作为与生命科学交叉的产物，生物力学是研究生命体的力学特性及其在力作用下运动和变化的力学分支学科，其基本内涵是运用力学原理和方法深化对生物学和医学问题的定量认识。人们特别关注与人类疾病发生、发展、治疗、康复相关的生物医学工程问题。20世纪60年代，工程师和生理学家合作建立了宏观生物力学。90年代以后，生物力学深入到细胞和分子层次，发展了微观生物力学，所以，生物力学是一门力学和化学、生理学、生物学结合的交叉学科。我国的生物力学是在20世纪70—80年代间，在国际学科发展的形势促进下，冯元桢先生帮助下发展起来的。

生物流变学：生物的血液、体液往往呈现非牛顿行为，而肌肉、骨骼、器官、组织以及植物的根、茎、叶往往呈现非胡克行为。生物流变学是一门研究生命物质流变行为的学科，于1948年由科普利（A. L. Copley）在国际流变学会议上提出和创立。我国学者研究了血液流变学，建立了流变关系，发现血液在不同条件下表现出极为不同的流体或固体的特性，甚至呈黏弹性或弹塑性特性，其原因很大程度上是由于悬浮于血浆中的大量红细胞所具有的特异流变性。观测了人体胆道流变规律，分析了胆汁和胆管的流变特征，建立了本构关系。在临床应用方面，发展了胆汁黏度快速检测法，电水锤激波碎石法和利用液体压力波在胆道系统中的传输排除术后残余结石的新方法。

血流动力学：心脑血管疾病是人类最大的杀手，心脑血管动脉粥样硬化和血栓的形成将严重威胁人类的生命。血流动力学用流体力学原理着重研究动脉粥样硬化发生和发展的机理，特别是结合临床和动物试验影像，分析动脉系统血管几何形状发生急剧变化部位流动分离与漩涡，依据应力与生长的关系，应用于临床医学的介入治疗。我国学者针对血栓形成的生物力学机制，发展了模拟血管流动的Chandler旋转圆环的实验装置，获得了血栓形成的流动状态，血液成分和性质的变化，发现血小板对血栓形成起重要作用，血小板和白细胞不断成为血栓的补充成分；提出可用湿重作为血栓形成的主要检测指标。开展人工心瓣设计和临床应用，依据双叶翼型机械瓣设计理论和有铰薄翼理论，成功地研制出具有先进血流动力学特性的双叶翼型人工机械心瓣。渗流力学与生命科学结合发展出生物渗流力学。

骨骼－肌肉系统力学：以支撑人体活动为主要力学结构，包括：骨骼、肌肉、肌腱、韧带和关节等的生物固体力学为主要研究对象，通过在不同加载条件下静态、动态、动力学、应力及应变状态和演化，实现对骨骼－肌肉系统整体结构特征和功能的定量描述，指导临床诊断和治疗，并应用于康复工程。在骨力学方面，我国学者针对骨骼的力学性质，论证了骨骼是骨胶原纤维和无机晶体的组合物，具有以最少结构材料而承担最大外力的力学性能；建立以组合杆假设等理论为基础的骨结构强度计算平台，结合应力套和光弹性方法，发展了骨力学性能的检测技术。

仿生力学：是通过研究和模仿生物体结构的静力学性质和生物体的各组成部分相对运动及其在外部环境中运动的动力学性质，为工程技术提供新的设计思想及工作原理的学科分支，目前研究多集中在鸟类飞行和鱼类游动的力学原理以及由此萌生的仿生技术方面。我国学者模拟了果蝇、蜻蜓等昆虫的悬停和拍翼飞行，揭示产生非定常高升力的机制，估算其能耗需求；模拟了鱼类巡游，分析了欧洲鳗和白斑狗鱼的鱼体 C 形起动、S 形起动和波状摆动时的运动学、动力学、旋涡系、阻力、推进效率和流动控制等问题；采用梳状条纹投影法、投影栅线法测量蜻蜓翼构型的动态变形，在水洞中分别用染色法和三维 DPIV 定性和定量显示了活鲫鱼的尾迹流场；研制了模拟昆虫二维、三维拍翼运动、鱼尾摆动模型的参数可调的实验装置。此外，还有运动生物力学在体育竞技和康复中得到应用。

二、与水利、地球科学的交叉

自然环境问题是发生在大气、水体和岩土体中的现象，环境力学是力学同水利和地球学科交叉的结果，也与化学、生态学交缘。该学科是一门用力学方法研究自然环境演化规律、灾害发生机理和工程防治措施的力学分支学科，着重研究环境与灾害问题中流动、迁移和导致的物质、动量、能量输运及其对人类生存环境的影响。因环境问题严峻，这门学科于 20 世纪 50 年代应运而生。我国仍然是发展中国家，在经济高速发展时期，必须把环境问题放到重要位置，才能实现经济发展方式的转变。因此，近 30 年来，我国环境力学的研究经历了从被动到主动，从点到面，从理论到应用的过程，成为 21 世纪力学学科具有发展前景的交叉学科。

大气环境：主要研究大气环流、边界层流动以及伴随的各种物质、能量输运过程，解释大气环境现象，预测天气与气候，预防气象灾害。我国学者用风洞和水槽试验，模拟绕建筑物或冷却塔的涡脱落、风载荷和热交换；结合大亚湾核电站的环境评估，模拟在实际地形和大气层结条件下，大气环流对污染物对流扩散过程的影响。针对台风灾害发生、路径、强度、影响、观测和模拟等关键问题开展研究，用涡动力学研究台风内部结构导致异常路径的机理。结合国土整治，用强迫恢复法和湍流模型，进行了野外定位站的现场观测，研究了大气、植物、土壤连续体中的水热运动和水利用率，为提高黄淮海平原半干旱地区作物产量和合理规划三北防护林提供依据。针对我国频发的沙尘暴灾害，研究大气环境中的风沙运动，建立粒床碰撞的随机模型，计算风沙通量，观察了风电现象。

水体环境：主要研究河流、湖泊、河口、海岸带流动及物质输移，发展河流动力学，解决我国大江、大河的水利工程和环境灾害治理中的科学和工程问题。我国学者建立了二维坡面产流、产沙动力学模型,扩展到小流域,分析侵蚀的影响因素,给出土壤侵蚀临界坡度,探讨水土流失的预报、防治措施。倡导泥沙运动力学,发展了高速非均匀沙和高含沙水流的输沙理论,和地貌学结合分析河床演变,提出"集中治理黄河中游粗泥沙来源区"的治黄策略。开展对径流、潮汐和波浪影响下河口泥沙输运的研究,应用于长江深水航道、青草沙水库、南支河段治理。对于河流、湖泊和海湾的生态环境,在入流污染物和水体中生物量调查的基础上,将水动力学、对流扩散模型和生态模型结合,模拟河流、湖泊和近岸带富营养化过程,在三峡水库环境评价、渤海湾、太湖水系、苏州河治理中发挥作用。

岩土体环境:主要研究岩土介质在外载和水流作用下的变形和破坏,以及由此导致的环境和灾害问题。我国学者发展了岩土体流变学:实验观察黄土、黏土的微观结构,提出黏土三向流变固结理论,其中偏应力张量导致的土骨架流变不可忽视;发现因岩石流变行为导致围岩应力随时间转动和衬砌应力随时间增加的现象,提出岩体内应力形成和释放的理论,应用于三峡、葛洲坝和围岩加固工程。根据地壳的流变特性,考虑地球自转和内部热驱动力影响,分析全球应力场,根据中国地震历史记录,反演华北地区 700 年来的 14 次 7 级以上大震,获得唐山地震后的应力分布,预测了未来地震危险区。对于滑坡灾害,着重发展定量描述地质体非连续、非均匀、流固耦合特性的力学模型和计算方法,注意观测数据的采集、物理建模和离散元模拟的结合,研究边坡稳定性和滑坡灾害的影响。在地面沉降方面,完成了深层抽水作用下土层压缩、回弹机理计算,提出了合理的地下水回灌方案,抑制了上海市的地面沉降。

三、与物理场的耦合

在自然和人工材料中可广泛观察到多种物理场相互耦合的现象。多场耦合力学主要研究力、电、磁、热等多个物理场相互作用的力学理论框架、定量分析方法以及其材料的破坏和失效机理,是当前高科技电磁智能结构、器件和装置的功能设计与安全设计所关注的基础性课题。主要研究方向:多场耦合力学的基本理论框架、分析方法及科学计算;功能材料多场耦合的本构关系与力学性能表征;跨尺度多场耦合力学理论分析方法;智能材料及结构的破坏、失效机理与可靠性分析;智能结构主被动控制与器件设计分析。

自 20 世纪 90 年代以来,智能材料与结构一直是科学和工程领域的研究重点。美国 NSF、日本经济产业省等发达国家的政府部门以及波音、空客等大型企业都纷纷投入巨资进行研究。我国力学工作者及时地把握到这一研究领域的重要性,在压电(铁电)材料、形状记忆合金材料、光纤、磁流变液等材料与结构的多场力学研究上开拓创新,特别在压电和铁电材料的断裂、接触、有效性质、波动、结构响应和结构控制以及形状记忆合金的相变机理和疲劳破坏等方面取得了丰硕的研究成果。近几年,在该领域至少已有 3 项成果获得了国家自然科学奖二等奖。通过对压电材料等的研究,广大的国内力学工作者被国际同行所认知,极大地提升了我国力学工作者的学术声誉。最近的发展趋势一是向低维、微纳尺度发展,二是生命过程智能特征的机理研究越来越得到人们的重视。在应用基础方面,结构健康监测、新型电子元器件、医疗和新能源开发等也是研究的重点发展方向。

近十多年来,我国力学界在多场耦合力学的诸多方面,也取得了不少重要的研究成

果,可以概述如下几个方面:

智能材料的多场耦合本构关系:我国学者建立了形状记忆合金、铁电材料、铁磁材料的非线性本构关系,并把该类本构关系推广到智能复合材料中。在这些工作中包括了宏细观统一本构理论、热力学唯象本构理论、积分型本构理论等,所提出的铁电材料本构关系成为国际上认可的三种代表性本构关系之一。此外,我国学者在智能材料的相变力学理论方面的工作在国际上也产生重要影响,特别是马氏体相变力学理论、电磁畴的畴变判据等,能够比其他相变理论和判据更好地描述实验结果。我国学者在超磁致伸缩材料的磁—力—热非线性本构关系研究方面获得显著进展,所建立的本构的定量预测结果在全部磁场条件下与实验测量结果吻合良好。在此基础上,给出了利用该类材料振动控制的仿真结果等。另外在压电智能结构控制方面,针对几何非线性柔韧结构给出了主动控制的定量分析结果,并针对其振动控制提出了基于小波理论的控制模式等。后者的优点在于该控制程序可以有效实时识别出压电板的变形和避免压电片识别信号溢出与压电片致动信号溢出所导致的控制失稳问题。

电磁固体力学:我国学者开展了铁磁结构在磁场作用下的磁—力—热的弹塑性力学特性,如弯曲与失稳研究,在系统总能量泛涵基础上提出的其磁弹性力学的广义变分原理,实现了能同时描述铁磁板两类典型实验现象(即横向磁场作用下的磁弹性屈曲和面内磁场作用下的振动频率上升)的统一模型,并从理论上揭示出其他已有模型在描述后一实验现象时存在的缺陷。在此基础上,通过建立磁—力双向耦合的数值计算和理论分析,得到了铁磁板壳在磁场作用下的磁弹塑性弯曲与失稳的定量结果,揭示出在倾斜磁场作用下铁磁板的磁—力相互作用为弯曲模式而不是文献上的屈曲模型通向失稳的路径,定量给出了微小磁场倾角对横向磁场铁磁板失稳临界磁场影响的规律等。

多场耦合断裂力学:我国学者研究了含一椭圆孔压电介质的平面问题,给出了孔及介质内电场的精确解;当孔退化为裂纹时,获得了压电介质含一数学裂纹时的精确解。该解可用来检验电边界条件假设的正确性,是压电介质弹性力学的经典解之一。应用 Stroh 公式进一步研究了含一椭圆孔热压电介质的弹性平衡问题,获得了在远场热载荷作用下孔及介质内的电场和应力场精确解,并通过取极限的方法,获得了含裂纹情况时的解,该解为热压电介质的断裂分析奠定了基础。建立了一个 COD 电致断裂判据,在国际上首次完成了中心裂纹板试件在力—电耦合载荷下的断裂实验,发现该新判据能够很好地描述电场对断裂载荷的影响。在国际上最权威的陶瓷学术期刊上发表的文献,首先完成了铁电陶瓷的含单边自然穿透裂纹的 DCB 试件的电疲劳裂纹扩展的实验,首次提出了电致疲劳裂纹扩展速率公式。

多场耦合实验力学:我国学者自行设计并研制出了国内首台达到国际水平的多轴多功能力磁耦合设备,不仅可以进行多轴本构力磁耦合实验,还可以进行力磁耦合断裂实验,通过软件自动控制了测量过程,并实现数据的自动采集与处理。该设备已经分别在清华大学、西安交通大学、香港大学、美国公司和兰州大学等研究单位定购使用。在国际上首先发现了 TbDyFe 合金(Terfenol—D)多晶体的磁场下力磁耦合变形的"伪弹性"现象,揭示了 Terfenol—D 的铁弹性与应力退磁化现象。建立了一个磁致断裂的小范围畴变理论模型,分析了细长椭圆裂纹尖端延长线上的应力场,解释了我们所测量的磁场作用下,锰锌铁氧体陶瓷的断裂载荷的实验结果和关于磁场下软铁磁钢的断裂韧性的实验结果。

等离子体力学：在高温等离子体方面，我国物理和力学工作者的聚变研究有较大的发展，先后改造升级或建成了多种托克马克装置和多台超强超短激光装置，并与理论和数值模拟研究相结合，开展了磁流体不稳定性、界面不稳定性、湍流和输运、加热和电流驱动、激光与等离子体相互作用、高温辐射流体力学和内爆动力学等方面的研究，取得一些有意义的研究成果。低温等离子体力学主要在工业上有广泛应用，如：真空喷涂、薄膜沉积、空间推进等。在这一领域，研制了新型等离子体发生器，研究发生器中的基本过程，提高发生器工作稳定性、能量转换效率与工作寿命。针对喷涂和沉积，研究了等离子体流和喷射于其中的原料颗粒，工作气体和环境气体之间的相互作用；热等离子体与材料表面的相互作用；涂层或膜的形成过程等。

四、微纳米力学

微纳米力学着重从纳米到微米尺度范围材料、器件、生物体等等与受力、变形、破坏等有关的各种行为，这是进入 21 世纪以来最活跃的多学科交叉研究领域之一。微纳米力学借鉴了细观力学多方面的方法和成果，是后者的一个自然延伸。微纳米力学的几个主要研究方向为：

细观力学：细观力学近 50 年取得了很大的发展。目前研究较为集中的是如何将微结构的分布更准确地引入细观力学模型，这方面的进展包括：相关函数方法，椭球分布界限，双夹杂方法，IDD 细观力学方法，基于构型界限和细观方法，以及上述一些方法之间的关联。近年来还发现了复合材料有效性质具有诸多的与微结构无关的普适关系，如 CLM 定理和复合材料有效性质的减弱不变性。另一个研究热点是非均匀材料不同物理有效性质（如模量和热传导）之间的关联。近来计算细观力学得到了快速发展，其中包括考虑更合理和复杂的微结构分布形式。最近出现了不少具有微观结构耦合的细观力学研究，如基于应变梯度的细观力学和基于微极材料模型的细观力学。塑性细观力学目前的主要研究可以概括为：①如何更好地描述非均匀材料塑性变形不均匀性；②如何描述非均匀材料所表现出的尺度效应；③连续细观力学的增量理论。从细观上预测非均匀材料的疲劳寿命，迫切需要发展细观模型的增量理论，但这方面的研究进展一直不大。

纳米材料力学中的表/界面应力效应：纳米材料的表面/界面原子数占很大的比例，具有显著的效应。除了纳米线、纳米梁以及纳米薄膜等均质纳米材料之外，具有纳米特征尺度的非均质材料（例如，纳米介孔材料）也具有非常高的比表面/界面积，表面应力和界面应力的引入为非均质材料细观力学的发展带来了新的机遇。近几年出现了关于纳米材料力学性能受表面应力影响的较系统性的研究，在量子点的生长和性能分析、纳米器件的自组装、纳/微米电子器件和材料工程等领域具有重要的应用价值。在连续介质力学框架内，表面应力被认为是体应力的 Gibbs 意义上的过剩量。因此，表面应力模型是基于物质的微观结构提出的。并且是受到物理、材料和力学等领域的学者广泛关注的研究纳米材料力学性能的一种连续介质理论模型。

多尺度力学与跨尺度关联：多尺度力学与跨尺度关联在揭示各尺度下的生物功能中起到关键的作用。力学家们开始利用生物学和生物技术来设计材料与器件，这将极大地冲击整个工程界、生物界和医学界。力学家们将从生物学中借鉴和学习知识来设计材料，需要研究生物材料的微结构，发展分层次多尺度设计新材料的方法，使设计出的新材料能够具有生物系统的优越性能。同时，关于固体跨尺度关联的研究基本形成了两种思路：一种是自上而下的思路，一种是自下而上的思路。前者是基于传统连续介质力学理论的框架，试图建立可表征材料微纳米力学行为的尺度理论（例如，应变梯度理论、微极理论、表面界面能模型等），而后者则是基于直接原子计算或者以原子作用势的思路为基础，发展连续与准连续模型来刻画材料的微纳米力学行为。在材料纳米力学行为研究中开展了大量的研究，涉及多种方面，例如，在金属的表层纳米化、纳米晶以及纳米孪晶材料的制备和力学性能测量和模拟、碳纳米管力学行为、纳米硬度实验表征及测量、连续及准连续理论、纳米表面及界面效应等。

生物材料的微纳米力学与仿生：生物材料具有多层次的精美结构，尤其是研究细观和纳观尺度上生物材料的结构与性能之间的关联，为新材料的发展提供了无穷无尽的创新源泉，近几年日益受到关注。我国学者在该领域也取得了一些重要的研究成果：观察证实了珍珠母中有机物基质中矿物桥的存在，表明纳米尺度的矿物桥对珍珠母有机质界面的强度和韧性有重要影响；研究了蝉翼的结构及其力学性能；对蚕丝、蚕茧、蜘蛛丝等生物材料和生物结构进行了系统实验研究，发现蚕茧在不同方向均具有优化性能和结构，并成功地仿生制备了多种纳米尺度的生物纤维材料；对贝壳、骨骼等的研究表明，生物材料的优良性能来源于在生物进化中形成的精巧的纳米结构，提出了描述生物材料承载特性的拉伸—剪切链模型，对不同生物材料相似纳米微结构给出了统一的理论描述；提出这类生物材料的优异性能和纳尺度的自修复能力来自软的蛋白质层，并给出与分子动力学一致的连续介质力学模型；研究了生物黏附系统的表面纳米微结构，揭示了壁虎的脚具有极强的黏附能力的原因；研究了蜣螂壳的表面微结构，发现其具有很好的耐磨损和防粘附性能；研究了绿金龟子等昆虫甲壳的微观结构，建立了典型微结构的力学模型，以说明其强韧化机理。

纳米力学实验：纳米力学发展遇到的一个瓶颈问题是实验条件的限制，在传统力学实验技术和现代微观表征设备（如原子力显微镜）之间还缺乏系统性的微—纳力学实验设备。迄今为止，纳米力学实验手段主要有扫描探针显微术、纳米压痕法以及利用光镊、磁镊等仪器测量生物分子间相互作用力的方法等。当前纳米科技研究的主流正从纳米材料向纳米器件发展、从单一学科研究向交叉学科研究发展、从人工纳米结构向生物功能结构和蛋白质系统发展，已经从材料结构和性能研究向纳电子技术、能源技术、生物与医药技术等应用与产业领域发展。在此趋势下，具有定量研究复杂系统行为为传统优势的力学及其与量子力学的结合，理论、计算、实验和制备结合必然是十分重要的学科发展方向。

近十多年来，我国力学界许多学者在微纳米力学的诸多方面发展了广泛深入的研究，也取得了不少重要的研究成果，可以归纳为：

引入更精细的 IDD 细观力学方法，提出了有限变形下的界面本构关系；导出了界面应力满足的基本方程广义 Young-Laplace 方程；导出了考虑表面压电效应的表面弹性基本方程；建立了计及界面应力效应的球形夹杂的 Eshelby 体系；建立了具有表面/界面应力效应的计算非均质材料等效模量的细观力学框架；预测了纳米介孔材料的等效弹性模量;针对纳米介孔材料,建立了自应变和等效弹性性能的关联;建立了计及表/界面应力作用的有限元方法理论框架,等等。在基于表面/界面应力的微生化传感器的机理研究和制备方面也取得了进展,对于相关微生化传感器的设计有一定参考作用。在实验方面,分别用原子力显微镜测量了铅和银纳米线的弹性模量与尺寸的关系,基于表面应力理论给出了相应的理论分析结果。我国学者建立了纳米晶体的塑性变形晶粒模型,提出了效率很高的原子有限元法、基于分子间相互作用势的分子统计热力学方法和集团统计热力学方法、光滑分子动力学方法和基于分子力学的空间弹簧模型等,实现了超大规模($10^8 \sim 10^9$原子量)分子动力学模量晶体位错和塑性动态演化等的模拟。提出首个 GHz 纳机械振荡器的构想和理论预测,并率先进行了分子动力学实验和耗散机制等研究,发现碳纳米管的巨电致伸缩及其效应,提出机械双稳态的高频纳存储器件原理;率先或系统性地研究了碳纳米管的奇异力学行为、碳纳米管的连续介质模型适应性和非局部以及高阶模型等。

第六节 力学学科的机遇与展望

一、国家经济社会发展的需求[9,17,18,26—33]

改革开放以来,经过 30 多年的高速发展,我国目前已经成为世界第二大经济体,正在为 2020 年实现全面建成小康社会的目标而努力奋斗。同时,我们也要清醒地认识到,我国还是一个发展中国家,还处在社会主义发展的初级阶段,还要经过几十年的努力,才能建成经济上中等发达的国家。为此,我们必须落实科教兴国战略和人才强国战略,全面、深入实施《国家中长期科学和技术发展规划纲要(2006—2020 年)》,贯彻《国民经济和社会发展第十二个五年规划纲要》的战略部署,充分发挥科技进步和创新对加快转变经济发展方式的重要支撑作用。在这一阶段,中央适时地提出了"自主创新,重点跨越,支撑发展,引领未来"的指导方针,坚定不移地走中国特色自主创新道路,把提高自主创新能力摆在全部科技工作的突出位置,顺利完成"十一五"主要目标和任务,我国科技发展进入重要跃升期。科技创新能力加速提升,科技支撑引领作用日益凸显,科技资源总量快速增加,并制定了国家"十二五"科学和技术发展规划。

力学学科是一门重要的基础学科,又是科学与工程的桥梁,不仅在过去,而且在未来的经济发展中起着不可替代的作用,并充分体现在国家重大专项、科技部重大基础研究计划"973"项目、国家高技术发展计划"863"项目和日益增长的国家自然科学基金项目中,特别是体现在刚刚制定的国家"十二五"科学和技术发展规划中。

在国家"十二五"科学和技术发展规划中特别强调:加快实施国家科技重大专项,在"十一五"全面启动实施基础上,重点突破,整体推进,力争在重点领域实现战略性跨越。国家确定了涉及信息、生物等战略产业领域,能源资源环境和人民健康等重大紧迫问题以及军民两用和国防技术的 16 个重大专项:核心电子器件、高端通用芯片及基础软件、极大规模集成电路制造技术及成套工艺、新一代宽带无线移动通信、高档数控机床与基础制造技术、大型油气田及煤层气开发、大型先进压水堆及高温气冷堆核电站、水体污染控制与治理、转基因生物新品种培育、重大新药创制、艾滋病和病毒性肝炎等重大传染病防治、大型飞机、高分辨率对地观测系统、载人航天与探月工程等,其中有 6 项是力学学科的专家将起主要作用或者可以发挥积极的作用的领域。

在国家"十二五"科学和技术发展规划中提出:围绕培育和发展战略性新兴产业,加强技术研发、集成应用和产业化示范,集中力量实施一批科技重点专项,以尽快转变我国经济发展模式,提高经济发展质量。在重点发展的 7 个领域的新兴产业中,大都与力学学科有关,例如:

节能环保中的煤炭清洁高效利用,净化废气、烟气、尾气的蓝天工程,废物资源化技术;

高端装备制造中的海洋工程装备、高端智能制造与基础制造装备等,实施高速列车、智能制造、服务机器人、高端海洋工程装备等科技产业化工程,研发高速列车谱系化和智能化、机器人模块化单元产品等重大关键技术;

新能源中的风电、新一代生物质能源、海洋能、地热能、新一代核能等关键技术、装备及系统;

新材料中的先进结构与复合材料、新型电子功能材料、高温合金材料等关键基础材料,掌握新材料的设计、制备加工、高效利用、安全服役、低成本循环再利用等关键技术。

在国家"十二五"科学和技术发展规划中,针对能源资源短缺、生态环境恶化、全球气候变化等制约可持续发展的突出问题,围绕建设资源节约型和环境友好型社会的迫切需求,大力加强能源资源勘探开发与清洁高效利用、水资源优化配置与综合利用、污染控制与生态改善、清洁生产与循环经济、气候变化减缓与适应等技术开发与集成应用,提升科技对可持续发展的支撑和引领能力。因此,在这些方面,力学工作者大有用武之地。

二、广阔的应用前景[14,15,17,18,21—33]

(一)航空、航天工程

自 1956 年以来,我国成功研制了长征系列火箭,成功发射了 140 次左右的卫星,包括:1970 年 4 月发射了"东方红 1 号"卫星,1975 年成功回收返地式卫星,相继发射多种应用卫星,如:通讯卫星、气象卫星、海洋卫星、导航卫星、遥感卫星、环境灾害监测卫星等。特别是"神舟五号"实现了载人飞行,"神舟七号"实现了出舱行走,"神舟八号"实现与"天宫 1 号"的交会对接,为将来建立空间实验室奠定基础。我国通过嫦娥工程开始了绕月飞行,是我国深空探测的第一步。我国航天工程的成就举世瞩目,已经跻身于世界航天大国之列。

但是,1986 年"挑战者号"、2003 年"哥伦比亚号"失事,导致美国航天飞机于 2011 年全部退役,表明人类尚未解决航天工程中最关键的天地间运输系统的问题。为适应未来航天工程的需求,我们需要设计出经济、安全、可靠的水平起飞、水平降落的空天飞机。此外,临近空间飞行器是指在近空间作长期、持续飞行或巡航飞行的飞行器,特别是因为它们在通讯导航、灾害预警等方面极具发展潜力,是航天工程另一有前景的方向。以上两类飞行器都具有飞行高度介于空天之间,高速飞行时间长和兼有航空航天器特性等特点。为此,需要解决吸气式冲压发动机,防热系统和飞行器构型一体化设计等难题。

对于民用客机,国际上已经形成几乎被波音和空客两大公司垄断的局面。我国的民用客机虽曾研制了"运十",经过试飞,最终未投入生产和运行。目前,我国的支线飞机:新舟系列、ARJ 21等性能尚需提高。大型客机 C－919 的研制正在有序进行,在国家重大专项的支持下,重大技术问题包括:超临界机翼、增升装置、气动弹性、降噪措施和整机优化设计等正在攻关。但是,关键还是要进一步深入研究可压缩湍流模型、流动控制、CFD计算和风洞试验技术等科技难题,以实现自主创新设计大型客机,并在航程、耗油率、升阻比、噪声水平、先进材料使用等方面达到接近国际先进水平的预定目标。在研制大型客机的同时,设计先进的航空发动机也应提到议事日程。

高速铁路虽然是陆上运输,但当运行速度超过 300 千米/小时,空气动力的因素将占主导地位,空气动力学的研究就显得愈益重要。就空气动力性能来说,需要研究气动阻力的来源、减阻的措施、在通过隧道和会车时的压力波,列车通过时对站台建筑物和人群的影响,在横风作用下列车所受的侧向力、升力和倾覆力矩等问题。就气动噪声来说,需要确定主要噪声源、噪声水平、减噪措施等;就结构安全来说,需要研究结构振动、轮轨关系、疲劳寿命等。

(二)海洋、海岸工程

中国具有漫长的海岸线和辽阔的海域,蕴藏着丰富的矿物、油气和生物资源,为了满足经济增长和能源安全的需求,我国自 20 世纪 60－70 年代开发海洋油气以来,经 80 年代以后的大发展,迄今已经建成海洋石油工业体系,具有自主设计和制造近海水深 300 米以下固定式平台的能力。近 30 年来,世界各国已经把注意力从大陆坡转向深海盆,所以,适合浅水作业的导管架平台必须由适合于深海开采的浮式结构所取代,其中最有代表性的类型有:张力腿平台(TLP),半潜式平台(SEMI),单柱式平台(SPAR)和浮式生产储油系统(FPSO)等。超大型浮式结构(VLFS)可以弥补沿海地区土地资源的不足。因此,海洋工程受到国家、工业界、工程界和科学界的重视。2010 年我国自行设计研制的第一艘半潜式深水(3000 米)钻井平台(海洋石油 981)顺利下水。

众所周知,海洋结构必须能承受来自严峻海洋环境巨大流体动力学载荷,显然要求这些浮式结构的动力响应限定在一定的范围内,这对于保证正常钻井、生产和作业是至关重要的。特别是在全球气候变化的背景下,类似于 2005 年墨西哥湾卡特里娜那样的飓风可能比以往更加频繁地发生。将来深水资源开采还要依靠深水工作站和水下生产系统。因此,海洋工程领域的主要科学问题有:强非线性水表面波和内波,极端风、浪、流环境预测,海底沙波、沙脊的分布和迁移,浮式平台的慢漂和高频响应,小尺度结构:立管、脐带管、输油管线的涡激振动。总之,只有解决了极端海洋环境预报及其与海洋结构物的相互作用的挑战性问题,才能实现自主创新设计深水钻井和生产平台的目标。

水路是经济高效的物资运输途径和方式,因此,航道治理、港口建设、海岸防护等对沿海地区经济发展有着重要作用,近岸工程受到了重视,其中泥沙输运是重要的科学问题。比如:在 20 世纪 80 年代,一次风暴将长江口南漕淤塞,改走北漕。该航道由于拦门沙的存在,只能维持 6 米水深,大吨位船舶只能乘潮进港。又如,随着经济发展,我国近年来迫切需要建设深水港和跨海大桥,泥沙问题不可回避。海洋泥沙输运不同于河流泥沙输运,由于处在径流、潮流和波浪联合作用下的非定常流中,非恒定输沙理论尚不完善,需要研究泥沙起动的机理,在盐水中细颗粒泥沙的絮凝沉降,湍流和泥沙颗粒的相互作用等问题。此外,考虑到城市供水问题,在各种水文条件下盐水入侵及其受近岸工程的影响需要有深入的研究。

(三)环境工程

所谓环境,指的是人类和其他生物周围的空间内影响其生存和发展的条件,如:温度、湿度、风速、气压、降水、水位、组分、噪声、磁场、电场、放射性、生物种群和生态系统等。人们追求舒适、有利于健康的环境,而要避开不利于生存的极限环境。因此,环境问题,不仅仅限于污染,它还涉及气候、生态与灾害等方面。实际上,自然灾害是急剧、严重的环境问题,而环境问题则是缓慢、轻微的自然灾害。

20世纪下半叶以来,由于工业污染导致的八大公害事件引起了人们的关注。20世纪60年代,卡尔逊的著作《寂静的春天》是人类环境保护运动的开始。经过1972年斯德哥尔摩世界环境会议和1992年世界环境与发展会议,人们逐步取得共识。认为:保护地球环境符合全人类的利益,明确了环境与发展的关系,提出了可持续发展的概念。特别是经过政府间气候变化小组持续研究,确认近百年来地球的气温在上升,其中人类活动起着主导作用。我国政府自1972年参加世界环境会议以来,对环境问题日益重视,提出了建设资源节约型和环境友好型社会的目标,要求以科学发展观为指导,发展战略性新兴产业,转变生产发展方式的目标。但是,由于我国还是一个发展中国家,正处于经济高速发展时期。同时,由于在不发达地区缺少资金和先进环保技术,特别是环境保护的法制和意识不健全,我国的环境问题不容乐观,环境力学研究任重道远。针对我国国情,环境力学的研究重点为:工业化、城镇化过程中的城市环境问题;西部干旱、半干旱地区的生态环境问题;大江、大湖流域的水文地质灾害,如长江三峡库区地质灾害;重大工程的环境影响评估;环境力学建模等。

为此,我们需要重点解决的环境问题是:

应对重大自然灾害。研究表明在全球变化的背景下,21世纪以来,飓风、暴雨、热浪、冰冻、洪灾、干旱、滑坡、泥石流等频繁发生,其强度往往是50年、100年一遇,这是当务之急。根据我国情况,应重点做好应对水文和地质灾害的防治工作。研究在山区山洪暴发、土石坝破坏、坡体失稳、泥石流起动与迁移的规律,建立预报预警系统;在城市完善给排水系统设计,提高抗洪排涝能力;在全国合理调配水资源,发展节水农业,从而减轻洪涝和干旱灾害的影响。

防治严重环境污染。近年来,许多环境事件给我们敲响了警钟:2006年无锡太湖蓝藻暴发,城市饮用水发生困难;2010和2011年,美国墨西哥湾和我国渤海相继发生大面积、长时间原油泄漏和油膜污染事件,破坏海洋生态系统,影响水产养殖业;我国大城市悬浮颗粒物、光化学烟雾等导致严重的大气污染,严重影响交通和人体健康;日本福岛核电站核泄露事件,严重危害人体健康等。通过污染物从点源、面源排放后的对流扩散和生物化学过程的耦合研究,了解各种污染物时空变化规律,合理设定排放标准,控制污染物容纳总量,发展污水处理设备,科学研究结合法律、行政手段,将极大地改善我国的大气、水体、岩土体环境质量。对核电站的安全标准和核废料的管理更要严上加严。

研究气候变化、实施节能减排。目前,国际气候变化研究虽然取得进展,但对预测气候的大气环流耦合模型存在诸多不确定性,主要是:云、海冰的模型和海气相互作用,都有改进余地。通过这些模型,还要深入了解气候变化对于我国环境,如:气温、降水、海平面上升、热带气旋等时空分布的影响,为政府和民众采取应对措施有重要意义。关于节能减排,将在下一节结合能源工程来进行讨论。

(四)能源工程

能源问题是指可以被人类获取和利用的从事生产活动和日常生活的动力源和热源,它们存在于长期埋藏于地下的一些矿物质中或地球深部,也可以直接来自太阳的辐射能、大气、水体运动和生物质中。能源的勘探、开采、转换、输运和利用的综合构成了能源问题。能源按照其性质可以分为:化石能源,包括煤、石油、天然气等。核能包括重元素的裂变能和轻元素的聚变能。还有就是可再生能源,包括:太阳能、水电、风能、潮汐能、波浪能、地热能和生物质能。

我国因人口和人均 GDP 增加,能源生产发展迅速。另一方面,能源工程与环境的关系紧密,排放氮氧化物、硫氧化物、一氧化碳、二氧化碳、碳氢化合物和悬浮颗粒物等污染物,严重影响环境。众所周知,碳的排放与能源效率、能源结构和燃料种类相关,因此,可以通过提高发动机、燃烧器效率,发展可再生能源,如:风能、地热能、海洋能等,开采天然气水合物、煤层气、页岩气等方面作出贡献,实现我国政府为应对气候变化所作出的国际承诺。

我国由于能源储量以煤为主,石油资源不丰富,不可能在短时间内根本改变能源结构,同时,各种能源形式都是各有利弊,不宜片面强调某种能源绝对优越,必须通过客观和科学的分析,建立我国中长期能源发展的路线图,才能保证国家能源安全,促进经济和社会可持续发展,不断提高人民的生活水平。

力学工作者的研究方向有:在化石能源方面,通过多相流和物理化学渗流研究,在提高油气采收率、进行油气水分离和多相计量、防止瓦斯突出,研究煤的清洁燃烧等方面取得进展。特别要加强研究非常规油气,例如天然气水合物、页岩气和煤层气等开采中的力学问题,要关注有相变,吸附、解吸影响和各向异性地层中的渗流问题、要关注应用水平井技术和压裂技术等的固体力学和渗流力学研究和应用。在核能利用方面,先进压水堆和高温气冷堆装置中的传热、传质,热冲击载荷作用下的安全壳工程设计,岩土体中核废料迁移;托克马克装置中的等离子体稳定性等都是关键的科学问题。在可再生能源方面,风能资源分析、风电场选址和风机优化布置,叶片设计,复合材料、风机及其支承的载荷、减噪措施等。近年来,海上风电发展迅速,在海洋中风机的塔架及其支撑系统的工程设计与海洋平台十分类似。在水能方面,除了高坝、水轮机设计外,主要开展水电工程环境影响包括:泥沙、生态、污染、滑坡灾害等的客观评估。

(五)材料工程

材料科学与工程是近年来发展最快的科技领域之一,它不仅创造了大量高性能新材料和前所未有的加工方法,同时也使传统材料的生产发生了巨大的变化。材料科学的飞速发展,提出了许多与固体力学相关的、亟待解决的、极具挑战性的新问题,固体力学与材料科学相结合已经成为固体力学学科研究的发展趋势。损伤破坏机理和微结构演化、复合材料力学、新型材料的力学问题,这些与材料科学密切结合的领域呈现欣欣向荣之势。

新型结构材料、新型功能材料、仿生材料、软物质、环境优化材料和高能密度材料等不断涌现,其变形与破坏理论对相应的结构和功能设计与寿命评价至关重要,是固体力学的重要方向。其中材料与结构一体化设计和可靠性评定涉及复杂力学环境及多场耦合效应。主要包括:高温复合材料热力耦合本构理论与破坏判据,材料高温高应变率相关本构理论与疲劳断裂,热障涂层系统设计与强度理论,高温条件下材料性能与结构响应的表征与评价,热流固相互作用及其求解方法,承载-减重-吸能-热管理等多功能结构的静态响应、高低速撞击响应和爆炸冲击响应,材料-结构一体化设计与安全评定;新型材料的变形和强度理论;微纳米力学理论及相关的分析和实验方法;新型多功能材料微结构与性能的关联;新型材料力学行为的表征理论和试验方法;多场作用下结构的静动态响应、失效机理与可靠性。

在复杂的生物材料与仿生材料工程领域,力学面临着大量颇具挑战性的科学问题,其中之一就是对天然生物材料的多尺度力学及其仿生的研究,例如:天然生物材料的多级结构、化学组分、多尺度力学行为与功能适应的本质关联;天然生物材料在微纳米尺度下的形成机理、结构优化适应性与力学原理;天然生物材料在不同尺度下的热力学原理,揭示其中能量的耗散机制及其与结构、材料的相互作用;天然生物材料在不同尺度下各组分之间以及与环境之间的相互作用;天然生物材料不同尺度上各种功能的有机统一;生物体表面的多级结构及其物理机理,包括生物材料表面的接触、粘附、摩擦磨损、表面稳定性与形貌等方面;仿生材料与仿生结构的性能与功能的设计和多目标优化。

(六)微纳米器件

当前纳米科技研究的主流正从纳米材料向微纳米器件发展、从单一学科研究向交叉学科研究发展、从人工纳米结构向生物功能结构和蛋白质系统发展,已经从材料结构和性能研究向微纳电子技术如微流控芯片、能源技术、生物与医药技术等应用与产业领域发展。在此趋势下,具有定量研究复杂微纳米器件系统行为传统优势的力学及其与量子力学的结合,理论、计算、实验和制备结合必然是十分重要的学科发展方向。

随着微纳米测试技术的进步,人们掌握了越来越先进的手段用来观察、测量、分析和表征在更微小尺度上的材料结构、特性和功能,也发展了越来越多的技术以制备微纳米器件。力学在微纳米器件领域起着至关重要的作用,近年来,在微纳米器件的一系列新力学行为研究方面,提出了有重要影响的原创性思想,为纳米材料的性能研究和材料设计作出了重要贡献。我国学者提出首个 GHz 纳机械振荡器的构想和理论预测,并率先进行了系统研究;提出了纳米晶体的塑性变形模型;提出了多种高效的跨尺度计算方法;建立和发展了新的细观力学理论。

发生在不同尺度上的现象和性质往往具有不同的主导因素或物理机制,如经典固体力学一般忽视的表面能、范德华力、静电力、毛细力和 Casimir 力等,在微纳米尺度力学中则可能成为主导因素。材料在某一尺度上的行为和性质往往由构成该物体的更小尺度层次的组分及其结构所主导。因此,在研究不同尺度的问题时,尤其是对于复杂的微纳米器件,力学面临着大量颇具挑战性的科学问题。近 20 年来,各种更为精细的微纳米显微观测与表征手段(例如原子力显微镜、微纳米压痕测量技术、原位透射电子显微镜、三维 X射线显微镜等)、大规模计算能力尤其是并行计算技术等的迅速发展,这使微纳米器件多尺度力学的系统研究成为可能。另一方面也是学科发展的迫切需求,例如,先进功能材料的多功能、多层次、智能化的优化设计,微器件和系统的多功能优化设计等,都通过微纳米力学的研究得到启示和灵感。

微纳米器件研究在全球范围正在迅速扩展和深入,推动着微纳米力学的发展,使其具有多学科交叉的强烈特征,国际竞争十分激烈。微纳米器件力学与其他学科微纳米发展方向相比较,在处理大尺度、复杂行为、运动变形和强度等方面具有优势。我国学者不仅需要突出这一优势,还特别需要加强学科内外的合作,以切实抓住历史发展机遇。

(七)人类健康

生物力学一方面研究生物医学工程中的力学问题,另一方面认识生命体和生物过程的力学－生物学和力学－化学耦合规律。生物力学不仅将力学家认识自然界的对象拓展至生命体和生物学过程,而且可望对维持人类健康、提升疾病诊治水平作出重要贡献。

现代生物力学于20世纪60年代由著名华裔力学家冯元桢创立,其发展历程可大致分为两个阶段:20世纪60—90年代:以定量生理学为基础,针对组织、器官、整体等宏观层次的研究对象,着重开展血液循环动力学、软组织力学、骨力学(含创伤、矫形、康复)、血液流变学等方面的研究;20世纪90年代以来:以定量生物学为基础,针对分子、细胞等微观层次的研究对象,着重开展分子－细胞力学、力学－生物学与人类健康紧密相关的生物力学问题。当前,生物力学的学科基础涵盖生物学、医学和力学、物理学、化学、数学等多个学科,涉及整体、系统、器官到组织、细胞、分子的各个层次,研究方法包括:理论模型、数值计算、离体实验、临床验证等。

骨骼－肌肉系统:包括骨骼、肌肉、肌腱、韧带和关节等是作为支撑人体活动的主要力学结构,当该系统结构功能发生变化时,可以导致各种严重的疾病,如:骨折、关节损伤、背痛、骨质增生、佝偻病等,所以,它是现代生物力学的重要对象之一。主要开展对骨骼－肌肉系统整体结构特征和功能的定量描述;对各种组织,如:肌肉、骨的细观－微观力学性质、多尺度关联以及力学－生物学耦合进行精细研究,并应用于宏观建模。在骨骼－肌肉系统生物力学整体结构性能研究方面,通过与人体组织相符的力学模型与计算平台结合,实现在不同加载条件下静态和动态应力及应变分析。在微观骨骼－肌肉力学方面,考虑肌动/肌球蛋白横桥的概率模型与肌肉的宏观力学性质相关联,以建立跨尺度的力学－生物学耦合的肌肉力学理论框架。目前,骨、软骨、肌肉、关节、肌腱与韧带的宏观研究已经应用在骨折固定、人工关节、人体运动学建模、矫形外科等方面。

血液循环系统:心(脑)血管血流动力学兴起于20世纪60年代,主要基于应力与生长关系的分析,发现动脉粥样硬化好发于人体动脉系统血管几何形状发生急剧变化分岔和弯曲的部位,即:血液流动的分离和涡旋区。近年来,随着医学图像技术、计算机数值模拟等方法和技术的进展,并结合临床影像和动物实验的心血管建模与个体化手术设计,将血流动力学研究所获得的结果应用于临床医学已成为可能:如通过动脉系统血流流场的精细化数值模拟,规划和指导个体化心血管介入治疗,如:搭桥和植入支架的手术以及动脉粥样硬化和肿瘤生长、斑块破裂、栓塞形成机制,高风险斑块的预测。

组织工程和再生医学:指的是利用力学、物理学、化学、生物学和工程学方法指导细胞生长、分化和组装,构建具有复杂结构和不同功能的三维组织。着重研究力学刺激下细胞生物学响应以及细胞与材料表面间相互作用,考察力学微环境对干细胞生长、增殖、分化及迁移、组装的调节及相关规律等;设计新颖的生物反应器,精确控制干细胞和始祖细胞的快速增殖以及化学和力学环境,以实现组织的三维生长和功能;着重研究组织损伤与修复机理和基因调控机制,发明和构建人工红细胞等生物材料和医用组织替代物。近年来,人们研制了应力可控的旋转式细胞/组织生物反应器和针对空间细胞生长对营养物质需求的物质输运可控的片流逆流式生物反应器;发展了适用于规模化组织构建、接近生理条件下的心肌、血管、软骨的生物反应器以及相应的细胞力学实验装置;研制了在施加力学刺激条件下进行细胞培养的智能空间生物舱实验平台。开展了骨表面再造的数值仿真、骨质疏松症力学-生物学耦合的有限元分析和骨折固定后骨重建的研究;分析了灌注式生物反应器中流体应力和物质输运对大尺度骨构建的作用;研究了力学环境对韧带中成纤维细胞生命活动和修复过程的影响;在血管构建方面,考察了壳聚糖海绵状支架材料的基本性能,验证这种支架材料良好的生物相容性等。

本编小结

本篇记述了从 20 世纪下半叶新中国建立以来,中国力学学科在极其薄弱的基础上发展成为一个力学大国的艰难曲折发展历程。

这一时期大致可以分为两个阶段:在第一阶段,我国的力学工作者以国家初步实现工业化、特别是完成"两弹一星"为奋斗目标,通过自力更生、艰苦奋斗,建立教育和科研体制、制定中长期学科发展规划、培养力学人才、进行力学学科建设等,奠定了我国近代力学的基础;在第二阶段,我们以促进经济发展、全面建设小康社会为目标,通过改革开放、自主创新,加强国际学术交流、瞄准学科前沿、倡导学科交叉,实现全面发展现代力学。

半个世纪以来,中国现代力学在许多大型工程诸如:载人航天、探月工程、三峡工程、油气开采、青藏铁路、高速列车中取得了举世瞩目的成就,为我国的经济社会发展和国家安全作出了积极的贡献。中国已经在国际力学界的舞台上有了一席之地,少数前沿研究成果产生了一定国际影响。中国已经发展成为一个力学大国,在世界力学界的影响与日俱增。

但是我们还要看到中国现代力学发展中存在若干问题和不足,与国际先进水平相比存在一定差距。半个世纪学科发展的实践,使我们认识到:

经济社会发展是学科建设永恒的动力。力学将面向新时期国家发展的重大战略需求,继续发挥支撑经济、社会发展和国家安全的主力军作用;

国际学术交流是发展前沿学科的主要途径。中国力学界将通过各种机遇继续保持和扩大与国际力学界的合作与交流,逐步改变在学科前沿研究方面以跟踪为主的局面,不断为现代工程技术的自主创新作出前瞻性、引领性的贡献;

重视杰出人才在学科发展中引领作用,努力造就一支高水平的力学研究队伍,培养一批优秀的力学人才,以面对激烈的国际科技竞争的挑战;

基于过去 50 年老一辈力学家奠定的坚实基础和目前国家的经济实力对科学研究和人才培养给予相当强度支持和投入的可能性,我们深信,再经过几十年的努力,中国力学应当、也有可能缩小同美国和俄罗斯两个领先国家的差距,实现我们跻身于世界力学强国行列的宏伟目标。

参 考 文 献

[1] 中国大百科全书编辑委员会.中国大百科全书·力学.北京:中国大百科全书出版社,1985.

[2] 中国力学学会.中国力学学会史.上海:上海交通大学出版社,2008.

[3] 武际可.力学史.上海:上海辞书出版社,2010.

[4] 中国科学技术协会.中国科学技术专家传略,工程技术篇·力学卷Ⅰ.北京:中国科学技术出版社,1993.

[5] 庄逢甘,顾涌芬.中国空气动力学50年(1949—1999),北京,2002.

[6] 郑哲敏.20世纪中国知名科学家学术成就概览·力学卷:20世纪的中国力学.北京:科学出版社,2012.

[7] 钱学森.论技术科学.科学通报,1957,56(4):97—104.

[8] 李家春,樊菁.钱学森——在创建力学所的日子里.北京:科学出版社,2011.

[9] 中国力学学会.力学学科发展报告.北京:中国科学技术出版社,2007.

[10] 1956—1967年科学技术发展远景规划纲要(修正草案)通俗讲话.北京:科学普及出版社,1958.

[11] 国家科委.《1963—1972科学技术发展规划纲要》(十年科学发展规划),1963.

[12] 美国机械工程师协会.应用力学最新进展(上).北京:科学出版社,1987.

[13] 美国机械工程师协会.应用力学最新进展(下).北京:科学出版社,1987.

[14] 钱学森.关于现代力学.力学与实践,1979,1(1):1—9.

[15] 谈镐生.谈镐生文集.北京:科学出版社,2006.

[16] 《1978—1985年全国基础科学发展规划(草案)·理论和应用力学》.1978.

[17] J. L. Lumley. Research Trends in Fluid Dynamics. Hong Kong:API Press, 1996.

[18] G. J. Dvorak. Research Trends in Solid Mechanics. Oxford:Pergmon Press,1999.

[19] 中国力学学会办公室,中国科学院力学研究所LNM开放试验室.现代流体力学进展Ⅰ.北京:科学出版社,1991.

[20] 中国力学学会办公室,中国科学院力学研究所LNM开放试验室.现代流体力学进展Ⅱ.北京:科学出版社,1994.

[21] 中国力学学会.力学与生产建设.北京:北京大学出版社,1982.

[22] 中国力学学会.人,环境和力学.北京:科学出版社,1990.

[23] 中国力学学会.力学——迎接21世纪新的挑战.北京:北京理工大学出版社,1997.

[24] 庄逢甘.中国力学学会40年:现代力学与科技进步.北京:清华大学出版社,1997.

[25] 庄逢甘.中国力学事业50年:庆祝中国力学学会成立50周年暨中国力学学会学术大会2007论文摘要集,2007.

[26] 国家自然科学基金委员会.2011—2020力学学科发展战略研究报告.北京:科学出版社,2012.

[27] G. K. Batchelor. Perspective in Fluid Dynamics. Engand:Cambridge University Press, 2000.

[28] J. Lighthill. Fluid Mechanics, in Twenties Century Physics,2002,795—912.

[29] 国家科委基础研究高技术司等.21世纪中国力学.1994.

[30] 白以龙.世纪之交对力学的回顾、展望和想象//力学2000.北京:气象出版社,2000.

［31］李家春.现代流体力学的发展与展望.力学进展,1995,25(4):442－449.

［32］李国豪,何友声.力学与工程——21世纪工程技术的发展对力学的挑战.上海:上海交通大学出版社,1999.

［33］崔京浩.力学在学科发展及国民经济中的重要作用.工程力学,2010,27(增刊).

第四编 中国的力学教育

第九章 力学教育

力学教育的任务主要有以下两个方面：一是向学生和社会传授力学知识，二是培养专业的力学人才。人类早期的力学知识源于对自然现象的观察和生产实践。在漫漫的历史长河中，力学知识的积累经历了一个从零星到系统、从肤浅到深入、从局部到完整的过程。随着一系列力学经典专著的出版，一个又一个杰出力学大师的出现，最终形成了自然科学中一门重要的学科——力学。在这个过程中，力学教育应运而生，它不但对力学的发展起到了至关重要的作用，而且成为力学史中绚丽多彩的一章。

第一节 西方的力学教育

西方的力学教育伴随着力学研究和力学学科的发展，同样大致经历了古代力学、经典力学、近代力学和现代力学四个时期。西方古代力学的研究可以追溯到古希腊乃至更早的年代。在古代力学发展的漫长年代里，古代学者对生产实践中遇到的各种力学问题进行了一系列的思考和探索。阿基米德发现浮力定律和杠杆原理是古代力学研究成果的杰出范例。我们从金字塔等古代宏伟的建筑工程中，也可以看到当时的力学知识已经达到了一个相当的水平。

从人类社会发展的角度看，教育后代、积累经验、传承和创新知识是非常重要的。所以，在古希腊的教育思想中，一开始就强调将教育作为一项重要的公共事业。古代埃及的僧侣寺庙学校和文士学校很早就开始教授天文、水利、数学、建筑学和医学知识，其中也包含了相关的一些力学知识及其应用。古希腊著名学者亚里士多德（前384—前322年）创办了吕克昂学校。他主张除教学训练之外，还采用研究的方法来进行教育，这已经初步体现出现代教育中研究型大学的思想理念。吕克昂学校配备有图书馆、博物馆和实验室，以供科学研究之用。亚里士多德一生共写了170本著作，流传下来的有47种。在《力学》这部著作中，他对与力学相关的一些问题进行了阐述，由于当时科学发展的水平所限，从现今的观点看，书中的有些观点并不正确，但亚里士多德是第一个在论著中使用术语"力学"的学者[1]。

从古希腊时代到文艺复兴的开始，古代力学的发展经历了漫长的阶段，而力学教育取得真正意义上的进展应该始于经典力学阶段。在影响和促进力学教育的众多因素中，最具有深远意义的事件是欧洲大学的创建和迅速发展。从某种意义上看，欧洲大学的出现，不但给西方力学教育提供了最好的舞台,大学本身也形成了孕育经典力学诞生和发展的沃土。

在欧洲,博洛尼亚大学成立于 1088 年,它位于意大利的博洛尼亚,是世界上历史最悠久的大学。为了摆脱教会的控制,1158 年,德意志国王和神圣罗马帝国皇帝腓特烈一世曾颁布法令,规定大学不受任何权力的影响,作为研究场所享有独立性。针对罗马皇帝提出的大学脱离教会控制的主张,1159 年当时的教皇亚德里安四世发表演说,猛烈抨击腓特烈一世皇帝,并扬言要将他逐出教门。在欧洲,这两种理念的较量一直延续到 17 世纪,最后教会全面控制大学的企图以失败告终。博洛尼亚大学最初成立的是法学院,从 14 世纪开始,天文学、医学、哲学、算术、修辞学以及语法学的研究相继展开,使它成为当时欧洲的四大文化中心之一。1988 年 9 月 18 日,博洛尼亚大学建校九百周年之际,欧洲 430 位大学校长在博洛尼亚的广场共同签署了《欧洲大学宪章》,正式宣布博洛尼亚大学为欧洲"大学之母",被公认为欧洲所有大学的母校。

在博洛尼亚大学之后,欧洲相继成立了一批著名的大学,比如牛津大学(1168)、巴黎大学(1180)和剑桥大学(1208)等。到 14 世纪末,欧洲已有 65 所大学。美国的哈佛学院于 1636 年成立,1780 年更名为哈佛大学,是美国历史最悠久的大学。俄国最古老的大学是圣彼得堡大学,成立于 1724 年。莫斯科大学成立于 1755 年,是俄国最古老的综合性大学。这些大学为经典力学的诞生和发展作出了重要贡献,也是力学教育早期探索者和实践者的集聚地。在西方的大学中,力学教育形成自己的体系经历了一个相当漫长的过程。

由于宗教势力的阻碍,直至 17 世纪中叶,西方大学的教育制度还渗透着浓厚的中世纪经院哲学的氛围,当时哥白尼、布鲁诺和伽利略等对天文和力学问题的研究和思考,被教廷认为是邪教异说,受到宗教势力的残酷迫害。伽利略青年时代就读于比萨大学,1589 年成为该大学数学系教授。2002 年美国《物理世界》杂志评出有史以来的物理学十大经典实验,伽利略的自由落体实验、重力加速度实验分别排名第二和第八位。他对物体匀加速运动和在重力影响下的落体运动问题的研究,首次推翻了古希腊学者亚里士多德关于不同重量物体下落速度不同的观点。亚里士多德认为,力的持久作用保持物体匀速运动。伽利略的实验结果证明,物体在引力的持久影响下并不以匀速运动,而是每次经过一定时间之后,在速度上有所增加。伽利略还发展了抛射体的飞行轨迹理论,从数学上证明了一个物体以 45°角抛出时,水平方向运动的距离将最远。

牛顿在 1661 年进入剑桥圣三一学院学习时,那里的教育还主要在传授一些传统的课程,如逻辑、古文、语法、古代史、神学等,这些课程的内容当时被认为是一个智者所必须掌握的最重要的知识。当时剑桥大学只有神学、希伯来语、希腊语、民法和医学 5 个教授席位。1663 年,根据卢卡斯的遗嘱,圣三一学院开始设立卢卡斯数学教授席位,规定讲授数理学科相关的科学知识,并要求该讲座教授不得参与教会活动,这极大地促进了数学和力学的教学,增强了力学研究的活力。在剑桥大学,化学和天文学两个教席的设立在约 40 年后的 1702 年和 1704 年。数学家伊萨克·巴罗是讲座的第一任教授。1669 年,为了让才气横溢的牛顿有更快发展的机会,巴罗毅然辞去了该讲座教授的职位,建议由 26 岁的牛顿继任。牛顿成为了第二任卢卡斯讲座教授,当时剑桥大学的教员有担任教会中高等圣职的义务,但牛顿以卢卡斯遗嘱为由坚持拒绝担任教会的圣职,得到了国王查理二世的特准。此后,凡担任卢卡斯教授的学者均享有此豁免权。在牛顿以前,天文学取得了许多进展,但是行星按照一定规律围绕太阳运行的原因是天文学家无法解释的。万有引力的发现说明,天上星体运动和地面上物体运动都受到同样的规律——力学规律的支配。作为经典力学的创建者,牛顿系统总结了伽利略、开普勒和惠更斯等人的工作,得到了著名的万有引力定律和牛顿运动三定律。

作为剑桥大学的教授,1687年牛顿完成了他的科学巨著《自然哲学的数学原理》,书中提出了经典力学的三个基本定律和万有引力定律,无可争议地成为经典力学的首部划时代巨著,其影响遍布自然科学的许多领域。牛顿在第一版的序言中指出:"要致力于发展与哲学相关的数学,这本书是几何学与力学的结合,是一种理性的力学,一种精确地提出问题并加以演示的科学,旨在研究某种力所产生的运动,以及某种运动所需要的力。"这里的力即万有引力,以及由它所衍生出来的摩擦力、阻力和海洋的潮汐力等;而运动则包括落体、抛体、球体滚动、单摆与复摆、流体、行星自转与公转、回归点、轨道章动等,包括了当时已知的一切运动形式和现象。牛顿的伟大在于,他用统一的力学原理成功地解释了从地面物体到天体的所有运动和现象。牛顿在《自然哲学的数学原理》中讨论的一些问题及研究问题的方法,至今仍是大学力学及相关专业所关注并讲授的内容。

从牛顿开始,到18世纪,一个鲜明的特征是数学同力学的有机结合,当时几乎所有的数学家都以巨大的热情,致力于运用微积分工具去解决各种物理、力学问题。正是在这个时期,经典力学以质点、质点系、刚体、弹性体和理想流体为模型,运用微积分等数学工具,形成了自己完整的理论体系,并使得力学在西方的教育中逐渐开始占有重要的地位。除了牛顿的《自然哲学的数学原理》,该时期最具影响力的力学经典著作还包括:欧拉的《力学或运动科学的分析解说》(1736);伯努利的《流体力学》(1738);达朗伯的《动力学》(1743);拉格朗日的《分析力学》(1788)。这些专著的完成,不但搭建起了经典力学的构架,系统阐述了各种必需的基础知识,也给当时西方的力学教育提供了最好的教材和参考书。到18世纪,剑桥大学已经要求本科生掌握的知识中包含了力学和流体静力学的内容。

在早期西方力学教育中,欧拉的《力学或运动科学的分析解说》是用数学分析方法来发展牛顿质点动力学的第一本教科书,具有重要的历史地位。欧拉是18世纪杰出的数学、力学大师,他13岁进入了瑞士的巴塞尔大学,1724年17岁时获得硕士学位。他一生的研究成果颇丰,这得益于在大学所受到的良好教育和自己的努力。1727年,欧拉来到圣彼得堡科学院从事科学研究,在1736年完成出版的专著《力学或运动科学的分析解说》中,他主要阐述了质点运动学和动力学的基本概念和定律,其中第一卷研究质点在真空中和有阻力的介质中的自由运动,第二卷研究质点的强迫运动。书中提出的基本概念和定律已经非常接近于我们当今的力学体系。他用解析形式给出的运动方程,对于近代力学的发展具有重要的意义。在流体力学中,理想流体的运动方程以欧拉的名字命名。

在流体力学的发展史上,第一部流体力学专著《流体动力学》(Hydrodynamica)是瑞士学者丹尼尔·伯努利在1738年完成的(图9-1)。他是巴塞尔大学的医学博士,先后在俄国圣彼得堡科学院和巴塞尔大学任教,英国皇家学会会员,也是当时全面接受牛顿学术观的首位非英籍著名学者。在《流体动力学》一书中,他首次给出了沿流线的伯努利定理。该定理至今仍是流体力学教科书的基本内容之一，并在水力学和空气动力学中有广泛应用。

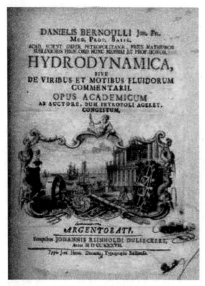

图 9-1　丹尼尔·伯努利
所著的《流体动力学》

法国学者达朗伯于 1743 年出版的《动力学》（Traité de dynamique）一书是力学的另一部历史性的经典著作，其中提出的达朗伯原理为分析力学的创立打下了基础。达朗伯是数学分析的主要开拓者和奠基人，他认为数学应该在力学中有广泛应用，一生对力学进行了大量研究，取得了一系列重要的研究成果，与当时的欧拉和伯努利齐名，是为牛顿力学体系的建立作出卓越贡献的科学家之一。在流体力学方面，他在 1752 年发表的论文《流体阻尼的一种新理论》（Essai d'un nouvelle théorie de la resistance des fluides）中，提出了著名的"达朗伯佯谬"，直至普朗特在 150 年后创建边界层理论，才彻底解决了这个佯谬。

拉格朗日出生在意大利，先后在都灵炮兵学校、柏林科学院和巴黎综合理工大学（Ecole Polytechnique）任教，是著名的数学家和力学家。作为分析力学的奠基人，他发展了欧拉和达朗伯等人的研究成果，完成了应用数学分析解决质点和质点系（包括刚体、流体）的

力学体系。德国的腓特烈大帝将拉格朗日称为"欧洲最伟大的数学家"。拉格朗日于 1788 年完成出版了《分析力学》这一历史性著作。分析力学是对经典力学的一种全新的理论表述，拉格朗日在《分析力学》序言中宣称："在这本书中找不到一张图，我所叙述的方法既不需要作图，也不需要任何几何的或力学的推理，只需要统一而有规则的代数（分析）运算"。这是微积分在力学中的完美表达和应用，理论物理学家哈密尔顿（1805—1865）赞誉拉格朗日的工作"使力学成为科学的诗篇"。

拉格朗日执教的巴黎综合理工大学成立于 1794 年，它的历史与欧洲那些古老的大学相比并不悠久。但是，在以前的大学中，教学方式以师徒式的传授和讨论为主，没有统一的数学、力学和物理的基础课程。而巴黎综合理工大学则率先规定不同的工程学科都必须学习同样的数学、力学、物理和化学等基础课程。事实证明，这种教学方式的改革不但对于人才的培养获得了极大的成功，也为现代大学的教学模式奠定了基础，使得力学作为一门正式的基础课程出现在大学的课程设置中。当时，在巴黎综合理工大学，拉格朗日和拉普拉斯开设的力学和天文学课程，与画法几何、物理、化学并列为四门主课。

法国力学家纳维 1813 年进入巴黎综合理工大学学习，他作为连续介质力学的先驱者，建立了流体力学和弹性力学的基本方程，并长期从事力学的教学活动。1819 年起，他在法国桥梁道路学院讲授应用力学。1830 年到巴黎综合理工大学接替柯西任微积分和力学教授。他所著的《力学在结构和机械方面的应用》（1826），经他的学生圣维南进行扩充，加入了许多注解，1864 年第三版的篇幅增为原来的 9 倍，成为材料力学的经典教材。

牛顿、欧拉、伯努利、达朗伯和拉格朗日等杰出力学大师的出现以及早期力学经典著

作的出版不但标志着经典力学体系的形成,这本身也成为西方力学教育在大学中展开并结出丰硕成果的重要标志。剑桥大学在 18 世纪后半叶建立荣誉学位考试,当时数学是唯一的考试学科,到 19 世纪初,考试内容修订为算术、代数、几何、微分、三角、力学、流体静力学、光学和天文学。1837 年,剑桥大学普通学位考试科目也增加了流体静力学和力学;到了 19 世纪中叶,力学和流体静力学也成为剑桥文科学士学位考试的内容,这很大程度上进一步促进了力学教学的发展。

在西方的力学教育史上,重要的事件之一是 1893 年德国的哥廷根大学成立应用力学系。历史上,哥廷根大学因其自由的科学探索精神而居于欧洲大学中心地位。20 世纪初至今,哥廷根大学共孕育了 45 位诺贝尔奖得主,创造了 20 世纪上半叶的哥廷根诺贝尔奇迹。1886 年,数学家克莱因来到哥廷根大学。他亲自讲授的力学和势论的课程,建起了数学和物理之间的桥梁,提出了科学与技术结合的理念。1904 年,近代力学的奠基人之一的普朗特创建了边界层理论。同年,普朗特应克莱因的邀请来到哥廷根大学担任应用力学系主任,培养了包括冯·卡门在内的一批力学大师,形成了在力学界影响深远的哥廷根学派。他所著的《流体力学概论》密切结合工程实际问题,至今仍是一本适合工科学生学习流体力学的经典教材。1929 年,空气动力学家冯·卡门出任美国加州理工学院古根海姆航空实验室主任,将应用力学哥廷根学派的理念和精髓带到了美国,为航空航天界培养了一批包括中国火箭专家钱学森在内的杰出的空气动力学家,对于加州理工的力学和空气动力学学科的迅速崛起起到了决定性作用。冯·卡门在讲授力学课程时,突出能够反映数学概念的具体形象,强调科学与自然现象和日常生活的联系。他除了在课堂上注意与学生进行思想交流,还利用每周一次的非正式茶会加强与学生的接触和联系。

在 20 世纪的力学教育中,铁摩辛柯是一位具有重要影响的著名力学教育家,他 1901 年毕业于俄国圣彼得堡交通道路学院。之后,曾先后在圣彼得堡交通道路学院、圣彼得堡工学院、美国密歇根大学和斯坦福大学任教。1903—1906 年,他每年夏天去德国哥廷根大学进修,在克莱因、普朗特的指导下进行力学研究。他培养了许多优秀的研究生,编写了一系列大学力学的优秀教材,包括《材料力学》、《高等材料力学》、《结构力学》、《工程力学》、《工程中的振动问题》、《弹性力学》、《板壳理论》、《弹性系统的稳定性》、《高等动力学》、《材料力学史》等 20 多部。这些教材在力学界广受欢迎,被翻译成多种文字出版,其中大部分有中文译本,有些书至今仍被作为教材使用。

从牛顿时代开始,西方的力学教育经过数百年的探索,尽管还在不断改革,但基本上已经处于相对稳定的阶段,目前力学的教育主要分成两个层次来进行。首先,由于力学与物理的密切关系,在中学和大学的基础课程中,力学都是作为物理课程的基本内容出现的。关于力学在物理学中的地位,爱因斯坦曾经说过"尽管我们今天确实知道古典力学不能用来作为统治全部物理学的基础,可是它在物理学中仍然占领着我们全部思想的中心"。在物理学家费曼的经典教材《费曼物理学讲义》中,经典力学也占有重要的篇幅。《费曼物理学讲义》中即便是阐述统计力学和量子力学的章节,从广义的角度看,也属于力学的范畴。应该指出的是,费曼不但是世界著名的物理学家,也是一名极其出色的教师。他先后在美国康奈尔大学和加州理工学院任教,深受学生的欢迎。他认为"教书以及学生,使我的生命继续发光发亮,我也永远不会接受任何人替我安排一切——快快乐乐的不必教书。永远不会!"费曼对教育的热爱与他的科学研究之间所形成的良性循环是他成功的秘诀之一,这与后量子力学时代的另一位著名物理学家朗道的理念是非常一致的。朗道创立了凝聚态理论,特别是液态氦理论,获得了 1962 年诺贝尔物理学奖,他的 10 项主要研究成果被学术界称为"朗道十诫"。朗道同时也是一位著名的教育家,他与他的学生栗弗席兹(2003 年诺贝尔物理学奖获得者)共同完成的《理论物理教程》已成为理论物理的经典教材。该教程共有 10 卷,分别为:力学、经典场理论、量子力学、量子电动力学、统计物理学(Ⅰ)、流体力学、弹性力学、连续介质电动力学、统计物理学(Ⅱ)、物理动力学。这些与力学相互包容的教程,被朗道指定为攻读理论物理方向研究生的必修课程,也表明了力学与物理之间的密切关系。因此,中学物理和大学物理中的力学内容构成了目前力学教育的第一个层次。

在机械工程学院及相关工科专业的本科生教育中,除了掌握物理课程中所包含的力学内容,需要学习更多的力学知识,学校提供了更深层次的力学课程。比如,在美国加州理工学院,机械工程系的学生学习的力学核心课程主要有三门:"静力学和动力学"、"流体力学"和"材料力学"。在美国斯坦福大学,机械系本科生必修的力学课程有以下四门:"应用力学(静力学)"、"动力学"、"应力、应变和强度"、"流体力学";美国南加州大学机械系本科生必修的力学课程则是:"力学Ⅰ"、"力学Ⅱ"、"流体动力学"、"机械工程中的计算方法"、"材料的力学性质"[2]。在英国牛津大学的工程学各专业的课程设置中,本科生第一学年的 4 门核心课程分别是"数学和计算方法"、"电和数字系统"、"工程材料和热力学"、"结构和力学"。学生在第二学年开始分成 4 个专业方向:工程科学、工程和计算机科学、工程经济学和管理、工程和材料。在各专业的 3—5 门核心课程中,共同的课程有"数学方法"、"电学和电子学",而除了计算机科学之外的 3 个专业设置了共同的核心课程"流体力学和热力学"。此外,各个大学中的从事力学研究的教授们,根据自己的专长还开设了各种专门化的力学课程,供各年级的学生根据自己的需要和爱好来选修[3]。力学教育和研究在大学受到重视和关注,与它在人类社会活动中的重要地位密不可分。在人类的生产活动中,许多问题的解决依赖于力学的发展。从历史上看,力学是自然科学中最早形成体系的学科之一。宇宙之大,基本粒子之小,力无所不在。牛顿曾经指出"自然的一切现象,完全可以根据力学的原理用相似的推理——演示出来"。

在大学教育中,为了让新生在入学的第一年更快地了解科学、热爱科学,哈佛大学于 1959 年春天率先开始在美国实行包括力学在内的内容新颖的系列新生研讨课,1963 年开始作为正式课程的一部分,很快受到学生的欢迎和好评,取得了良好的效果。该课程的学生限制在 10 人左右,以保证研讨能充分展开,引导学生思考,提出自己独特的见解。"微流动:树的结构,功能,进化"是哈佛大学所开设新生研讨课中涉及力学方向的一个例子。课程启发学生从流体力学的角度来探讨树的筛管中营养物质的输运对于树的生长高度的影响。麻省理工学院的新生研讨课"航行到底能有多快?"鼓励学生敢于发问,并用流体力学的知识来探寻问题的答案。普林斯顿大学的新生研讨课"奶油冰淇淋中的工程问题"针对日常生活中奶油冰淇淋的非牛顿流特性,启发学生用科学的眼光来观察周围的世界,思考其中的科学问题及潜在的应用前景。加州大学的"为什么鱼不是圆的,高尔夫球不是光滑的?","冲浪中的物理"和"洗发香波和调味番茄酱中的流体力学"都是力学类新生研讨课的精彩例子。新生研讨课的内容涉及新兴领域和一些跨学科的东西,学生被鼓励选择他们所喜欢的话题,获得通常课堂上难以获取的知识。经过近半个多世纪的实践和无数学生的亲身参与,包括流体力学在内的新生研讨课已经在大学本科的教育中显现出它的勃勃生机[4]。

解决工程技术的重要关键问题常常需要力学专业的知识和力学家的参与,但是近几十年的统计数字表明,对于冠名以力学专业的大学本科毕业生,与一些新兴的学科相比,他们的就业前景并不非常乐观。这直接导致每年选学力学专业学生的数量逐步下降,以及各个大学开始对原有的力学系进行调整和更名。如今在西方的大学中,已经很少有力学系的设置。从事力学教学和研究的大学教师开始具有更明确的应用背景或涉及的工程领域,他们主要分布在机械工程、航空航天工程、土木工程、海洋工程、应用数学和理论物理等院系。以英国的剑桥大学为例,数百年来以牛顿、斯托克斯、瑞利、G. I. 泰勒为杰出代表的学者在力学的各个领域作出了巨大的贡献,目前剑桥大学的力学精英主要集中在1959 年由著名流体力学家 George Batchelor 所创建的应用数学和理论物理系(DAMTP)。在英国帝国理工学院,也没有力学专业和力学系,力学教授主要集中在土木、航空和机械 3 个系中。目前,巴黎综合理工大学是保留有力学系(Department of Mechanics)的为数不多的著名大学之一。

力学教育的更高层次是研究生教育,这也是近代西方高水平大学所非常关注的环节。现代研究生教育始于德国,由柏林大学所开创。1810 年柏林大学正式开学,它从一开始就把致力于科学研究作为教师的主要要求,把授课效能作为次要的问题来考虑,即认为在科研方面卓有成就并能带领学生从事科学研究的学者才是最好和最有能力的教师。柏林大学的模式不但被德国各个大学所认可,它注重高深科学研究,将教学与科研相结合的思想也开始传播到世界各地[5]。正是依靠德国先进的研究生教育体系,哥廷根大学的力学大师普朗特带领一代又一代的博士生参加一系列科研活动,先后培养出一批优秀的力学人才,包括为中国空气动力学教育作出杰出贡献的陆士嘉教授,形成了著名的哥廷根应用力学学派。直到 1800 年,美国的学院几乎完全是本科教育。少数学士毕业后留在校园,连续缴纳 3 年学费后,就可以获得硕士学位,无需经过进一步高深的学习。19 世纪 70 年代之后,大批留学德国的学者回到美国大学任教,成为美国高等教育改革的先驱,同时一批批优秀的德国学者移居美国,使得美国的高等教育出现了崭新的面貌,逐步建立起了具有美国特色的现代高等教育的体制[6]。1876 年,美国约翰·霍普金斯大学成立。校董事会提出,它应该完全是一所按照德国模式运行的研究生院,将研究生教育和高一级的教育作为大学最重要的使命。约翰·霍普金斯大学是一所典型的研究型大学,被史学家称为美国第一所真正的大学,并影响了哈佛、耶鲁、普林斯顿等老文理学院向现代研究型大学的变革。到 20 世纪初,美国已经有了 20 所左右的研究型大学。1901 年至 1972 年间,美国共有 92 人获得诺贝尔自然科学奖,其中 3/5 的人在这些著名的研究型大学获博士学位,表明了大学研究生教育的成功。

在力学研究生的培养过程中,学校根据需要和教授的研究方向,开设出一系列供研究生选修的课程。以巴黎综合理工大学的力学系为例,在它 2011-2012 学年制定的力学硕士培养计划中,第一年需要完成 60 学分用法语讲授的课程,其中第一学期 24 学分,第二学期 36 学分。每个学生配有学术导师,要求重点掌握基本概念和方法。第一学期供学生选择的课程有 16 门(每门 4 学分),这些课程包括:"塑性和断裂"、"计算流体动力学"、"细长结构模型"、"可压缩空气动力学"、"湍流和涡动力学"、"地球动力学"、"固体力学的有限元法"、"固体力学行为的物理基础"、"软性表面"、"实验室研究项目"、"声学和声环境"、"逆问题"、"机器人和微技术中的智能材料"、"健康和疾病的生物力学"、"复合材料"、"空气动力学"。培养计划要求学生在以上前 9 门课程中选 3 门,在后 7 门课程中选 1 门,共 16 学分;外加一门法语 3 学分,一门人文社会学课程 3 学分,讨论班 2 学分,共计 24 学分。在第二学期,供学生选择的课程有 15 门(每门 4 学分),这些课程包括:"流体和结构的相互作用"、"无弹性结构分析"、"固体稳定性"、"微尺度黏流和复杂流体"、"热交换和流体流动"、"环境物理动力学"、"结构动力学"、"控制:基本概念和在力学中的应用"、"结构的优化设计"、"生物聚合物和膜的物理"、"实验室研究项目"、"结构和流体力学项目"、"流体动力学和弹性"、"湍流:动力学和数值模拟"、"智能材料:多尺度模型和应用"。要求学生在前 9 门课程中选 3 门,在后 6 门课程中选 1 门,共 16 学分;外加在法国或国外研究单位 3~4 个月的实习 20 学分,共计 36 学分。力学硕士的实习有 4 个研究方向可供选择,它们分别是:材料和结构力学、软物质和复杂流体、空气动力学和流体动力学、土木工程和石油工程。在第二学年,学生进入流体力学专业方向,仍需完成 60 学分的教学计划,其中课程 30 学分,可供选修的主要课程有:"多尺度流体动力学现象"、"湍流动力学"、"流体力学中的计算方法"、"液滴和气泡"、"流动稳定性导论"、"剪切流的稳定性和控制",所有课程均用英语教学。最后,研究生需要到法国或国外的科研单位进行 6 个月的实习,修满培养计划中最后的 30 学分[7]。

力学博士的培养是力学教育的最高层次。要办成一流的研究型大学,需要一流的教师队伍,博士研究生的导师应该是学术水平高、知识广博、才智出众的学者。导师通过指导博士研究生完成高水平的科学研究来提高他们从事创造性工作的能力。在西方著名大学中,力学专业博士生的科研选题大多是与工程关键问题的结合,充分体现了应用力学将科学与技术紧密联系在一起的理念。比如,麻省理工学院在 19 世纪侧重桥梁、道路和选矿等项目的研究,第二次世界大战时期则侧重军事的需要而开展,战后又转向空间技术、能源工程和环境工程等新兴领域。为了保证博士研究生的质量,西方大学的博士生实行淘汰制。美国博士生入学后,需要在两年内完成课程学习,随后参加博士生资格考试,只有通过考试,才能成为博士候选人,开始进入下一步的论文研究阶段。博士生资格考试由学生提出申请,经导师同意,组织 3~5 名专家组成考试委员会,考试包括笔试、口试、文献综述、课题申请报告或研究计划等方式,其淘汰率一般为 5%~20%,而一些著名大学的淘汰率则高达 40%[8]。麻省理工学院航天航空系的博士生资格考试,第一次如果不通过,一年后学生还有一次再申请资格考试的机会。在力学史上,对近代力学发展作出过巨大贡献的,包括普朗特、冯·卡门和 G. I. 泰勒在内的杰出力学大师均受益于在大学中受到的系统力学教育以及在攻读博士学位阶段的严格的科学训练。如今,研究生教育在一流大学建设中的重要性以及推动现代科技发展的巨大潜力已经日益显现。

应该指出的是,西方的力学教育课程在不同的学校中有着各自的特色,并无一个统一的大纲或模式,并在不断地进行调整。美国著名的哲学家、教育家杜威认为,人类本身就没有一套固定的标准行为模式,教育也不应该有一套让所有学生都必须去学习的课程。事实上,美国由于各州高度自治的政体,一个统一课程大纲的必要性,长期以来一直受到来自各独立学区系统的抵制。美国大学可以自行制定课程计划、授课内容和学位标准。美国的教育部不管考试,不管升学,不管评估,不管具体教学,不干涉课程标准的设置。尽管国家科学院(National Academy of Sciences)制定了《国家科学教育标准》,然而这些标准也完全不是指令性的。美国的鉴定组织为各专业规定了最低限度的标准,然而这种民间组织是非官方的,各大学完全可以自愿参加[9]。力学教育的出现和发展,如同其他自然科学的教育一样,是与人类的生产实践密切相关的。在 21 世纪的今天,为了满足现代科学和工程技术飞速发展的需要,如何优化力学课程的设置,如何进一步提升力学教学的水平和提高力学研究生培养的质量,仍然是西方力学教育必须面对和不断思考的问题。

第二节　中国早期的力学教育

中国力学教育史的起步晚于西方,尽管古代中国无论在工程实践方面还是在科技论著方面均可以与古希腊的成就媲美,但近代的力学教育却远远落后于西方。

中国的都江堰(公元前 256 左右)被联合国教科文组织列入《世界遗产名录》,德国著名地理学家李希霍芬(1833—1905)赞誉"都江堰灌溉方法之完美,世界各地无与伦比";赵州桥(595—605)被美国土木工程师学会评选为国际土木工程历史的第 12 个里程碑。这两个历经千年的工程,从现代力学的角度来看仍近乎完美。

中国春秋时期墨翟及其弟子的著作《墨经》(前 4 世纪—前 3 世纪)中,已经有关于力的概念、重心、浮力、强度、刚度和杠杆平衡的叙述。中国东汉学者郑玄(127—200)在《考工记·马人》的"量其力,有三钧"句注中指出"假设弓力胜三石,引之中三尺,驰其弦,以绳缓擐之,每加物一石,则张一尺"。已经阐明了力与形变之间的正比关系,这一力学原理的发现早于英国学者提出胡克定律近 1500 年。但是中国的教育,在当时的私塾、书院和国子监等封建教育制度和体系束缚下,长期将四书五经奉为经典,而包括力学在内的自然科学一直受到排斥。与西方的力学教育相比,中国近代的力学教育起步显得十分艰难。

中国早期的力学教育发端于 19 世纪,随着西方传教士的进入和教会学校的兴办,开始在中国引进欧美教育中包括力学在内的自然科学内容,当时被称为西学。1818 年英国传教士马礼逊在澳门创办英华学院(Anglo-Chinese College),英华书院以中英文施教,除了神学,还设置了数学、历史、地理等自然科学的课程。1839 年,英国人温施娣和美国传教士布朗在澳门开办了马礼逊学堂,用英语教学,最初为小学设置,1842 年后升格为中学,开设算法、心算、数学、地理、动物、植物、天文、格物等课程。格物是清朝末年对西学中的物理学、化学等理科学科的总称。教会中学的西学课程全部采用英文课本,由于以自然科学知识作为主要的教学内容,力学和物理知识的讲授由此开始进入中国的中等教育,形成了对中国两千年封建教育制度的一次有力冲击。统计资料表明,从 1842 年到 1877 年,欧美新教在中国开办的学校已达 347 所,它们不但打破了中国两千年封建科举教育的模式,也成了传播包括力学和物理学在内的自然科学知识的场所。不久,以圣约翰大学为代表的教会大学的兴办更是加速了这一改革进程。

在中国的早期力学教育史中,另一个有重大意义的事件是 19 世纪 60 年代随着洋务运动开始而创办的洋务学堂。两次鸦片战争失败后,清政府的部分官僚和军阀开始认识到"轮船电报之速,瞬息千里;军器机事之精,工力百倍;炮弹所到,无坚不摧;水陆关隘,不足限制"。主张强国需要采用西方国家的生产技术,创办新式的军事工业,建立新式海军和陆军。他们提出"中学为体,西学为用"的口号,设立新型的洋务学堂,开始向外派遣公费中国留学生。

1862 年恭亲王奕䜣、李鸿章、曾国藩奏准在北京设立京师同文馆,附属于总理衙门。最初以培养外语翻译、洋务人才为目的。1866 年同文馆开设天文与算学二馆,增设算学、化学、万国公法、医学生理、天文、物理、外国史地等。学制分五年、八年两种。设置的物理课程中力学占据了相当的篇幅。京师同文馆的基础课程设置得相当精细,例如单数学就分成数理启蒙、代数、几何原本、平三角、弧三角、微积分等。其中大部分课程在中国首次开设,组织和编写教材成为一项重要工作。从 1862 年到 1898 年京师同文馆共译书 28种,内容涉及法律、格物、化学、历史、数学和天文学等。与力学有关的教材有《格物入门》和《格物测算》。

当时随京师同文馆之后成立的洋务学堂还有军事(武备)学堂和技术学堂。比如,1866 年左宗棠在福州设立福建船政学堂,1867 年李鸿章在上海开设机器学堂,1880 年李鸿章在天津建立天津水师学堂,1887 年张之洞在广州建立黄埔水师学堂,1893 年李鸿章在天津创办军医学堂,1902 年,英国人李提摩太和山西巡抚岑春煊共同创办山西大学堂。我国著名的文学家鲁迅曾就读于 1890 年成立的江南水师学堂。在一定意义上,洋务学堂的成立是对中国千年不变的封建教育体制的冲击,代表着当时中国近代教育发展的方向。这些洋务学堂与当时的教会学校一起成为最早开始对中国学生系统传授经典力学知识的两类教育机构。

1854 年,留学耶鲁大学的容闳获文学士学位后回国,提出了学习西方的留学计划。1870 年,曾国藩、李鸿章、丁日昌前往天津,处理天津教案,容闳作为翻译,借此机会提出他的幼童留学计划,获得曾国藩和李鸿章的赞同,并立即联名奏请朝廷"选派聪颖弟子,送赴泰西各国书院学习军政、船政、步算、制造诸学,以图自强"。9 月获得批准奏折,并在上海成立了"总理幼童出洋肄业局",开启了近代中国官派留学活动的帷幕。1872 年及以后的四年间先后派出 120 名幼童留美,其中包括后来成为"中国铁路之父"的詹天佑,民国政府第一任国务总理、复旦大学创办人之一的唐绍仪,清华大学第一任校长唐国安,北洋大学校长蔡绍基等。他们在西方大学受到了良好的教育,并将所学到的科学知识带回了中国。

1906 年 3 月,美国传教士明恩溥向罗斯福总统建议,用清政府的"庚子赔款"在中国兴学和资助中国学生来美国留学。1908 年,美国开始向中国返还部分庚子赔款,以资助中国学生赴美留学。随后,其他列强相继效仿,在史上被称为庚款留学,为近代中国官派留学活动的第二次大潮。1909 年 8 月,庚款留学的第一次招考时,应考学生 630 人,初试科目有国文、英文和本国史地,68 人通过;复试科目有物理、化学、博物、代数、几何、三角、外国历史和外国地理。通过复试的 47 人 10 月赴美,其中包括日后成为清华大学校长的梅贻琦。1911 年初,利用庚款而专门为培养赴美留学生的清华留美预备学校正式成立。

此后十多年间,由清华派出的留美学生就达 1200 多人,成为当时最具影响的一支留学生队伍。据统计,至 1922 年,544 名归国的清华留学生中,从事教育工作的有 204 人。在中国近代科学和教育的发展史中,这些早期的留学生学成归国后发挥了关键的作用,包括北京大学的校长蒋梦麟和清华大学的校长梅贻琦等当时国内著名大学的校长。直至新中国成立后,在中国大学中担任过校长的张国藩、周培源、钱伟长和张维等著名力学家也都属于留学群体,成为了中国现代力学研究和教育的中坚力量。

进入 19 世纪下半叶,包括力学在内的有关西方科学著作的翻译和出版在中国已经开始活跃。1543 年英国传教士麦都思在上海创办的《墨海书馆》和 1867 年江南制造局成立的翻译馆发挥了十分积极的作用。经过共同努力,中西方学者合作翻译刊印了一系列西方的科学著作。其中与力学内容相关的著作有[10]:

(1)1859 年出版的《谈天》共 18 卷,英国人伟烈亚力(Alexander Wylie,1815－1887)与李善兰(1811－1882,浙江海宁人,中国近代著名的数学、天文学、力学和植物学家)合译,上海墨海书馆刊行,这是中文翻译的最早系统介绍日心说的著作。原书是英国天文学家赫歇尔(J. F. W. Herschel,1792－1871)写的一本通俗天文学读物。

(2)1859 年出版的《重学》共 20 卷,英国人艾约瑟(Joseph Edkins,1823－1905)和李善兰合译,上海墨海书馆刊行,牛顿三定律由该书第一次以中文介绍到中国。原书由英国物理学家胡威立(William Whewell,1794－1866)著。

(3)1874 年出版的《声学》共 8 卷,英国人傅兰雅(John Fryer,1839－1928)与徐建寅(1845－1901,江苏无锡人,中国近代造船工业和化学工业的先驱)合译,上海江南制造局刊行,是最早用中文系统介绍声学的著作。该书是根据英国物理学家丁铎尔(John Tyndall,1820－1893)所著的 Sound 1869 年第二版译出。

(4)1865 年出版的《汽机必以(蒸汽机原理与构造)》,共 12 卷,外加卷首 1 卷和附卷 1 卷,由傅兰雅和徐建寅合译,上海江南制造局刊行。这是一部集应用力学与汽机基础大成的著作,原书由英国学者普尔奈(John A. Bourne)著。

(5)1868 年出版的《格物测算》,1889 年出版的《增订格物入门》,1899 年出版的《重增格物入门》,由美国学者丁韪良(W. A. P. Martin,1827－1916)编著,同文馆印书局刊行。

与西方力学教育的情况类似,真正意义上力学教育在中国的形成也离不开大学教育体制的建立。与西方的大学相比,中国大学的历史要短得多。在中国最早成立的几所大学中,美国教会创办的圣约翰大学前身是 1879 年成立的圣约翰书院,它直接引进西方的近代教育模式,设置有西学、国学和神学。1896 年学校进一步形成文理科、医科、神学科及预科的大学教学格局。

北洋大学(今天津大学前身)是中国近代自办的第一所大学,它的前身是北洋西学学堂,1895 年由时任天津海关道的盛宣怀奏请清廷开办,1896 年更名为北洋大学堂。设立头等学堂(大学本科)、二等学堂(预科),学制各为四年。头等学堂设 4 个专门学:工程学、矿务学、机器学、律例学。

1896 年,盛宣怀建议各省都设立新学堂。上海交通大学的前身是 1896 年盛宣怀在上海创办的南洋公学。创办之初,仅开"师范院"一班。课程有外语、数学、物理、化学、生物、地理等。1898 年春设立"中院",相当于中学设置,课程有国文、外文、数学、史地、博物、理化、法制、经济等。1899 年秋开设了"译书院",选译外国的名著印行,负责引进和编辑欧美的教科书。1901 年设立的"上院"完全按西方大学设置课程。1903 年,清政府制定了《大学学堂章程》,统一规定必修课程,如机械系有:算学、力学、应用力学、热机学、机器学、水力学、水力机、机器制造学、蒸汽机及热力学、机器几何和机器力学等 23 门课程,它们大部分与力学有关。

图 9-2　京师大学堂的匾额

北京大学的前身是 1898 年成立的京师大学堂(图 9-2),它是在戊戌维新运动中诞生的。1898 年 7 月 3 日,光绪批准了由梁启超代为起草的《奏拟京师大学堂章程》,这是中国近代高等教育首部学制纲要。吏部尚书孙家鼐被任命为管理大学堂事务大臣,美国传教士丁韪良任西学总教习。

随着北洋西学学堂、南洋公学和京师大学堂等新式学校的出现,教学计划中开始列入包括力学内容的传授自然科学知识的课程,同时也就有了对相应学科大学教材的强烈需求。《格物测算》《增订格物入门》《重增格物入门》这三套教材是京师大学堂西学总教习丁韪良主持编译的格物教材,其中以较大的篇幅介绍了力学的原理和知识。这三套教材对于当时中国西学的教育产生了很大影响[11]。

《格物测算》1868 年出版,共 8 卷,前 3 卷为《力学》,后 5 卷分别是《水学》、《气学》、《火学》、《光学》、《电学》。力学卷Ⅰ有六章,"论物之动静"、"论重质相吸之力"、"论物之重心"等;卷Ⅱ有六章,"论力之分合"、"论火器"、"论物之摆动"等;卷Ⅲ有七章,"论杠杆"、"论斜面"、"论梁木之力"等。对于力学在这里占了如此大的比重,丁韪良的解释为:"是书自力学始,因所算多在物力,且力学之理通行万物,故不但以力学为先,亦力学较为祥备,是以演为三卷";"是书之力学即重学也,盖重学无非力学之一端,而力学实重学之根源也"。他认为:力学是物理学的核心和基础,对于首次接触西方科学的中国学生来说,必须打好力学基础。

图 9-3　《重增格物入门》的卷一:力学

《增订格物入门》1889 年出版,共有《力学》、《水学》、《气学》、《火学》、《电学》、《化学》、《测算举偶》七卷。和《格物测算》相比,力学由三卷压缩为一卷。分为上章"论力推原"和下章"论器助力"。为了介绍 19 世纪后半叶迅速发展的电磁学和化学,丁韪良在编写这套教材时,适当压缩力学的篇幅。在力学卷中,除介绍力学基础知识外,增加了许多实际例子,比如"地月呼吸"、"潮为日所致"等。在下章"论器助力"中,增加了钟表、借助自然力的运动机等的内容。与《格物测算》一书中的习题相比较,这套教材已经把重点从介绍基础科学知识转移到培养学生分析和解决实际问题的能力上来了。10 年后出版的《重增格物入门》尽管仍为《增订格物入门》的七卷,但随着科学的发展,强调了知识的更新,逻辑性的增强,理论与实践的结合(图9-3)。

1913年北京大学建立理科,成立了中国最早的物理和数学系科,受北大校长严复之邀,夏元瑮(1884-1944)由德国回国任北京大学理科学长(相当于后来的理学院院长),1929年3月当选为北京大学物理系主任。他是我国早期近代物理学家、教育家,早年就读于美国耶鲁大学和德国柏林大学,曾是著名物理学家普朗克的学生。在北大,他提出《改订理科课程方案报告》,将学制改为预科2年、本科4年,提出加强实验,增加选修课。1918年,他代表北京大学向各学校的校长会议提出理科各门学科的教学方案,增设近世电学(包括放射体论、电子论、光论、辐射论)理论、相对论、原量论、流体力学、高等理论力学、声学、弹性论、导热论等课程。这不仅反映了夏元瑮对当时物理学进展的深切了解,而且表明他准备将最新物理学成就纳入教学内容之中的远见卓识。他曾亲自主讲普通物理、光学、电学、热学、电子论、相对论、原量论(量子论)、波动力学、理论物理、近代物理、解析几何、高等微积分、群论、科学通论等课程。他教的课程深受学生欢迎,无论再深的内容,经他浅显比喻、反复讲解,学生无不通晓。他主张"实验物理学与理论物理学能合而不能分,合则有利,分则有害"。并强调"物理学的最高法庭在实验与观测。无论何人有何种程度,都可发挥自己奇特的思想,不过务须求其是否与实验相吻合"。他这种强调理论必须与实验结合的主张与哥廷根应用力学学派的观点相互呼应。1922年商务印书馆出版了他翻译的爱因斯坦的著作《相对论浅释》,这是中国出版的有关相对论的最早的著作。

清华大学的前身是1911年成立的清华学堂,1931年梅贻琦(1889-1962)出任清华大学校长,1932年组建工学院并兼任工学院院长。在机械工程系内设有:动力工程组、机械制造工程组和航空工程组。三个专业均以力学为重要的基础课程。清华航空工程组是我国最早创办的航空工程专业,对学生的培养"注重于飞机之制造,发动机之装卸、试验及比较等,均施与充分之训练",著名力学大师冯·卡门的学生华敦德博士(F. L. Wattendorf)任航空工程讲席教授。1933年8月,清华开始筹建航空馆与飞机库房、自制实验风洞、购买实习飞机(图9-4)。1936年建成了中国第一座航空风洞(试验段直径5英尺,图9-5)。1936年成立国立清华大学航空研究所,工学院院长顾毓琇任所长,机械系主任庄前鼎任副所长。1937年华敦德博士在南昌主持建造隶属清华大学航空研究所的远东最大的风洞(实验段口径15英尺)。抗日战争爆发后,清华大学航空研究所于1938年迁至成都,同年,清华大学在西南联大成立航空工程系,分为飞机工程、发动机工程两个组(专业),课程设置参照美国麻省理工学院航空工程系编制,开设有空气动力学、高空气象、结构与材料等21门课程,并编译出版了国外先进的空气动力学教材及其他书籍10余种。

20世纪初的中国,随着高等学校的工程学科、物理系和数学系的设立,开设工程力学、材料力学和流体力学等有关力学课程的需求不断增长。

工科,以北洋大学为例,依据1913年颁布的《大学规程》,工科各学门第一、二学年开设的力学公共课有:应用力学、材料力学、水力学。在第二、三、四学年又分别开设的专业课程,如土木工学门设有:材料学及材料强弱实验、热机关学、物理地质学、工程地质学、机械学原理及设计、水力机械学及实验、房屋结构学、水利工程学、道路工程学、桥梁工程与设计、铁道结构学及设计等力学相关的系列课程。

图9-4　清华的单翼教练机(1936)
殷文友、张捷迁设计

图9-5　清华1936年建成的
5英尺首座风洞

　　理科,以北京大学为例,1934年秋,曾任哈佛大学数学系主任的美国著名数学家奥斯古德(W. F. Osgood,1864—1943)来华,被聘任为北大数学系教授。这位当时蜚声国际数学界的大师在系内开设了复变函数、实变函数、力学等课程。经多年探索,1937年7月北大公布了研究院招生办法,在理科研究所算学部的考试科目中,力学被列为必试科目,开始了正规的研究生教育。

　　抗日战争开始后,1938年北京大学、清华大学和南开大学在昆明组成了西南联合大学。在中国近代教育史中,西南联大具有重要的地位。在非常艰苦的办学条件下,西南联大培养出了大批杰出人才,包括在国际力学界享有盛名的著名学者林家翘、钱伟长和郭永怀等。当时周培源任物理系教授,给学生讲授《理论力学》课程,同时从事流体力学中湍流理论的研究。1940年,他完成了第一篇论述湍流的论文,在国际上首次提出湍流脉动方程,并用求剪应力和三元速度关联函数满足动力学方程的方法,奠定了湍流模式理论的基础。1945年,他在美国的《应用数学季刊》上,发表了题为《关于速度关联和湍流涨落方程的解》的重要论文,提出了两种求解湍流运动的方法,被公认为湍流模式理论奠基性的工作。

　　在中国早期的大学教育中,按照西方课程设置的经验,力学被列为各类工程学科的重要基础课程之一。当时各大学设置课程的自主权很大,导致了大学间课程标准混乱的局面。1938年9月,南京国民政府教育部召开第一次课程会议,讨论并确定了大学课程的最低标准。10月公布了大学各学院的必修课目和学分,其中在工学院的共同必修课目表中,正式列入了各为4学分的"应用力学"和"材料力学"两门课目。

　　在研究生教育方面,1935年4月,国民政府公布《学位授予法》。同年5月,教育部发布了《学位分级细则》,规定学位分成学士、硕士和博士3级。学士和硕士学位由大学或独立学院授予,博士学位由国家授予。研究生的招生和培养由大学的研究所负责,至新中国成立前,全国可招收研究生的34所院校共计有研究所166个。根据1947年的统计,全国共有大学55所、独立学院74所,在校学生135738人,其中研究生仅36人。不但数目很少,而且由于当时中国大学内还没有开始设置力学专业,力学研究生的培养尚是一片空白[12]。

　　在中国大学早期力学课程的建设和教学过程中,一些不同工程背景的前辈学者作出了各自的贡献。他们基本上都有留洋的经历,属于中国早期公费留学生中的佼佼者。由于资料和篇幅所限,只能在这里择其一二,给以阐述。

罗忠忱(1880—1972),早年就学于北洋大学,1906 年获北洋官费留美名额,赴美国康奈尔大学土木系学习,1910 年毕业,次年在康奈尔大学研究院获土木工程师学位,回国后在唐山交大(今西南交通大学)任教,为该校教授中第一个中国人。他致力于引进西方先进的工科教育思想,重视工程师的力学基础教育,为我国现代工科教育的开拓者之一。曾任土木系主任、工学院长、校长等职。他注重基础理论与工程实践的结合,在教学上提倡少而精,重视学生品格的培育。他先后主讲过基础工程、天文学、河海工程、经济学、图形几何及水力学等课程。当时应用力学(即现在的理论力学)和材料力学是大学二年级学生的重头课,他上学期开应用力学,下学期开材料力学长达 36 年。他在我国的工程学科的教学中,最早系统地实践美国和西方的先进教育思想,同时在教学中以严格要求学生和理论严谨著称。桥梁专家茅以升,水利工程学专家黄万里,航空及工程力学家林同骅等当年他的学生给以恩师罗忠忱极高的评价。

刘仙洲(1890—1975),机械工程学家和机械工程教育家。1913 年考入北京大学预科,1914 年考取公费进入香港大学机械系学习,1918 年获得香港大学工程科学学士学位,1924 年担任北洋大学校长。这所大学从创办起就一直由外国教授讲课,刘仙洲锐意革新,开创了聘请茅以升、石志仁、侯德榜和何杰等中国著名学者任教的先河。1928 年,他受聘为东北大学教授兼机械工学系主任,主讲机械原理和热机学等课程。1932 年任清华大学教授,参加工学院和机械工程系的筹建工作,为工学院各系讲授机械原理和热机学。在西南联大期间,除了完成教学任务外,开始了中国机械发明史等方面的编写工作。他曾担任清华副校长,从学制、专业设置、学风、科研等方面做了大量工作。当时的中国大学都采用外国教材,他倡导编写中文的大学教材,并身体力行,编写了《普通物理》、《画法几何》、《机械学》、《机械原理》、《热机学》和《热工学》等 15 本中文教材,为我国中文版机械工程教材的奠基者。这些教材联系中国实际,条理清晰、深入浅出,深受师生的欢迎。这些教材大部分由商务印书馆出版。

凌鸿勋(1894—1981),1915 年以第一名的优异成绩毕业于交通部上海工业专门学校(交通大学前身)土木工程科。后被派送到美国桥梁公司实习,并在哥伦比亚大学选读。1918 年归国后,20 年代历任交通大学教授、代理校长、校长等职,在该校建立了工业研究所,首创在国内大学附设研究所的范例。他在学校教授工程力学,是我国在南方早期教授工程力学的教师之一。凌鸿勋是继詹天佑之后中国人自己修建重要铁路的又一先驱。1929 年起作为总工程师先后主持修造了陇海、粤汉、湘桂、宝天、天成、津浦、广九铁路等重要干线。主要著作有:《铁路工程学》、《桥梁学》、《中国铁路概论》、《中国铁路志》、《詹天佑先生年谱》以及由他主编的《现代工程》等。

陆志鸿(1897—1973),1915 年中学毕业后赴日留学,入东京第一高等学校预科、本科。1920 年入东京帝国大学工学部学习金属采矿,1923 年以第一名的成绩毕业。次年回国后在南京工业专科学校任教,1928 年工专并入中央大学,他任土木系教授,主要讲授工程材料、材料力学及金相学等课程。他治学严谨,重视理论与实践的结合。无论寒暑,每天都埋头在材料试验室中,进行金属熔炼、热处理、力学性能测试和金相组织观察等科学实验,都亲自动手,一丝不苟。他对所授课程的内容,非常熟练,讲课从不看讲稿,即使对难以记清的各种合金的化学成分及平衡图,也能背诵如流。1946 年 7 月陆志鸿奉命出任台湾大学第二任校长,但是他的教学工作,从未中断,仍在工学院讲授工程材料学。他的著作很多,与力学相关的有《工程力学》、《材料力学》、《材料强度学》、《建筑材料学》、《工程材料学》、《工程材料试验法》和《金属物理学》等多种教材。

图 9-6　商务印书馆《教育杂志》第 14 卷号外(1922)

20 世纪初期,在中国大学中,讲授西学课程的基本上都是来自欧美的外籍教师。20 年代后期,随着留洋学生从国外学成归来,中国教师逐渐开始成为教师队伍的主力。比如,1936 年的统计表明,在清华大学机械系的 18 名教师中,只有一名外籍教师,但所使用的教材仍然全部是外文[13]。

中国早期力学专著和教材出版的一个主要出版社是商务印书馆。该馆 1897 年成立于上海,是中国历史最悠久的现代出版机构。创立之初,就以编印新式中小学教科书为主要业务,还出版各种中外文工具书、刊物和学术著作。商务印书馆 1909 年创办《教育杂志》,宗旨为“研究教育,改良学务”,探索中国的教育改革之路(图 9-6)。在与力学相关的专著和教材方面,1931 年商务印书馆出版了郑太朴翻译的牛顿经典名著《自然哲学之数学原理》(图 9-7),首次将牛顿写于 1867 年的经典力学巨著中文版呈献给中国读者。此前,京师同文馆的李善兰、伟烈亚力、傅兰雅三人曾合译过《奈端数理》,即《自然哲学的数学原理》,但是没有译完,未能刊行。1933 年商务印书馆还出版了一套《工学小丛书》,包括徐骥的《应用力学》(图 9-8)和陆志鸿的《材料强度学》(图 9-9)。在蔡元培的大力倡导下,1932 年,商务印书馆决定编辑出版一套《大学丛书》,以供国内大学教学使用。商务印书馆请蔡元培主持,邀集国内各大学及学术机关代表共 56 人组成《大学丛书》编辑委员会。到 1936 年,出版了 200 余种,截至 1954 年共出版 369 种。其中在力学方面的著作有张含英著的《水力学》(1936)、陆志鸿著的《工程力学》(1937)、刘仙洲著的《机械原理》(1946)、严济慈和李晓舫合译的《理论力学纲要》(1947)等。除了商务

图 9-7　郑太朴译自然哲学之数学原理(1931)

印书馆外,同期在北京、上海和南京等地的各个出版社也出版了一些有影响的力学教材,比如:范会国著的《理论力学》(上海,龙门联合书局,1945),铁摩辛柯和麦克可洛著、王德荣译《材料力学》(南京,国立编译馆出版,中正书局发行,1946),陆士嘉著的《流体力学》(北京,清华大学出版社,1947),季文美著的《材料力学》(上海,龙门联合书局,1947),陆士

嘉著的《空气动力学》(北京,清华大学出版社,1949)。

图 9－8　徐驥《应用力学》(1933)　　　　图 9－9　陆志鸿《材料强度学》(1933)

从清朝末年到民国,中国早期的力学教育从作为教会中学格物课程中的内容开始,随着教会大学和洋务学堂的兴起而得以逐步开展。从最初的圣约翰大学全部由外国学者任教,全部使用英文教材,逐渐过渡到中国学者走上大学的力学课程讲坛,开始编著和出版中文的力学教材。力学教育经历了一个从西方引进、学习和吸收的过程。中国学生学习的力学知识,最初是作为西学中格物课程的内容进入学校课堂,逐渐过渡到力学本身成为大学理工科教学设置中一门重要的基础课程。这一变化表明,中国的力学教育已经开始慢慢走上正轨,并孕育出自身的活力。但是,只有在新中国成立后,随着国民经济和高等教育事业的不断发展,中国力学教育真正意义上的飞跃才得以出现。

第三节　中国力学教育的发展

20 世纪 50 年代以前,中国高等院校都没有力学专业,当时中国的力学教育是作为理工科基础课的一部分来进行教学的。开设的课程主要有应用力学(现在的理论力学)、材料力学和水力学等。大部分学校没有统一的教学组织,分别由土木、机械、航空等系的教师开出。当时,一些原来学习工程的青年到国外学习力学,如钱学森(航空工程)、张维(土木工程)、杜庆华(航空工程)、钱令希(土木工程)等,也有部分学物理出身的人兼修力学,如周培源、郭永怀、钱伟长等。他们作为杰出的力学家,不但研究成果颇丰,也为中国的力学教育和力学人才培养作出了突出的贡献。

1951 年 11 月,中国高等院校拉开了调整的帷幕,关于与力学教育有直接关系的工学院调整,政务院批准了"关于全国工学院调整方案"。1952 年教育部发布了"关于全国高等学校 1952 年的调整设置方案",要点是:除保留少数文理科综合性大学外,按行业归口建立单科性高校;相继新设钢铁、地质、航空、矿业、水利等专门学院和专业。根据这次的调整方案,明确了北京大学、南开大学、复旦大学、南京大学和武汉大学等校为文理综合性大学;清华大学、交通大学、同济大学、浙江大学和重庆大学等校为多科性高等工业院校;

为了加强工科类院校,满足国家建设的需要,新成立北京地质学院、北京钢铁学院、北京航空学院、北京林学院、北京农业机械化学院、中南矿冶学院、重庆土木建筑工程学院、华东水利学院。

随着1952年全国高等院校的院系调整,我国一些理工科院校也相继成立了由著名学者领衔的新的力学教研室或组,以统一担任全校各系的理论力学、材料力学、工程力学及相关力学课程的教学任务。比如,清华大学(杜庆华任力学教研室主任),北京航空学院(陆士嘉任空气动力学研究室主任),北京工业学院(赵进义任理论力学教研室主任),天津大学(薛光燕、贾有权分任力学教研室正副主任),南京工学院(梁治明任力学教研组主任),华东水利学院(徐芝纶任工程力学教研室主任),哈尔滨工业大学(王光远任建筑力学教研室主任),哈尔滨军事工程学院(周鸣瀏筹建力学及工程材料教授会,任材料力学教研室主任),浙江大学(王仁东筹建力学教研室)。

1952年院系调整时,关于在高校中如何设置力学专业曾是一个有争议的问题。一些力学工作者,如时任北京大学力学教研组主任的杜庆华、清华大学教授张维和陆士嘉等认为,作为工科大学的清华大学,应该设置力学专业。但当时的苏联专家并不赞成。因为苏联的力学专业不是设在工科大学,而是统一设在综合性大学。于是,教育部按照苏联模式,将原北京大学、清华大学、燕京大学三校的数学系合并,在北京大学成立了数学力学系,下设数学和力学两个专业。北京大学力学专业1952年开始招生,这是中国的第一个力学专业。力学专业成立最初,以周培源为首,仅有从物理系转来的吴林襄,北京大学数学系的钱敏(1949年毕业于清华大学数学系)共3名教师,加上周培源的研究生陈耀松(1950年毕业于清华大学土木系)。为了支持北大力学专业的建设,时任清华大学教授的钱伟长派出他的得力研究生叶开沅(1951年毕业于清华大学电机工程系)参加筹建北大力学专业。

周培源作为中国力学专业的创始人,曾任清华大学教务长、校务委员会副主任,北京大学教务长,副校长和校长。他以自己丰富的学识、独特的见解和为人之道等人格魅力,成为"桃李满园的一代宗师",为我国的教育事业作出了巨大贡献。他有科学的办学理念和育人风格,从事力学教育工作60多年,培养了几代知名的力学家和物理学家。早期学生中王竹溪、彭桓武、林家翘、胡宁等都成为著名的学者。他倡导并培育了强调基础理论、重视实验研究、理论联系实际等优良学风,主持并开拓了湍流研究的学术方向。

在全国向苏联学习的潮流下,从1953年起,北大数学力学系开始聘请苏联的力学专家来任教。比如,1954年来自列宁格勒大学的空气动力学专家别洛娃开设了气体动力学课程,撰写了《空气动力学讲义》;1958年来自列宁格勒工学院的振动与控制专家特洛伊茨基开设了弹性体振动、颤振、控制等课程。后来,来自莫斯科大学的流体力学专家格里高亮开设了量纲分析和流体力学课程。1954年莫斯科大学的数学力学系为北京大学数学力学系提供了一个教学实验室规划,包括材料试验机、光弹性试验机和小风洞等设备,1956年建成并投入使用。

从1955年起,董铁宝、王仁、周光坰、孙天风等爱国学者先后从美国等国家毅然回国,投身到北京大学力学专业的创业中。北大力学专业的首届本科生在1956年进入专业培养阶段,为了增强师资力量,从新成立的中国科学院力学研究所聘请了钱学森、郭永怀等教授给学生讲课和作专题讲座。到 1958 年,力学专业教师已经超过 40 名,分为流体力学、固体力学和一般力学三个教研室,新建的口径为 2.25 米的大风洞开始投入使用,北京大学的力学专业已经初具规模。

建国初期,在十分困难的情况下,国家选派了一批留学生赴苏联和东欧进修力学,他们回国后,大部分成为我国力学教育和研究的骨干。比如,郭仲衡(中国科学院院士,北京大学教授,1952 年从清华大学派赴波兰,1960 年获华沙工业大学工业工程系硕士学位,1963 年获波兰科学院技术基础问题研究所博士学位后归国)、郭尚平(中国科学院院士,石油勘探开发科学研究院研究员,1952 年从重庆大学派赴苏联莫斯科石油学院和全苏油田开发研究所做研究生,1957 年归国)、徐秉业(清华大学教授,1953 年从南开大学派赴波兰华沙工业大学工业建筑系学习,1960 年获华沙工业大学硕士·工程师学位,1963 年获波兰科学院技术博士学位)、黄克智(中国科学院院士,清华大学教授,1955 年从清华大学派赴莫斯科大学数学力学系塑性力学教研室进修,1958 年归国)、黄敦(北京大学教授,1948 年清华大学机械系毕业,1956 年苏联莫斯科大学力学数学系研究生毕业,获苏联物理数学类副博士学位)、赵祖武(天津大学教授,1956 年从天津大学派赴苏联以访问学者身份进行力学研究,1958 年归国)、杨绪灿(重庆大学教授,该校力学学科的创始人,曾任重庆大学副校长,1957 年从重庆大学派赴苏联列宁格勒加里宁工学院,进修弹性力学和塑性力学,1959 年归国)、熊祝华(湖南大学教授,曾任湖南大学副校长,1957 年从中南土木建筑学院派赴前苏联莫斯科大学数学力学系进修,1959 年归国)、杨桂通(太原工业大学教授,曾任太原工业大学校长,1959—1963 年在苏联科学院力学所,莫斯科大学攻读塑性动力学研究生,获副博士学位)、陈予恕(中国工程院院士,天津大学、哈尔滨工业大学教授,1959 年从天津大学派赴原苏联科学院机械所攻读研究生,1963 年获副博士学位)、王照林(清华大学教授,1963 年毕业于莫斯科大学研究生院,并获副博士学位)、刘延柱(上海交通大学教授,曾任上海交通大学工程力学研究所所长,1960—1962 年在苏联莫斯科大学数学力学系进修)、贾书惠(清华大学教授,1955—1959 年为苏联列宁格勒多科性工业大学物理力学系研究生,并获物理数学副博士学位)。

自 1952 年全国院系调整,经过数年的努力,在 20 世纪 50 年代中后期,我国陆续在高等院校建成一批力学教学实验室和实验设备。比如:北京大学的三元低速风洞,北京航空学院的低速风洞群和超声速风洞,以及清华大学的水利实验室,上海交通大学的水动力学实验室,上海同济大学的结构实验室等。这些实验室及基础设施的建成,对以后高等院校开展力学研究、力学教学及人才培养发挥了积极的作用。

建国初期,我国的研究生教育十分薄弱。1949 年,全国仅招收研究生 242 人,在校研究生 629 人;其中工科占的比例很小,分别为 87 人和 94 人。为发展中国研究生教育,1953 年 11 月,高等教育部颁布《高等学校培养研究生暂行办法(草案)》。到 1956 年,3 年内全国研究生数目增长了近 10 倍,全国招收研究生 2235 人,在校研究生 4841 人,其中工科分别为 377 人和 983 人。但是研究生的学位条例经过 1954—1957 年和 1961—1964 年的两次起草,由于种种原因没有完成[14]。

为了适应全国科学技术发展 12 年规划建设对力学研究人才的急需,在钱学森、郭永怀、钱伟长、张维等人的倡议下,1957 年,经国务院决定,由高等教育部与中国科学院合作,在清华大学开设工程力学与自动化两个研究班。自全国选拔具一定工程技术知识和经验的人员和重要高等学校的高班优秀学生,进行基础培训,以培养高级研究人才,有的还继续攻读副博士学位。工程力学研究班举办了 3 届,自动化研究班举办了 1 届,钱学森为这两个研究班的第一主持人。

工程力学研究班首任班主任为钱伟长,副主任为郭永怀和杜庆华,班委会由钟士模、陆元九、郎世俊等组成。钱学森讲授"水动力学"和"宇航工程"讲座,钱伟长讲授"应用数学"和"工程流体力学",钱伟长、杜庆华讲授"弹性理论",郭永怀讲授"流体力学概论"和"边界层理论",李敏华讲授"塑性力学",郑哲敏讲授"动力学"、"应力和波",黄克智讲授"蠕变与热应力",潘良儒讲授"流体动力学",孙天风讲授"气体动力学"。在课程结束后,根据当时的实际情况,分别完成"专题研究"和"研究论文"。许多著名教授参加了论文指导。参加指导学员论文工作的有中国科学院力学研究所的钱学森、郭永怀、林同骥、李敏华、郑哲敏、卞荫贵等教授和清华大学的张维、夏震寰、杨式德等教授。

工程力学研究班分流体力学和固体力学两个专业。自 1957 年 2 月起,力学研究班每年招生约 100 人,学制 2 年,先后招收了共 309 人。工程力学研究班的举办,不仅是我国力学教育在当时历史条件下的一件盛事,它所培养的人才经过毕业近五十多年的工作考验,也证明了它成功地实现了所预定的目标。这些研究班的学员,后来大多成为各条战线工程力学的骨干力量。工程力学研究班结业时,鉴于当时我国尚未实行学位制度,教育部正式发文,将这三届培养的研究班学员认同为研究生毕业。

钱学森在 1955 年冲破种种阻力回到了祖国后,在承担多项重大研究项目的同时,积极提倡并参与了力学人才的培养,除了 1957 年在清华大学开设工程力学研究班的工作,他作为 10 人筹备委员会成员全程参与了中国科学技术大学的筹建。中国科学技术大学作为一所隶属中国科学院的理工结合型大学,依托中国科学院各个研究所强大的科研队伍,实行"全院办校,所系结合"的办学方针。1958 年成立时,当时的中国科学院院长郭沫若任校长,力学研究所所长钱学森出任力学和力学工程系(1961 年更名为近代力学系)主任,下设高速空气动力学专业、高温固体力学专业、化学流体力学专业、土及岩石力学专业。亲自为力学和力学工程系写了 2000 多字的系与专业的情况介绍。成立之初,系里的专职教师只有 4 名,主要由中国科学院力学研究所的专家来兼课。钱学森先后 4 次主持召集了力学所有关同志对修订力学系教学计划反复进行了讨论。并适时召开教学研究会议,研究各门基础课如何适应力学专业的要求,制订相应的教学大纲,并亲自向力学和力学工程系全系学生讲解了专业内容。他分别给高年级学生和教师就"如何撰写毕业论文"和"如何指导学生论文"举行讲座。在他主持审定的 58 级和 59 级授课表中,可以见到,钱学森主讲《火箭技术概论》(后改名为《星际航行概论》)和《物理力学》(为化学物理系的物理力学专业开设),吴文俊和曾肯成主讲《高等数学》,严济慈和钱临照主讲《普通物理》,吴仲华主讲《流体动力学》,郭永怀主讲《黏性流体力学》,吴承康主讲《热力学》,林同骥主讲《高超音速空气动力学》,卞荫贵主讲《理想气体动力学》,钟万勰主讲《理论力学》,胡海昌主讲《杆与杆系》,李敏华主讲《塑性力学》,黄茂光主讲《板壳理论》,童秉纲主讲《力学》,程世祜主讲《薄壳理论》。钱学森任中国科大近代力学系主任至 1978 年,1978 年后由吴仲华继任。

　　继 1952 年北京大学在数学力学系中设立力学专业后,经过多年的探索,中国高等学校开始打破苏联模式,逐步在包括工科大学的多所大学内设置力学专业。1958 年,清华大学工程力学数学系成立,张维任系主任。同年,中国科技大学成立近代力学系,钱学森任系主任。继之,复旦大学、吉林大学、兰州大学、中山大学、西安交通大学、上海交通大学、浙江大学、天津大学、哈尔滨工业大学、同济大学、重庆大学、大连工学院(后改为大连理工大学)、华中工学院(后改为华中科技大学)、北京工业学院(后改为北京理工大学)、华东水利学院(后改为河海大学)等高等院校先后建立了力学系或力学专业,培养的人才各有侧重。至此,在中国的高等院校中,力学专业及教师队伍开始初具规模。20 世纪 50 年代,在国际上航空、航天工业蓬勃发展背景下,中国高等学校的力学专业和力学教育的发展和壮大,是我国为适应新中国科技发展与国家安全需求,向西方和苏联培养人才的教育体系和先进经验不断学习和创新的过程。

　　1949 年前,中国高等院校的力学课程,大多采用西方学者编写的英文教材。新中国成立后,出版社组织有关专家翻译了一批国外的教材供高等院校的力学课程选用。比如:钱尚武和钱敏合译的蒲赫哥尔茨著的《理论力学基本教程》(上下册,商务印书馆,1952);王光远等译、别辽耶夫著《材料力学》(上下册,商务印书馆,1953);吴礼义等翻译、洛强斯基著的《理论力学》(人民教育出版社,1956);林鸿荪等翻译、洛强斯基著的《液体和气体力学》(高等教育出版社,1957);彭旭麟翻译、朗道和栗弗席兹合著的《连续介质力学》(第 1,2,3 册,人民教育出版社,1958)。

　　新中国成立初期,中国学者自己编著的力学教材也开始陆续出版,比如季文美编著的《应用力学》(上海,龙门联合书局,1950)和《材料力学》(上海,龙门联合书局,1951),曹鹤荪编著的《流体力学》(上海,龙门联合书局,1951),黄静安、林懋先编著的《材料力学》(上海,大东书局,1951),周培源编著的《理论力学》(北京,人民教育出版社,1952),金宝桢编著的《材料力学教程》(上海,新科学书店,1953),徐芝纶、吴永祯合编的《材料力学》(上海,新亚书店,1953)。此外,还有胡乾善的《理论力学》(1954)、钱伟长和叶开沅合著的《弹性力学》(1956)、杜庆华等合编的《材料力学》(1957)、钱学森的《水动力学讲义》(1958)、汪家祯的《分析动力学》(1958)、徐芝纶的《弹性理论》(1960)、曹鹤荪的《气动弹性力学》(1962)、郭永怀的《边界层理论讲义》(1963)、陆士嘉的《高速黏性流体力学》(1959)和《电磁流体力学》(1962)。由于篇幅所限,该阶段更多的优秀力学教材和专著这里无法一一列出。至“文化大革命”前,中国高等学校的基础力学课程已全部使用由中国学者编写的教材,由高等教育出版社按计划出版发行。

　　1950—1976 年间,中国高等教育在发展规模和速度上经历了大起大落的曲折过程,1966 年 6 月“文化大革命”开始后,学校“停课闹革命”,正常的招生制度被废止,教学活动处于完全停顿状态,长达四年之久。1970 年出现了一个波谷,在校学生总数从“文革”前的近 90 万人下降到 6.8 万人。中国高等教育体系受到了前所未有的冲击,力学教育同样不能幸免于难,教师队伍和实验设备遭受了巨大损失。根据“三线建设”规划的需要,1969 年 10 月 26 日,中共中央下发《关于高等学校下放问题的通知》,许多学校开始下迁。比如,北京大学数学力学系的力学专业与技术物理系、无线电系一起于 1969 年 10 月迁到陕西汉中地区。北京大学汉中分校(653 分校)力学系于 1972 年成立。汉中分校的教学条件和实验设备远不及学校北京本部,而且当时的社会环境也对力学系的科研教学工作产生了极大的影响。在如此困难的客观条件下,力学系的教职员工仍然坚持着自己的教学科研工作。"文化大革命"结束后,1978年年底,北京大学汉中分校迁回北京,原校舍由陕西汉中工学院接管。1979年3月,北京大学力学系成立。

"文化大革命"期间,清华大学的系和专业设置变动频繁,并办了绵阳和江西鲤鱼洲两个分校。1970年8月,清华大学发布的专业体制调整方案中,全校的设置为:三厂、七系、一连、一个基础课和两个分校,其中仍保留了原有的工程力学数学系。同年,进一步调整,又将工程力学数学系的计算数学专业部分转入自动控制系,组建计算机软件专业;撤销工程力学数学系,成立工程力学系。当时,很多教工被下放到江西鲤鱼洲清华农场劳动,部分师生到绵阳分校建设三线。学校的科学研究基本停止,人员流失,实验室关闭。从"文化大革命"开始至1977年4月,清华大学仪器设备损失约1800万元(约占原仪器设备总值的一半),实验室家具丢失1万多件,实验室工作人员从1100多人减少到500多人,其中实验技术人员从480人减少到180人,有1/3的实验室需要重建。

中国科学技术大学受到"文化大革命"的冲击更为惨痛,与北大、清华均在北京留有本部不同,它于1969年12月全部搬离了北京,先选址河南南阳,后又改到安徽安庆,最后才落户在安徽省省会合肥市原合肥师范学院的校址。搬迁过程中图书、器材、教员均流失大半,其中全校讲师以上职称的教师数量不足百人。在学校濒临解体的极端困难条件下,中国科大全体教职工开始了艰难的二次创业。1972年,配合招收工农兵学员的工作,学校重建了包括力学在内的数理化基础课教研室,1975年,学校在全国范围内挑选了300多名1967—1970届毕业生回学校进修,择优与学校从各地招收的200余名教师一起充实教师队伍,为后来形成以年轻人才为主体的师资队伍奠定了良好的基础。在1977年,近代力学系的教师队伍中仅有教授1名,副教授4名,讲师5名;到1978年年底,由于吸收年轻力量进入教师队伍,近代力学系的讲师数目已经迅速增加到近60名。

1977年,在结束十年动乱后,随着全国教育战线的拨乱反正,中国恢复了高考招生制度,力学教育开始进入了恢复性的发展阶段。据1983年统计,综合大学设置力学类专业的有北京大学、复旦大学、中国科学技术大学等6所,在理工科大学或工科大学设置力学类专业的有清华大学、西安交通大学、上海交通大学、大连工学院、华中工学院等近30所,共设有力学系或力学专业达50个。截至1983年,这些院校从20世纪50年代以来培养出力学专业人才约12000人。他们毕业后从事各种科学研究专门机构中的力学研究工作、各类学校的力学教学工作和生产、工程、出版等部门与力学有关的计算、实验和技术工作。1983年,国家教育部提出了加速发展高等教育的设想,并充分考虑到力学人才培养的需要。当年在高等工程专科教育专业设置中,"应用理科及力学"是21个类别之一。在1993年7月国家教委颁布的《普通高等学校本科专业目录和专业简介》的工科专业目录中,"工程力学类"是22个类别之一,包含"工程力学"和"空气动力学与飞行力学"两个专业。根据中国教育统计年鉴的统计数字,普通高等学校工科分大类的学生数目,在1994—2009年的15年中,工程力学类的本科生毕业、招生和在读人数增长了近5倍(表9—1),在读学生从1994年的不足3000人增长到2009年的13000人,这也反映了随着国家国民经济的发展,对工程力学类学生需要的增长[15]。

表 9－1　普通高等学校的工程力学类学生数目（1994－2009）

年份	毕业人数	招生人数	在读人数
1994	646	831	2966
1997	758	807	3174
1998	731	876	3163
1999	620	1047	3423
2000	752	1356	3912
2001	1004	2151	6227
2005	1872	3284	11405
2007	2484	3254	12405
2008	2804	3426	12642
2009	2804	3636	13068

在西方发达国家的大学中，工科类本科生的力学课程和力学教育一直受到重视，但很少设有力学系或力学专业，他们多半是在土木、航空和机械等系中设立专门化。我国目前著名大学均设置有力学系，每年在读工程力学类学生数目已经超过 13000 人。关于本科生力学专业的规模究竟如何设定比较符合中国的国情，是一个需要进一步研讨并加以宏观控制的课题。

随着高考制度的恢复，培养高层次研究人才的研究生教育得到了迅速的发展。1981年 1 月 1 日颁布并开始实施由第 5 届人大常委会第 13 次会议通过的《中华人民共和国学位条例》。同年，教育部公布了首批获力学类博士点的高校有北京大学（固体力学、流体力学），清华大学（固体力学），复旦大学（流体力学），西安交通大学（固体力学），上海交通大学（船舶结构力学、船舶流体力学、固体力学），北京航空学院（固体力学、空气动力学、一般力学），中国科学技术大学（流体力学），天津大学（实验力学），哈尔滨工业大学（一般力学、固体力学），大连工学院（计算力学），西北工业大学（一般力学、固体力学、空气动力学），兰州大学（固体力学），南京航空学院（固体力学、空气动力学），国防科学技术大学（固体力学、空气动力学），西南交通大学（固体力学），哈尔滨建筑工程学院（结构力学）。

目前力学学科的硕士和博士研究生主要由高等学校培养，少数由科学研究机构、工程技术部门培养。硕士研究生学习年限为 2～3 年，博士研究生的学习年限为 3 年。根据中国教育统计年鉴的统计数字，全国力学专业的研究生中，1987 年有 516 人获硕士学位，23人获博士学位；到 2001 年，获硕士学位的力学专业研究生数目与 1987 年持平，但是获博士学位的力学专业研究生数目为 218 人，力学专业的博士研究生培养规模有了明显的增长（表 2）。由于中国教育统计年鉴自 2001 年之后，力学专业的研究生统计归入工学类的数据，不再单独列出，已经无法得到近几年的准确数据。

表 9－2　全国力学专业研究生毕业人数(1987—2001)

年份	硕士毕业人数	博士毕业人数
1987	516	23
1994	376	81
1995	456	110
1997	430	136
1999	442	182
2000	420	188
2001	515	218

台湾地区的力学教育。在研究生培养方面,应该特别提到的是台湾大学的应用力学研究所。1983 年由虞兆中校长、中山科学研究院黄孝宗代院长合议决定委请美国康奈尔大学鲍亦兴负责规划筹设,并出任第一任所长。鲍亦兴 1959 年获美国哥伦比亚大学博士学位,美国科学院院士,曾任康奈尔大学教授和应用力学系主任。台湾大学应用力学研究所 1984 年招收第一届硕、博士班研究生。目前每年招生人数,硕士生约 70 人,博士生约 14 人,外加若干外籍生,目前硕士班在读学生 156 人,博士班学生 81 人,研究生总数 237 人。硕士班开设的力学类必修课程有:《应用力学实验 I》、《动力学》、《弹性力学》、《流体力学导论》;博士班需进一步学习《应用力学实验 II》。研究所同时为研究生开设了一系列力学选修课程,比如:《各向异性弹性力学》、《可压缩流》、《破坏力学》、《流动稳定性》、《微流体力学导论》等。

在 20 世纪 50 年代之后,一些著名的力学家先后投身于力学教育事业,为中国的教育事业以及力学教育的发展作出了贡献。据不完全统计,曾在国内担任大学校长的著名力学家有:

周培源(1902—1993),流体力学家,理论物理学家,1978—1981 年任北京大学校长;

张国藩(1905—1975),流体力学家,1957—1966 年任天津大学校长;

季文美(1912—2001),力学家,航空教育家,1982—1984 年任西北工业大学校长;

钱伟长(1912—2010),固体力学家,应用数学家,1983—2010 年任上海大学校长;

张　维(1913—2001),固体力学家,1983—1986 年任深圳大学校长;

李国豪(1913—2005),桥梁力学家,1977—1984 年任同济大学校长;

沈　元(1916—2004),空气动力学家,1980—1983 年任北京航空学院院长;

钱令希(1916—2009),结构力学家,1981—1985 年任大连工学院院长;

范绪箕(1914—　),固体力学家,1980—1983 年任上海交通大学校长;

虞兆中(1915—　),土木工程学家,台湾省力学学会创立人,1981—1984 年任台湾大学校长;

朱兆祥(1921—2011),爆炸力学家,1985—1988 年任宁波大学校长;

杨桂通(1931—　),力学家,1980—1995 年任太原工业大学校长;

刘人怀(1940—　),结构力学家,1995—2006 年任暨南大学校长;

程耿东(1941—),计算力学家,1995—2005 年任大连理工大学校长;

何天淳(1953—),工程力学家,1999—2002 年任昆明理工大学校长,2007 至今任云南大学校长;

杨　卫(1954—),固体力学家,2006 年至今任浙江大学校长;

谢和平(1956—),岩土力学家,1998—2003 年任中国矿业大学校长,2003 年至今任四川大学校长;

胡海岩(1956—),一般力学家,2001—2007 年任南京航空航天大学校长,2007 年至今任北京理工大学校长;

王　乘(1957—),工程力学家,2009 年至今任河海大学校长;

赵跃宇(1961—),一般力学家,2011 年至今任湖南大学校长;

申长雨(1963—),固体力学家,2003 年至今任郑州大学校长。

国家教育部为加强对高等学校人才培养工作的宏观指导与管理,推动高等学校的教学改革和教学建设,进一步提高人才培养质量,聘请有关专家组成"高等学校教学指导委员会"。"力学教学指导委员会"、"力学类专业教学指导分委员会"、"力学基础课程教学指导分委员会"作为高等学校教学指导委员会的三个下设机构,开展本科力学教学的研究、咨询、指导、评估和服务等工作,每届任期 4 年。主要任务是:组织和开展力学学科教学领域的理论与实践研究;指导力学学科专业建设、教材建设、教学实验室建设和教学改革等工作;制定力学专业规范或教学质量标准;承担力学专业评估任务;承担本科力学专业设置的评审任务;组织有关力学教学工作的师资培训、学术研讨和信息交流。

在力学教育的工作中,力学科普教育是一个重要的领域。1979 年开始,中国力学学会和中国科学院力学研究所共同主办了综合性学术期刊《力学与实践》,首任主编是卞荫贵。为了开展科普教育工作,《力学与实践》开辟了"教育研究"、"力学家"、"身边力学的趣话"、"工程中的力学"等园地,在这些栏目中,集中介绍国内外的力学教育改革、古今中外力学家及其成就、力学史、力学趣话等。它面向包括学生群体在内的广大读者,所刊文章深入浅出,生动活泼。创刊 32 年来,《力学与实践》已成为力学学科发行量最大、读者面最广的刊物,也是唯一一份长期开辟力学科普专栏的学术刊物。

在力学科普教育方面,中国力学学会所做的另一项非常有意义的工作是在 2006 年成立了《大众力学丛书》编辑委员会,武际可为主任委员,戴世强为副主任委员。这套丛书的定位是,以高中和大学一二年级的文化程度的读者为主要对象,文字尽量生动和有较强的可读性,要有新意。在高等教育出版社的大力支持下,目前已经出版了赵致真所著《奥运中的科技之光》、王振东所著《诗情画意谈力学》、武际可所著《拉家常·说力学》和《力学史杂谈》、刘延柱所著《趣味刚体动力学》、乐卫松所著《创建飞机生命密码(力学在航空中的奇妙地位)》、贾书惠所著《漫话动力学》、林炳尧所著《涌潮随笔——一种神奇的力学现象》、高云峰所著《科学游戏的智慧与启示》等系列力学科普丛书。

1988 年起,为了促进高等学校力学基础课程的改革与建设,有助于高等学校实施素质教育,发现和选拔力学创新的后继人才。受教育部高等教育司委托,由教育部高等学校力学教学指导委员会力学基础课程教学指导分委员会、中国力学学会和周培源基金会共同主办,中国力学学会教育、科普工作委员会,各省(市)、自治区力学学会与一所高校协办,并委托《力学与实践》编委会和上届获得优胜的一所高等院校承办"全国周培源大学生力学竞赛"。从第一届全国 62 名选手、12 个单位参赛,发展到 2009 年第七届来自全国 29 个省、直辖市及自治区的全国 11 688 名选手。已经成为增进大学生学习力学的兴趣,吸引、鼓励广大青年学生踊跃参加课外科技活动,鼓励培养大学生动手能力、创新能力和团队协作精神的一项重要活动。

中国力学学会组织的另一项有特色的力学科普和青少年活动是针对中学生举办的"海峡两岸力学交流暨中学生力学夏令营"。该夏令营始于 1996 年,每年举办一届,由中国力学学会与台湾省力学会联合轮流在大陆和台湾举办。这项活动得到了海峡两岸力学科普工作者,中学物理老师和中学生的欢迎。派出方的组队由 15 位教师与 15 位中学生组成,成为学会进行力学科普和青少年工作重要内容之一。中学生力学夏令营安排有力学科普报告、力学知识竞赛、力学趣味实验竞赛、力学科技展示(小论文、小制作)、参观科技博物馆和当地的著名高等学府等活动,受到两岸中学生的欢迎。

回顾我国力学教育的历史,它在中国的发展经历了一个相当曲折的过程。长期的封建教育体制,使得中国力学教育进入学校的时间远迟于西方国家;"文化大革命"期间,正常的招生停止,研究生被取消,教育体系受到严重破坏,力学教育进入了谷底。改革开放 30 多年来,中国的教育事业获得了空前的发展,取得了历史性的成就;中国的力学教育在教材和课程的建设、教师队伍质量的提高和研究生的培养等方面均取得了突出的成绩,为中国的改革开放事业和中国现代化建设事业作出了自己的贡献。

本编小结

从人类社会发展的角度看,教育后代、积累经验、传输和创新知识是非常重要的。力学教育史是力学史不可缺少的重要内容,也是人类教育史的一个重要组成部分。温故而知新,以科学的态度回顾力学教育发展的历史,总结力学教育的成功经验,目的在于明确今后力学教育的目标,进一步改革力学教育的内容和模式,使其为人类文明社会的发展作出更大的贡献。

在欧洲,历史最悠久的博洛尼亚大学成立于 1088 年,其他一些著名的大学也有 800 年左右的历史,比如牛津大学(1168)、巴黎大学(1180)和剑桥大学(1208)等。在西方的大学中,力学教育形成自己的体系经历了一个相当漫长的过程。西方大学为经典力学的诞生和发展作出了重要贡献,也是力学教育早期探索者和实践者的集聚地。目前,力学已成为理工科学生学习的基本内容,并在近代西方科学和工程技术中发挥着重要作用。

中国古代有杰出的科学发明和尊师重教的理念,但大学的出现和力学教育的实施却远远晚于西方,仅有约百年的历史,这极大制约了中国封建社会经济和科技实力的发展,导致了近代一系列不平等条约和外国列强的入侵。在清朝末年,一些有识之士倡导的"洋务学堂",开始取代几千年封建社会的"书院",并进一步发展成大学,这在中国近代教育史上是一个质的飞跃,也是中国得以走上强国之路的一个重要因素。

20 世纪 50 年代以前,中国高等院校都没有力学专业,当时中国的力学教育是作为理工科基础课的一部分来进行教学的。开设的课程主要有应用力学、材料力学和水力学等。

大部分学校没有统一的力学教研室,相关力学课程分别由土木、机械、航空等系的教师开出。1952年北京大学设立力学专业是中国力学教育史中一个标志性事件,其后虽然几经挫折,但中国的力学教育的队伍不断壮大,力学教学的水平逐渐提高,培养的人才活跃在国家的各行各业,特别是航天航空等重大工程领域,成为时代的英雄。

在科技发展迅速的今天,力学教育已经成为当代工程师和科研人员所受教育的重要组成部分。力学教育是否成功,主要有两个衡量的标志:一是能否培养出一批满足国民经济发展需要的、有创新意识的、能够解决新兴工程领域中关键力学问题的工程师和专业技术人员;二是能否产生推动学科本身发展的力学杰出人才。就中国教育提出的钱学森之问发人深省,我们在培养杰出人才方面还不尽如人意,这是中国力学教育界需要认真思考的。西方大学体制来到中国有近百年的历史,如何让它结出丰硕的果实,避免"南桔北枳"的现象出现,如何排除千年封建思想对中国大学教育的干扰,是一个特别需要认真考虑和探索的问题。

参 考 文 献

[1] 武际可.力学史.上海:上海辞书出版社,2010.

[2] 王英杰.美国高等教育发展与改革.北京:人民教育出版社,1993.

[3] 杨春梅.英国大学课程改革与发展.北京:北京理工大学出版社,2006.

[4] 朱克勤,任仲泉.关于美国几所著名高校的流体力学新生研讨课.力学与实践,2005,27(1).

[5] 贺国庆.德国和美国大学发达史.北京:人民教育出版社,1998.

[6] 张维.国外力学与工程教育.力学与实践,1986,8(3).

[7] http://www.polytechnique.edu/, MASTER'S PROGRAM, DEPARTMENT OF MECHANICS, ECOLE POLYTECHNIQUE.

[8] 郑文.当代美国教育问题透视.广州:中山大学出版社,2002.

[9] 王小丁.中美教育关系研究(1840—1927).成都:四川大学出版社,2009.

[10] 武际可.近代力学在中国的传播与发展.北京:高等教育出版社,2005.

[11] 李春晓.西学火炬薪火相传——从《格物测算》等三套理科教材看同文馆和京师大学堂的科学教育,北京大学政学者论文集,2001.

[12] 于述胜.中国教育制度通史.第7卷.济南:山东教育出版社,2000.

[13] 苏渭昌,等.中国教育制度通史.第8卷.济南:山东教育出版社,2000.

[14] 《中国教育年鉴》编辑部.中国教育年鉴(1949—1981).北京:中国大百科全书出版社,1984.

[15] 中华人民共和国教育部.中国教育统计年鉴(2009).北京:人民教育出版社,2010.

第五编　学术共同体

第十章　学会对力学学科发展的作用

学术共同体可以定义为开展相互的科学交流的所有科学家的集合。学术共同体的形成和运行的基础是科学知识的共有性。正如著名科学社会学家默顿所说："科学是公共而不是私人的……对于科学的发展来说，只有其工作被其他科学家察觉和使用，此时此刻才是最重要的。"也就是说，科学知识本身发展的逻辑，要求科学家将其研究成果与其他科学家进行交流，通过科学交流，科学成为公共的领域，在遵循一定规范的前提下，参与科学交流的科学家形成了一个共同体[1]。

学术共同体还可以细分为各个子共同体，例如，世界上所有的物理学家就组成了一个物理学共同体。但值得注意的是，当科学家出于参加与科学活动无关的目的——例如为了政治行为而聚集并组织起来时，这样的聚集和组织不构成所谓学术共同体的表现形式。此外，在学术共同体内有许多正式的组织，包括按具体学科和地理区域组成的各种专业协会，但学术共同体本身一般不是一种正式的科学组织形式。

学术共同体的一项主要功能是对科学知识的储存、交流和评价，特别是根据科学家在研究活动中对科学发现所作出的贡献给予专业承认和奖励。由于他们以追求科学真理为目标，往往可以超脱国家、单位、个人的利益，所以，可以保证他们的活动的客观性和公正性，从而促进人类科学知识的积累、进步和正确评价。

本章节将介绍与力学学科有关的学术共同体，着重介绍中国力学学会及其作为学术共同体在中国力学的发展进程中所起到的作用。

第一节　国际力学学术组织

本章前言中曾提到，学术共同体内有许多正式的组织，这些组织中有的按学科划分，有的按地理区域划分。对于力学，按学科划分的共同体，在国际上有各分支学科的国际组织，如国际理论与应用力学联合会、国际断裂大会等；在国内有学会下属的各分支学科的专业委员会，如中国力学学会的流体力学专业委员会、固体力学专业委员会等。按地理区域划分的共同体，主要是各国的学术团体，如中国力学学会、美国国家理论和应用力学委员会等。还有的是具有地域和学科双重性的共同体，如亚洲流体力学委员会、亚太断裂大会等。

本节将介绍与力学工作者关系比较紧密的几个学术共同体。

一、国际理论与应用力学联合会

(一)国际理论与应用力学联合会的创立

国际理论与应用力学联合会(International Union of Theoretical and Applied Mechanics,简称 IUTAM)是国际力学界具有最高学术地位、历史最悠久的世界性非政府的学术组织。它的历史可以追溯至 1922 年在一次水动力学和空气动力学的讨论会上,冯·卡门建议在全世界范围内召开关于应用力学所有领域的学术会议,经过会上商定第一届会议于 1924 年在荷兰 Delft 举办(图 10-1),会议名称叫作应用力学大会,之后每 4 年召开一次会议(第二次世界大战期间略受影响)。在 1946 年法国巴黎召开的第 6 届会议上,决定建立一个常设机构,正式成立了国际理论与应用力学联合会(IUTAM),并将会议名称更改为今天的国际理论与应用力学大会(International Congress of Theoretical and Applied Mechanics,ICTAM)。联合会的宗旨是[2]:沟通力学及有关领域的工作者与全国或国际机构之间的关系;通过常设的大会委员会组织国际理论与应用力学大会和其他国际性力学会议;参加其他旨在促进理论与应用力学发展的活动。该联合会于 1974 年加入国际科学联合会理事会。

IUTAM 的会员(Adhering Organization)由代表国家级的相关组织或学会组成,一般一个国家或地域(Territory)仅一个组织可加入。我国以中国力学学会的名义于 1980 年正式加入了该组织,中国台湾和中国香港也分别于 1980 年和 1996 年代表中国的两个地区加入。相关国际组织诸

图 10-1 1924 年第 1 届国际应用力学大会参会代表合影

如国际力学中心(CISM),分支学科的国际组织如国际计算力学委员会(IACM),地区性的力学组织如欧洲力学协会(EUROMECH)、亚洲流体力学委员会(ACFM)等可成为 IUTAM 的联属组织(Affiliated Organization),作为观察员参加活动,无投票权。IUTAM 的最高权力机构是理事会(General Assembly),各国理事的数额由其认缴会费的等级决定,我国现有 4 位理事名额。大会闭幕期间,由执行局(Bureau)实施大会决议和处理日常工作。执行局由主席、副主席、司库和秘书长和其他 4 名委员组成,每年召开会议。执行局任期 4 年。IUTAM 的主要学术活动是 4 年一次的学术大会,由 ICTAM 大会委员会负责组织,每次会议有 2 个大会开闭幕式报告,10 余个分会报告,根据学科发展趋势,组织 6 个专题研讨会。此外,IUTAM 组织经常性的 symposia 和 summer school 来促进力学学科的发展[3]。

(二)我国参加国际理论与应用力学联合会的情况

追溯中国学者参加 IUTAM 组织的历史,大致可分为两个阶段:1980 年以前中国学者以个人身份参加该组织活动,1946 年、1948 年顾毓琇、周培源两次被选为 IUTAM 理

事;1980 年中国力学学会成为其会员之后,即以团体身份参加活动。迄今,我国学者曾经或者目前仍在 IUTAM 担任理事的有:周培源、顾毓琇、林同骥、钱令希、王仁、郑哲敏、何友声、黄克智、白以龙、崔尔杰、李家春、杨卫、胡海岩,其中王仁、郑哲敏分别于 1996 年、2004 年担任 IUTAM 执行局委员;曾经或者目前仍在 ICTAM 大会委员会任职的有:周培源、林同骥、钱令希、郑哲敏、王仁、庄逢甘、程耿东、白以龙。

二、国际断裂大会

国际断裂大会(International Conference on Fracture,ICF)是国际上最大也是最早的断裂学科的学术组织。1965 年开始每 4 年召开一届国际断裂大会。现有近百个国家和地区的断裂学会(或组织)参加 ICF 作为团体会员。大会设执行局,由各国指定 1 名代表(最多不超过 3 名)以及创始会员作为永久成员组成。执行局设执行委员会,负责两届大会间的各项事务。由主席 1 人、副主席 3 人、秘书长、司库及执行委员 3 至 5 人组成。主席和副主席不可连任。另设提名委员会,成员由各国家代表组成。

1977 年中国力学学会、中国金属学会、中国航空学会、中国机械工程学会经中国科协批准,加入 ICF。1998 年又有中国材料研究会参加。1977 年 6 月中国科协派出的中国断裂力学小组参加在加拿大滑铁卢大学召开的第四届国际断裂会议。会议期间,当时的国际断裂大会主席 Averbach 邀请中国参加国际断裂大会。我国就以中国科协名义申请参加该组织成为理事会成员。我国学者曾经或目前在该组织担任理事的有:柳春图、黄克智、余寿文、洪友士。

三、亚洲流体力学委员会

亚洲流体力学委员会(Asian Fluid Mechanics Committee,AFMC)于 1978 年在印度成立,发起人有中国的周培源、日本的 H. Sato 和印度的 R. Narasimha。从 1980 年起,每 2 或 3 年轮流在亚洲各国召开一次大会,旨在为亚洲及其他地区的学者们提供学术交流的论坛,促进流体力学的应用和发展。1980 年 12 月,以周培源、林同骥为首的中国力学学会流体力学代表团出席了在印度班加罗尔召开的第一届亚洲流体力学国际会议。此次会议还决定了 1983 年在北京召开第二届亚洲流体力学会议的各项工作,从此,亚洲流体力学会议成为一个重要的国际学术活动平台。随后,亚洲流体力学国际会议被 IUTAM 通过为其联属组织,我国林同骥、周恒、崔尔杰相继担任副主席,后由李家春担任主席。

四、国际计算力学协会

国际计算力学协会(International Association for Computational Mechanics,IACM)成立于 1981 年,1984 年成为 IUTAM 联属组织。1986 年开始每 4 年召开一次国际计算力学大会,2002 年以后改为每两年一次。协会有团体会员、个人会员和地区会员,设执行局,包括主席 1 人、副主席 2 人、秘书处 6 人、协调员 6 人、名誉委员 4 人。1988 年中国力学学会计算力学专业委员会以团体会员名义加入该组织,我国曾经或目前担任过理事的有:钱令希、冯康、顾元宪、钟万勰、袁明武、张洪武、郑耀。

五、国际结构与多学科优化学会

国际结构与多学科优化学会（International Society for Structural and Multidisciplinary Optimization，ISSMO）成立于 1995 年，其期刊为《结构多学科优化》（Structural and Multidisciplinary Optimazation），每两年召开一次结构与多学科世界大会 WCSMO（World Congress of Structural and Multidisciplinary Optimization），到 2011 年，先后在德国、波兰、美国、中国、意大利、巴西、韩国、葡萄牙和日本召开，涉及力学各分支学科和物理学各分支学科的优化设计理论方法、软件以及工程上的应用。

以上国际断裂大会、亚洲流体力学委员会、国际计算力学协会都是国际理论与应用力学联合会的联属组织（Affiliated Organization）。除此之外，亚太断裂会、国际生物力学大会、国际激波研究院等国际学术组织，都有中国学者在其中任重要职位。另有一些外国学会，对中国学者也都有重要影响。

六、国外与力学关系紧密的学术共同体

中国的力学工作者在从事科学研究时，经常要查找国外的学术共同体提供的文献资料，由于语言的局限，尤以美国和英国的居多。这些学术共同体的突出特点是：历史非常悠久，出版众多在国际上有重要影响的科技期刊，并且开发了强大的在线网络服务平台，被国际力学工作者广泛关注。

（一）美国航空航天学会

美国航空航天学会（American Institute of Aeronautics and Astronautics，AIAA）成立于 1963 年，由美国火箭学会和美国宇航科学学会合并而成。目前出版 7 本期刊。它的会议论文涉及航空学、星际航空学、工程学、地球科学、气象学、生命科学、物理学、电子学、空间科学、数学与计算机科学、航天与航天器等专业领域，涵盖了航天航空领域的各个方面。

（二）美国机械工程师学会

美国机械工程师学会（American Society of Mechanical Engineers，ASME）成立于 1880 年，现有 25 种期刊，涵盖的学科包括：基础工程（能量转换、能量资源、环境和运输、一般工程学、材料和结构）；制造（材料储运工程、设备工程和维护、加工产业、制造工程学、纺织工程学）；系统和设计（计算机在工程中的应用、设计工程学、动力系统和控制、电气和电子封装、流体动力系统和技术、信息存储和处理系统）。

（三）美国土木工程师学会

美国土木工程师学会（The American Society of Civil Engineers，ASCE）成立于 1852 年。它所拥有的在线图书馆收录了 ASCE 所有专业期刊（回溯至 1983 年）和会议录（回溯至 2000 年），总计超过 73 000 篇全文；每年新增约 4 000 篇文献。涉及航空宇宙、建筑设计、海岸和海洋、建筑工程实施、能源、工程力学、环境、地球技术、水力学、基础设施、材料、工程项目管理、建筑设施性能、结构、运输、城市规划、水资源、土木工程领域的计算机应用等学科领域。

(四)美国物理学会

美国物理学会(American Physical Society,APS)成立于1899年,是世界上最具声望的物理学专业学会之一。出版的8种电子期刊内容涉及一般物理学、应用物理学、化学物理学、地球物理学、核物理学等。APS是能够提供其出版物全部回溯文献网络数据库的少数几家出版社之一。

(五)美国物理联合会

美国物理联合会(American Institute of Physics,AIP)成立于1931年,是一个由10个成员学会组成的联盟。AIP及其会员的出版物占据了全球物理学界研究文献1/4以上的内容,学科范围涵盖一般物理学、应用物理学、化学物理学、地球物理学、医疗物理学、核物理学、天文学、电子学、工程学、设备科学、材料科学、数学、光学、真空科学、声学等。其所开发的在线服务平台Scitation包含18家科技出版社的110多种科技期刊。

(六)英国皇家物理学会

英国皇家物理学会(Institute of Physics,IOP)成立于1874年,旗下的出版社是全球领先的专注于物理学及相关学科的科技出版社,是英国物理学会的重要组成部分。出版包括中国物理学会、中国科学院等离子体研究所和中国力学学会等在内的世界知名学(协)会的64种期刊。学科包括:应用物理、计算机科学、凝聚态和材料科学、物理总论、高能和核能物理、数学和应用数学、数学物理、测量科学和传感器、医学和生物学、光学、原子和分子物理、物理教育学、等离子物理等。

第二节　中国力学学会

学会作为科学家组成的非官方学术团体,是学术共同体进行学术交流的重要场所和保障,是政府科技主管机构和研究所不能替代的重要科学组织形式。本节将介绍中国力学学会的发展过程及其对力学学科建设的作用。

一、中国力学学会成立

有了专门从事力学研究的研究单位,又有了专门从事力学人才培养的教育机构,力学工作者队伍不断壮大,成立中国力学学会是水到渠成的事情。在钱学森、周培源、钱伟长、郭永怀等许多著名力学家的共同倡导和组织下,中国力学学会于1957年2月10日在北京宣告成立。

1957年2月5日至10日,由中国科学院数学、物理学、化学学部和技术科学部发起召开了第一次全国力学学术报告会[4]。地点在北京新侨饭店。参会代表来自全国各高等学校、产业部门和国防部门的研究机构及中国科学院有关研究所共200余人。大会主席周培源。中国科学院副院长吴有训到会讲话。会议分流体力学、弹性力学、结构力学、塑性力学、一般力学、自动控制6个分组,共宣读论文67篇。大会主席团共39人,主席团成员有钱学森、周培源、钱伟长、李国豪、沈元、张维、刘先志、李士豪、晋曾毅、朱兆祥、林鸿荪等人。出于发展力学科学、建设新中国的共同志愿,会议一致通过了会议的最后一天,即

1957年2月10日,成立中国力学学会。会议通过了会章,选举了35位理事,并一致选举钱学森为理事长。周培源、钱伟长、沈元、李国豪、钱令希为副理事长,秘书长张维,副秘书长王俊奎、李敏华、朱兆祥。常务理事19人,他们是:钱学森、周培源、钱伟长、沈元、李国豪、季文美、梁守槃、陈宗基、茅以升、王德荣、郭永怀、陆士嘉、钱令希、黄玉珊、黄文熙、刘先志、刘恢先、曹鹤荪、张维。会议决定在哈尔滨、西安、北京、天津、上海、南京、大连7地建立中国力学学会分会①。

在这次会上,钱学森做《论技术科学》的报告②。他回顾科学发展的历史,将人类改造自然的认识划分为自然科学、技术科学和工程技术三大类。阐述了三者的相互联系,提出:科学发展到今天,必须强调发展"技术科学"这一层次的重要意义。这个讲话意义深长,从一开始即向全国的力学工作者指出了力学科学的发展方向。钱伟长作《当前我国力学工作者的任务》报告③。他结合当时建设新中国的重大任务,指出了力学和生产建设、国防建设的密切关系,以及力学与相关科学部门之间的相互影响,详尽地介绍了一般力学、固体力学、流体力学、化学流体力学和物理力学的科学课题和发展方向,介绍了当时各部门的工作,提出了培养新生力量、建立实验基础等紧迫的任务。

1958年9月,中国科学技术协会成立,中国力学学会是中国科协首批吸收加入的理科学会团体会员之一。中国力学学会是由全国力学科学技术工作者自愿结成的、依法登记的、非营利的学术性法人社会团体,是发展我国力学科技事业的一支重要社会力量,是中国科学技术协会的组成部分,接受中国科学技术协会的领导。其宗旨是团结和组织全国力学科技工作者,遵守宪法、法律、法规和国家政策,遵守社会公德,提倡辩证唯物主义,贯彻"百花齐放,百家争鸣"的方针,坚持实事求是的科学态度和优良学风,充分发扬民主,开展学术上的自由讨论,弘扬尊重知识、尊重人才的风尚,积极倡导"献身、创新、求实、协作"的精神,促进力学学科的发展和繁荣,促进力学科技的普及和推广,促进力学科技人才的成长和提高,促进力学科技与经济的结合,为加速实现我国社会主义现代化作出贡献。

钱学森(1957—1982)、钱令希(1982—1986)、郑哲敏(1986—1990)、王仁(1990—1994)、庄逢甘(1994—1998)、白以龙(1998—2002)、崔尔杰(2002—2006)、李家春(2006—2010)为历任学会理事长,现任理事长为胡海岩。

二、把握学科方向

中国力学学会始终把通过了解国际学科发展趋势和国家及社会发展需求,把握学科发展的方向,引导力学工作者的研究活动作为首要任务。多年来,中国力学学会各届理事会把学术交流、发展学科作为学会的基本任务,坚持以学术交流为中心,通过学术活动引导力学学科的发展方向,吸引着力学工作者们走到一起,切磋学问,共同探讨发展学科、建设国家之路。

---

① 当年这些分会与现今地方学会不同的是从组织到各项活动直接由中国力学学会领导。自20世纪80年代前后,由于体制的变革,地方学会均由地方省市科协直接领导。

② 该报告发表于《科学通报》,1957年第3期。

③ 见《第一次全国力学学术报告会》论文集。

(一)《力学与生产建设》[5]

1982年5月,中国力学学会召开第二届理事会扩大会议,钱学森理事长在会上全面阐述了力学学科的性质和特点,并就如何进一步发展力学事业提出了十分中肯的意见。他引用赵紫阳总理在政府报告中指出的"基础研究绝不能削弱,但整个科学技术事业发展的重点应当为国民经济建设服务,特别是为解决国民经济中具有重大经济效益的关键问题服务。现在的任务是要把科学技术的作用更好地发挥出来,使它真正成为强大的生产力,真正成为促进经济发展的巨大力量"①。钱学森说,"具体到力学这个学科的性质,我总觉得它与数、理、化、天、地、生不大一样。力学发展到今天,主要是应用力学,……主要方面应为工程技术服务,为工程技术的设计服务。"这一思想贯彻于此次大会的始终,如会上的18篇特邀报告,有机械工业对力学的要求、工业空气动力学的研究和应用、风对建筑物和结构物的影响、水环境污染的扩散与输移问题、海上石油开发和近海工程设计分析中的力学问题、关于断裂力学、损伤力学、关于材料性能、爆破工程、地震工程力学、结构优化设计、中国板块动力学与地球构造动力等,都贯彻了钱学森的这一思想,反映了力学发展的方向,有的还提出了生产中需要解决的重大问题或是亟待解决的问题,对力学工作者掌握力学发展的方向很有参考价值。会后出版了《力学与生产建设》文集。

在这次会议上,钱伟长从力学研究的主要对象、力学应重视的几个方面等角度,使力学工作者明确了力学学科的发展方向。钱伟长讲道②:"力学研究的对象随着经济、工程技术的发展而变化。由于力学科学发展的原动力来源于生产,因此应首先面向生产。我们力学工作者的任务就是要改善生产与设计水平。""现在什么是生产中最重要的?从全世界的情况分析出发,可归纳为两个问题,一是能源问题,另一是环境问题。能源问题,我们国内已经感到,就像钱学森同志所说,海洋工程向我们提出来了,可是海洋工程中什么是属于我们的力学问题,我们还没有弄得很清楚。他们面临的是重重困难,而这些问题中有些不是我们的力学问题,有些则肯定是。正像航空工业发展时重重困难,但后来解决了。今天,我们面临的是能源这样一个大海洋。我们必须跳下去,否则就不会发现问题。""环境问题也是如此。我们人民生活的环境与工业发展愈来愈矛盾。如北京的噪声、空气、水的污染的问题都是相当严重的,北京的用水都是靠地下水供应的。这些问题,明明存在,我们力学工作者尚未参加分析。如果要战胜这些问题,就要求我们跳下去,理解它,分析它,利用我们自己特有的一套方法,去解决问题。""工作对象在发展过程中起了变化。像能源、环境等这些新的问题被提出来了;而许多老任务,像机械工业中大量的力学问题等,又不能像国外那样可以放手给生产部门,有的还要我们帮助去做。这就使得我们的肩上要担双重任务。""总之,所研究的对象变了,工具变了,还有其他科学的巨大发展,都向我们提出重大要求,提出很多问题。这些必然影响力学学科的发展。如生物科学在目前开发的很快,而我们则理解甚少。这些已向力学提出要求,深刻地影响着力学的发展。"

在力学应重视哪些方面上,钱伟长先生说:"我认为应重视:1.动力问题;2.非线性问题;3.在有规律中呈现无规律的问题,即模糊数学对于在力学中的应用;4.逐步重视突变

---

① 钱学森理事长在中国力学学会第二届理事会扩大会议开幕式上的讲话,载于《力学与生产建设》文集.

② 钱伟长. 当前力学发展的趋向//力学与生产建设. 北京:北京大学出版社,1982.

理论,眼前还看不到,但可能很快就会看到它的重要性了。"

两位钱先生的发言都将力学与生产建设紧密联系起来。会议安排的学术报告也提出了生产中需要解决的重大问题或是亟待解决的问题。可以说,这次会议对力学工作者掌握力学发展方向,形成特点,很有帮助,非常有参考价值。

(二)十年总结和十年预测[6]

在 1987 至 1988 年,为纪念中国力学学会成立 30 周年和全国力学规划制定 10 年,配合国家中长期科技发展规划的讨论与制定,中国力学学会第三届理事会及部分专业委员会开展了"十年总结和十年预测"活动,对当时的研究方向和今后的发展提出了很多宝贵意见,形成了有翔实内容的学科综述报告约 90 余篇,并分别出版。它们不仅在全国对力学界起到导向作用,也是国家学术决策咨询的重要资料和科研教学的重要参考。如岩土力学专业委员会请 50 多位专家在对国内外情况详细调研总结的基础上,进行了 20 多个专题报告,经过集思广益的研讨活动,提出了对岩土力学学科发展的战略规划,专刊于《岩土工程学报》上。复合材料专业组撰写了 80 万字的专辑,由北京大学出版社组织出版。

(三)《人,环境与力学》[7]

1990 年 10 月,中国力学学会召开第三、四届理事会扩大会议。会议主题定为"人,环境与力学",目的是在为实现我国向社会主义现代化建设第二步战略目标迈进的历史时刻,明确力学学科与经济振兴的关系,尤其是力学如何在保护环境和减灾、合理开发利用资源、发展现代化农业等重大经济活动中起到科技领先的重要作用,促进力学与工程技术结合,为国家经济建设作出切实贡献。为此,在这次扩大会议上,理事会有方向性地安排了有启发性的专题报告,如水资源开发利用中的力学问题、环境灾害及环境流体力学、海洋和大气的非线性耦合、固体力学研究的新趋势、计算力学的任务、工程软科学、现代光测力学进展、组织与器官力学进展、农业工程中的力学问题等,内容涉及力学在国民经济中应用的方方面面,对力学工作者开阔视野,选择研究课题大有裨益。

会上郑哲敏理事长在工作总结报告中①,引用钱学森同志一贯强调的"主要方面应为工程技术服务"思想,指出"怎样使力学研究成果更多更快地转化为生产力,使我们的工作更实际些、有用些,这是本届理事会领导学会活动的主旨之一。事实证明,力学在国家治理整顿经济的历史任务面前,可以做许多工作⋯⋯""当我们回顾与总结以往工作的同时,展望未来,可以得到一个一致的结论,力学是可以为科技兴国做出重要而有效的贡献的。广大力学工作者在四化建设中是大有可为的。""应该指出,经过多年的实践与认识,在发展学科方面,我们无疑要有个精干的队伍从事学科前沿的研究工作;然而同样重要的是我们必须有更多的同志,从更广阔的方面直接地参加到为近期国民经济建设服务的工作中去。为此希望力学工作者要更加紧密地和各个工程技术、和其他应用部门相结合,和那里的同志们一起去解决生产中的问题,并在逐步积累的基础上形成系统的理论。这样,我们不仅为提高生产率发挥了作用,也为力学学科的发展起了重要的推动作用,因此据此写出的论文将是十分有特色和创造性的。通过这些努力,社会上也将会更加认识到力学的真

---

① 郑哲敏. 中国力学学会第三届理事会工作报告:人,环境与力学. 北京:科学出版社,1991.

正价值,从而强化社会对力学研究与力学教育的支持。这种认识又是引导多数青年学生有志于从事力学科研与教学的最根本、最可靠的原因。""发展力学科学的另一条道路是向交叉学科或领域进军。生物、地学、材料科学等都是这样的领域,许多力学家与生物、医学、海洋、大气、材料工艺等相结合从而取得突出的成就是很有说服力的例子。要真正深入而不是表面地进入一个新领域是件很不容易的事,既要克服力学工作者自身知识更新的种种困难,又要克服来自那些领域中的各种程度的不理解。但是只要我们下定决心,这种困难是可以克服的,因为力学与那些领域之间确实存在着不以人们意志为转移的、内在的、客观的联系。中国力学学会和所属的各专业委员会、各专门委员会都应该为此多出主意想办法,开展活动的面应该更开阔些。""从总的发展趋势看,力学要向更多更深的领域发展,与多学科相结合,与工程相结合会给力学科学焕发更强的生命力。全国的力学工作者要顺应这一趋势,负起引导科学和社会进步潮流的重任,当仁不让,加强科学技术交流,促进对外开放,为发展国际合作环境而主动进取,努力做好为社会主义物质文明和精神文明建设服务的各项工作,以'献身、创新、求实、协作'的精神,发扬学会的特点,为科技兴国而努力奋斗。"

新一任理事长王仁在闭幕式上同样强调了力学与工程的结合的重要性。指出"加强宣传力学在学科和工程中所能起的重要作用。特别是向国家科技管理部门,工业部门的宣传,向他们就重大工程和科学问题提供咨询建议,以至帮助他们制定和安排项目"。"努力增强力学和产业界的联系。……这是一件深入细致的工作,有种种社会习惯上的约束,需要我们大家进行不懈的努力,要求力学工作者深入到生产领域中去,从中提出问题,解决问题,取得产业界的信任。"

(四)21世纪中国力学研讨[8]

1994年,中国力学学会联合国家科委基础研究高技术司、国家自然科学基金委数理学部和中国科学院基础研究局召开两次"21世纪中国力学研讨会"。中国科学院院士张维、庄逢甘、李敏华、郑哲敏、王仁、黄克智、周恒、吴承康、余鸿儒、白以龙、钟万勰等著名力学家出席会议。会议畅谈力学的过去、现在和将来,研讨当代力学的发展趋势;中国力学现状及"九五"发展设想;对21世纪力学发展(其中比较侧重于对力学的基础理论研究部分)的框架、要解决的关键问题、优先发展领域和对力学的重大举措,从不同角度、不同侧面进行了初步分析,并形成了以下共识:

(1)在20世纪,力学对人类社会的发展作出了巨大的贡献。如航空航天业,它是人类历史上第一个真正以科学为基础而发展起来的产业,而这个科学基础的主题就是力学。力学在导航、数值天气预报、海洋环流、材料和结构的断裂、结构优化设计等方面都发挥着极为重要的作用,我们还要继续重视力学在国民经济生产中广泛的应用问题,它们不但将产生巨大的社会效益和经济效益,并且还将继续推动整个科学的发展。

(2)发展学科方面,要克服传统观念,要用新概念、新思想、新高度来认识问题。

重视力学与其他学科的交叉结合,要和材料、生物、能源、环境、微电子等学科进行结合。例如:与材料的结合,将可能带来材料的功能性变化,从而为材料设计带来新观念,同时也将出现力学的崭新天地。

重视和加强力学与数学和物理学的交流。历史上的这种交流曾极大地推动了自然科学的发展。

重视与工业部门的结合。力学家要善于从应用背景中提炼力学问题,从自然界的现象中提炼力学问题,提炼有战略内容的东西。地球、空间、海洋中都有发展学科意义的问题。力学家的任务应更高一筹,要研究事物中带规律性的东西,要善于发现和寻找力学的新的生长点。

重视力学人才队伍的建设。要重视培养跨世纪的人才,要为青年一代创造出成果的条件。力学人才要能"双肩挑":既对力学的基础有全面、深入的认识,又要对工程有足够的了解和感情。

(3)面临科学发展的新挑战,我们应有新的政策和措施,特别要切实保证一支少而精的基础研究队伍;要加强细观以至微观尺度的力学实验技术和实验力学研究;要加强计算机和软件的建设,建议建立国家级计算中心,使软件发挥更大效益;要扩大与工业部门的联系,改变目前各自为政的隔离状态;要相应调整力学教育的内容和目标。

(4)要通过自身的宣传与努力,使社会各界广泛了解、支持力学的发展。

这次研讨会对现代力学的发展趋势及中国力学的现状和"九五"规划都提出了很好的建议。认为,当前社会发展和科技进步对力学提出的新问题不是已经解决了,而是远远超出了我们现有的水平和能力。力学工作者当前最需要的是深入、再深入的魄力、毅力和想象力。要克服传统观念,站在新概念、新学科的高度,用全新的思想体系来创造学科发展的新天地。会后出版了《21世纪中国力学》。

(五)《现代力学与科技进步》[9]

图 10-2 庆祝中国力学学会
成立 40 周年会议文集

1997 年 8 月,在北京召开主题为"现代力学与科技进步"——庆祝中国力学学会成立 40 周年的学术大会。以此总结与宣传中国近代力学 40 年所取得的成就,研讨 21 世纪科技进步与力学发展的关系及学科发展前景,促进力学与其他学科的交叉,加强力学在各重要生产部门高新技术发展中的推动作用,团结海内外力学同仁,再创力学事业的新辉煌(图 10-2)。

会上第五任理事长庄逢甘做了《中国力学学会 40 年》的大会报告①。报告回顾了中国力学学会 40 年来的发展历程,阐述了学会在经济建设、国防现代化、发展学科、国际交流、培养人才、出版期刊等多方面所起到的重要的作用。报告还从为国民经济主战场持续发展战略服务、高新技术发展、向交叉学科发展、新力学的基础理论四方面对未来力学面临的机遇做了估计。报告中指出,"为了增强国力,力学队伍中势必要以主力进入这个主战场。……眼光再放远,一些前瞻性的大工程如三峡工程、南水北调、西北荒漠的改造、青

---

① 庄逢甘。中国力学学会 40 年//现代力学与科技进步.北京:清华大学出版社,1997.

藏高原的资源开发利用,甚至跨越台湾海峡、琼州海峡的交通道等,更会使力学工作者大有可为。""'两弹一星'曾是我国国防现代化的里程碑,过去,力学曾经带动了航空航天工业的起飞。今后,科学技术的继续发展将会出现更新的领域,如开展空间站及新型天地往返工具,空间材料加工和空间农业、空间生物医学以至建立空间移民地,还有高技术海洋工程,特大规模的计算和模拟技术,核能的全面利用,微型电子机械系统以及大量的国防高科技问题等,无疑,力学仍将在这些领域中处于核心地位。我们应该去探索、去准备,学习老一辈力学家,敢于去做新事业的开拓者和奠基人。""综合与交叉是当今世界科学技术的总趋势。力学与其他学科包括数、理、化、天、地、生这些基础科学的交叉结合,已经产生了重大成果,理性力学与数学方法是应用数学与力学的结合,生物力学是力学与生命科学、医学、医学工程学的结合,地球动力学是力学与地震、地质等地球科学的结合,还有物理力学,化学流体力学,复合材料力学等,它们焕发了新的科学生命,今后将会出现更多全新的学科。""总之,方向很明确。一方面从国家的现实出发,我们必需动员更多的同志从更广阔的方面直接地参加到为近期国民经济建设服务的各个工程应用工作中去,和在那里的同志们一起去解决问题并在逐步积累中形成理论。另外,要切实保证一支少而精的基础研究队伍,要加强细观以至亚微观尺度的力学实验技术和实验力学研究,要加强计算机和软件的建设,要扩大与工业的联系,要加强对力学的宣传,使社会更加认识力学的价值与作用,从而强化社会对力学教育与研究的支持。要相应调整力学教育的内容和目标,培养更多跨世纪的人才,使他们既对力学的基础有全面、深入的认识,又要对工程有足够的了解和感情,我们要创造各种环境,为青年一代提供出成果的条件。"

实际上,中国力学学会的主要领导往往也是国家科学技术规划和学科发展战略研讨的主要领导和骨干,在我国历次中长期规划中发挥了主导和核心作用,把握了中国力学的发展方向。

三、促进力学学科的发展

中国力学学会恢复工作后,进入快速发展时期,很多新兴交叉学科涌现。特别是在1978年全国力学发展规划会后,在全国范围内力学学科进入了一个崭新的发展时期,从事各力学分支学科研究的学者越来越多,学科队伍已逐渐形成,学术交流日益活跃,学术期刊也如雨后春笋般涌现。中国力学学会在促进学科发展方面起着越来越重要的作用。

(一)建立专业委员会和工作委员会[10]

中国力学学会成立初期,针对当时力学学科的现状设立了流体力学专业委员会、固体力学专业委员会、一般力学专业委员会(现改为动力学与控制专业委员会)。后来伴随着从事力学研究的学者越来越多,各分支学科、交叉学科不断涌现,专业委员会也建立健全起来。可以说,专业委员会的建立是一门分支学科发展的必然结果,也是这门学科发展成熟的重要标志。

专业委员会的主任委员都是本学科的学科带头人,而且是政治合格、思想创新、公正、热心服务的人选。主任及委员均由学会常务理事会聘任组成,每届任期4年(主任1人,副主任委员2—4人,委员若干人,由民主协商推荐聘任)。

为了便于开展工作,中国力学学会从1982年起开始成立工作委员会,最先成立的是科普工作委员会和教育工作委员会,此后根据需要又陆续增设了力学名词审定工作委员会、青年工作委员会、促进力学与产业结合工作委员会、对外交流与合作工作委员会(表10-1)。

专业委员会是学会的分支学科组织,它的任务是召开专业学术会议,提升本专业队伍成员的学术水平,促进学科的发展。很多新成立的专业委员会都是现代力学的新兴交叉学科,当时在我国尚属空白,如何使这些学科真正发展起来,能够在国际上有一席之地,在国内为国家、国防建设发挥主要作用,专业委员会(专业组)发挥了极其重要的作用。学会成立这些新的专业委员会,目的是扶植一些更新的交叉边缘学科的发展。如等离子体科学与技术,这是一门涉及力学、电学、热学、化学、冶金等学科的新兴交叉学科,它的学科内容很难在一个传统的学科领域中加以概括,因此迟迟未能建立全国性的学术组织。中国力学学会成立等离子体科学与技术专业委员会以后,为这些同行组建了一个"家",通过交流,大家看到,国际上等离子体科技的发展速度是惊人的。十年之内,热等离子体已在很多化工、冶金领域实现了工业化生产,几兆瓦的电弧加热装置已有好几十座;冷等离子体的科研与应用在十年之内已经成倍地增长,不论是国际或国内,在表面改性、镀膜、刻蚀、臭氧合成等方面已得到了大量的应用。等离子体科学与技术专业委员会以积极的工作带动了这一学科活跃地发展。

我国力学队伍多数由土木、建筑、交通、航空、航天等工程科学发展起来,从事固体和空气动力学方面的较少,在新的学科领域缺乏带头人,随着学术活动的逐年深入,吸引着不少有权威的专家、学者从事更新的研究课题,带头去开拓新的科学领域。如过去一直从事理论力学研究的康振黄和从事固体力学研究的杨桂通,成为最早的生物力学带头人,过去从事塑性力学的王仁,从 20 世纪 70 年代起转向地学研究,在地质力学、地震预报、地球构造动力学方面带动了一批中、青年科学家;并在构造应力场的演化、岩石本构特性等方面做出成绩。又如结构力学专家钱令希,从 20 世纪 70 年代起,带头深入到计算力学领域,对有限元、结构优化等作出了实际贡献,而且带出了一批计算力学的队伍。钱伟长看到力学发展到深入阶段后数学与力学两门学科的渗透和交叉,亲自组建理性力学与力学中的数学方法专业组,坚持在第一线,孜孜不倦,进行着艰苦的探索,最终使这些专业委员会成长壮大。

中国力学学会所建立的专业委员会和工作委员会自成立以来,出色地完成了本学科的建设和发展,培养出了一批又一批的优秀青年力学工作者。特别是在改革开放初期,国内与国外在力学研究上有很大差距,国内各个院所和高校在力学方面的人才、技术、设备以及研究和教育的诸方面各具特点,发展不平衡,进行国内外学术交流就显得格外急需。在此情况下,很多专业委员会应运而生,并在组织相应的国内外的学术交流活动中发挥了积极的作用。

根据章程,中国力学学会的主要任务是团结和组织全国力学科技工作者开展国际、国内学术交流;创办力学刊物,促进力学学科的发展和繁荣;开展力学科普与教育,促进力学科技知识的普及和推广。

表 10-1　中国力学学会下属专业委员会及建立时间(年)

中国力学学会

专业委员会/工作组
- 固体力学专业委员会(1957)
- 流体力学专业委员会(1957)
- 动力学与控制专业委员会(1957)
- 激波与激波管专业委员会(1978)*
- 爆炸力学专业委员会(1979)
- 实验力学专业委员会(1979)*
- 生物力学专业委员会(1979)*
- 地球动力学专业委员会(1979)*
- 理性力学和力学中的数学方法专业委员会(1979)
- 岩土力学专业委员会(1980)
- 反应堆结构力学专业委员会(1980)
- 工程爆破专业委员会(1983)
- 流体控制专业委员会(1984)
- 计算力学专业委员会(1985)
- 流变学专业委员会(1985)
- 物理力学专业委员会(1987)
- 等离子体科学与技术专业委员会(1987)
- 流-固耦合专业委员会(1994)
- 波纹管与管道力学专业委员会(1994)
- 结构工程专业委员会(1998)
- 力学史与方法论专业委员会(2003)
- 环境力学专业委员会(2008)
- MTS材料试验协作专业委员会(1995并入)
- 英斯特朗专业委员会(1993-2003,已取消)
- 微纳米力学工作组(2008)
- 电子电磁器件力学工作组(2008)

工作委员会
- 科学普及工作委员会(1982)
- 教育工作委员会(1982)
- 青年工作委员会(1991)
- 名词审定工作委员会(1986)
- 促进工程应用与产业结合工作委员会(1999)
- 对外交流与合作工作委员会(2001)

注:带"*"的表示建立之初为专业组,后发展为专业委员会。

(二)开展国内外学术交流

著名科学社会学家默顿曾说过一句话:"科学是公共的而不是私人的……对于科学的发展来说,只有其工作被其他科学家察觉和使用,此时此刻才是最重要的。"通过学术交流,可以研究在学科上有哪些进展或突破,还有什么新的问题,今后如何发展,这是学术交流的主要目的,也是推进学科向前发展的重要途径。中国力学学会是力学工作者进行学术交流的主要载体,多方位、多层次、多渠道、多形式地组织学术活动。常常是,一个好的学术活动会起到引导与启迪的作用,它吸引着力学工作者们走到一起,切磋学问,百家争鸣,共同探讨发展学科、建设国家之路。

1. 开展国内学术交流

(1)全国力学大会

综合所有力学分支学科的全国力学大会,起始于 1997 年中国力学学会庆祝学会成立 40 周年。大会主题为"现代力学与科技进步"。这是自学会成立后第一次举办集流体力学、固体力学、一般力学、力学交叉学科、力学教育于一体的综合性学术会议。会议主席庄逢甘,参会人数 400 余人。

2000 年,为了探讨力学进入 21 世纪后的发展方向和关键问题,举办了"力学 2000"学术大会(图 10-3)。会议内容涉及空气动力学、湍流与复杂流动、环境力学、渗流力学与流变学、非线性力学、振动力学与振动工程、断裂力学与细观力学、细微观实验力学、塑性力学与地球动力学、复合材料力学、智能结构与信息材料力学、动力学与控制、计算力学、爆炸力学与冲击、生物力学、力学与材料科学、力学与机械工程、力学与能源交通、力学与结构工程、力学与土木水利工程、力学与数学物理等各个领域[11]。纵观这次会议,我国力学的三个新的发展特点已初见端倪:

图 10-3 《力学 2000》文集

　　1)历史悠久的力学学科孕育着新生;

　　2)应用力学的进一步发展强烈地依赖于和产业的结合;

　　3)力学与国防建设重新成为力学研究的重点。

随后,中国力学学会于 2005 年起创办了品牌学术会议——中国力学大会。大会每两年举办一次,至今已举办了 4 届,前三届会议名称为"中国力学学会学术大会",后经学会第九届常务理事会第 2 次工作会议研究决定,将会议名称定为"中国力学大会"(表 10-2)。

表 10-2　中国力学大会

会议名称	举办年份	大会主席	举办地	承办单位	参会人数
中国力学学会学术大会 '2005	2005.8	崔尔杰	北京	北京工业大学	1200
庆祝中国力学学会成立 50 周年大会暨中国力学学会学术大会 '2007	2007.8	李家春	北京	中国力学学会办公室	1500
中国力学学会学术大会 '2009	2009.8	李家春	郑州	郑州大学	1800
中国力学大会-2011 暨钱学森诞辰 100 周年纪念大会	2011.8	胡海岩	哈尔滨	哈尔滨工业大学	2400

这种综合所有力学分支学科的力学大会的形式,得到全国力学工作者的普遍欢迎。一方面,大会借助中国力学学会的影响力,可以邀请到国内外最知名、最具权威的学者做学术邀请报告,这些报告反映了当前力学学科领域的最新研究进展,是最前沿、最能够结合国家需求的力学问题。另一方面,大会为青年力学工作者特别是在校博士、硕士研究生提供了难得的交流和展示的平台。此外,每次力学大会上千人的规模,不仅展示了中国力学学科欣欣向荣的繁荣景象,同时也为力学工作者提升了士气。现在,中国力学大会已经成为:力学工作者了解国际学科前沿的窗口,力学与工程实际结合的桥梁,不同学科研究人员交流的纽带,青年力学工作者展示风采的舞台。

(2)专业委员会组织的系列会议

组织学术活动、报道科技成果、加强信息交流、活跃学术思想是学会进行学术交流的基本任务。中国力学学会每年举办30~40次学术活动,主要是由下属各专业委员会、专业组或工作委员会组织。学科年会以每隔2~3年的固定频率召开,另外有中小型的专题讨论会、调研会、报告会伴以各种讲座、实地考察、展览、读书活动等,形式多种多样(表10—3)。

除全国性例会外,各专业委员会还根据国家需求,适时举办各种类型、各种规模的研讨会、讨论班等。

(3)青年学术沙龙

青年学术沙龙是中国力学学会创办的又一品牌学术活动。该项活动是为了给青年力学工作者营造宽松的学术交流氛围,让参会者畅所欲言,发表各自的学术见解,达到开阔眼界、增进了解、启发科研思路、促进相互合作的目的。每次沙龙均有优秀学者做精彩的学术报告,都充满了新思想、新观念和新信息。而且这种交流更有利于激发新的学术思想。轻松的交流形式得到了青年学者的赞同和认可。

青年学术沙龙从2003年开始在北京举办,由清华大学、北京大学、中国科学院力学研究所、北京理工大学、北京交通大学、北京航空航天大学、北京工业大学、中国空气动力研究发展中心等高校和科研院所及国家自然科学基金委的青年学者参加,每年举办5~9期不等。到2009年后,沙龙活动范围扩展到全国,每年定期举办6次,并且每年至少在京外举办1~2次,一方面是为了扩大交流群体,为沙龙活动注入新鲜血液;另一方面是为了促进各个地区青年学者的相互了解,发现和培养更多的优秀力学人才。

(4)学术会议在促进学科发展中的作用

学术会议是学会活动的重要形式之一。在近代科学发展高度细化又高度综合的情况下,学术会议有助于科技工作者交流成果、启发思想、互相切磋、共同提高。它促进了相同学科和不同学科之间的渗透,活跃了科学情报交流,培养和发现了人才。事实证明,学术会议是繁荣学科的好形式。学术活动有如"催化剂",它激励、吸引着无数科学家集思广益,使学科很快地得到普及和提高。学术会议好比是一个"窗口",也是一个信息市场,它极其敏感地反映着国内外一切新东西,并立即被各方面吸收、消化,引起反馈,扶植了新的生长点,发展了新的学科。学术交流活动是协助国家科学管理部门组织科学大协作的最好补充。

表 10-3 各专业委员会组织的延续至今的系列学术会议及创办年份

固体力学专业委员会
- 全国复合材料学术会议(1980)
- 全国振动理论及应用学术会议(1981)
- 全国疲劳与断裂学术会议[1998 年由全国疲劳学术会议(1982)和全国断裂学术会议(1974)合并]
- 全国塑性力学会议(1986)

流体力学专业委员会
- 全国流体力学学术会议(1963 年)
- 全国工业与环境流体力学学术会议[1995 年由原来的全国环境流体力学会议(1990)和全国工业流体力学会议(1989)合并]
- 全国湍流与流动稳定性学术会议(1982)
- 全国水动力学学术会议(1984)
- 全国实验流体力学学术会议(1981)
- 全国计算流体力学学术会议(1982)
- 全国渗流力学学术会议(1980)
- 全国多相流和非牛顿流学术会议(1979 年)

动力学与控制专业委员会
- 全国动力学与控制学术会议[原为全国一般力学学术会议(1964),2008 年更名为此名]
- 全国多体系统动力学暨全国航天动力学与控制学术会议[2009 年由全国多体系统动力学(1992)和全国航天动力学与控制学术会议(2009)合并]
- 全国分析力学学术会议(1985)
- 全国非线性振动暨非线性动力学与运动稳定性学术会议[1995 年由全国非线性动力学与运动稳定性学术会议(1986)和全国非线性振动学术会议(1979)合并]
- 全国动力学与控制青年学者研讨会(2007)
- 国际动力学动力学、振动与控制学术会议(ICDVC,1990)

实验力学专业委员会
- 全国实验力学学术会议(1966)
- 二十一世纪的实验力学学科发展海峡两岸实验力学研讨会(2005)
- 全国实验力学青年学者学术研讨会(2010)

爆炸力学专业委员会
- 全国爆炸力学学术会议(1977)
- 全国冲击动力学讨论会(1988)
- 全国计算爆炸力学会议(2000)
- 全国工程结构安全防护学术会议(1997 年为第二届,第一届不详)
- 全国爆炸力学实验技术学术会议(2000)
- 全国爆轰学术会议(1979)

计算力学专业委员会
- 全国计算力学大会(1980)
- 全国工程中的边界元法学术会议(1985)
- 南方计算力学学术会议(1996)
- 计算机辅助工程应用与理论研讨会(2011)
- 中日韩结构和机械系统优化会议[CJKOSM,原为中日结构和机械系统优化会议(1994),1999 年更为此名]

生物力学专业委员会 { 全国生物力学学术会议(1981)
中美生物医学工程暨海内外生物力学学术研讨会(2001,首届会议名称
为中外青年生物力学工作者学术研讨会,2007 第三届起更为此名)

岩土力学专业委员——全国岩土力学数值分析与解析方法讨论会(1982)

物理力学专业委员会——全国物理力学学术会议(1966)

反应堆结构力学专业委员会——全国反应堆结构力学会议(1978)

理性力学和力学中的数学方法专业委员会—— 现代数学和力学学术会议(1986)

流变学专业委员会——全国流变学学术会议(1985)

地球动力学专业委员会——计算地球动力学国际研讨会(2004)

工程爆破专业委员会——全国工程爆破学术会议(1978)

激波与激波管专业委员会——全国激波与激波学术会议(1979)

流体控制工程专业委员会——流体动力与机电控制工程学术会议(1985)

等离子体科学与技术专业委员会——全国等离子体科学技术(1981)

结构工程专业委员会——全国结构工程学术会议(1991)

MTS 材料试验协作专业委员会——全国 MTS 材料试验学术会议(1990)

力学史与方法论专业委员会——全国力学史与方法论学术研讨会(2003)

环境力学专业委员会——全国环境力学学术研讨会(2005)

电子电磁器件力学工作组——全国压电和声波理论及器件应用技术研讨会(2004)

　　学术会议促进了新学科的迅速发展。如生物力学,1978 年制定全国规划时,我们只能从国外文献略知一二,国内无人从事这方面的工作。1979 年以中国科学院、高教系统为主,学会配合并与中国生物医学工程学会联合组织了生物座谈会。1981 年中国力学学会与中国生物医学工程学会主办,联合征集论文,组织国内外动态调研,并邀请国际著名生物力学家美国加州大学 San Diego 分校冯元桢教授作了《生物力学的新发展》的报告。1982 年召开全国心血管动力学学术讨论会,组织了 7 篇专题报告,全面介绍心血管动力学相关领域的国外研究动向和发展趋势,交流国内研究工作的进展和设想。在学术会议的带动下,国内开始有越来越多的人关注生物力学领域,并从事这方面的研究,逐步形成一支较大的队伍。1983 年中国力学学会、中国生物医学工程学会共同成立了生物力学专业委员会。[10]

　　学术会议促进了与其他学科的交融。如理性力学与力学中的数学方法专业委员会在力学与数学两大学科重新结合的国际潮流下,在钱伟长先生的领导下,1979 年正式成立,并于当年开展了第一次活动——上海奇异摄动理论讨论会。1980 年 8 月系统介绍理性力学的有关专题,内容包括微机连续统的理论和应用、连续统的局部和非局部理论和应用、液晶理论和波的传播等,紧紧抓住新理论、新方法的研究和推广之后,不失时机地连续地组织了国际上正受到广泛关注的非线性波(1981)、非线性力学(1982)和稳定性、分岔、突变、混沌等作为会议主要内容,而这些方面,恰是非线性力学的重要的几个方面。通过会议的系统介绍和传授,使得广大力学科学工作者特别是青年对新时期现代力学所面临的重要挑战有更进一步的认识。[10]

　　学术会议促进力学与工程应用的广泛结合,使力学研究成果更多更快地转化为生产力,为国家建设作出实际贡献。如实验应力分析工作在我国社会需求很高,由于"文化大

革命"而停滞。学会刚刚恢复活动时实验应力分析工作非常薄弱。自 1979 年实验应力分析专业委员会成立后,我国固体实验应力分析工作呈现出一派生机勃勃的景象。1980 年召开了全国光弹性材料学术讨论会。1981 年召开了动光弹讨论会(31 个单位,51 位代表,15 篇论文)。同时举办了"微机在电测技术中的应用学习班"、"光测实验数据自动采集与处理技术"讨论会(66 个单位参加)。再如计算力学,是横贯力学各学科的分支学科,以解决实际问题为其最终目的,能够在更为广泛的领域里得到应用,是尤其重要的。为了促进计算力学学科的发展,加强计算力学与土建、机械和船舶等工程领域的联系,更好地为国民经济建设服务,专业委员会 1980 年组织召开首届计算力学学术会议(参会单位有高校、研究单位、国防单位、工程设计部门共计 147 个,代表人数 300 人,特邀报告 9 篇,分组交流论文 252 篇)。1982 年召开全国加权残数法学术讨论会,同年还召开了全国计算结构动力学学术会议。[10]

学会恢复初期,很多分支学科还处于起步阶段,学习和了解学科知识成为力学工作者最紧要的任务。为此,学会各专业委员会开展了讲习班、培训班的活动。如流体力学专业委员会在 1981－1982 组织了气固两相流读书班,由周光埛、严子纲主持,全国 30 多个单位,52 人参加。多相流体力学在我国基础薄弱,但与国民经济、各部门紧密相关,如煤炭、电力、航空、冶炼、纺织、化工等部门都有许多气固两相流问题,为了推动这一分支学科的发展,培养从事这方面工作的科研人员和教学人员,学习班选定苏治礼教授《多相系统流体动力学》一书,分章翻译备课,重点发言,集体讨论,分别在 1981 年、1982 年两个暑假讲授课程,普遍反映很好。再如实验力学分析专业委员会,1982 年 11 月开设实验数据自动采集与处理学习班,聘请以中国船舶科学研究中心设备办公室自动化组为主的讲课小组,理论与操作并举,以微机技术与电测技术结合,正适应当时很多部门测试手段和数据处理方法落后、不能适应生产发展需要的情况。当时电测涉及面很广(工业、水利、地质等),因此普及电测数据处理知识,推广应用带微机的电测数据处理系统,对我国国民经济建设是有很大意义的。其他讲习班、培训班还有很多,为培养各层面的人员,提高其知识、技术水平起到了重要作用。[10]

学会恢复活动以来,学术交流频繁且活跃,其积极性并不是靠行政和经济手段,而是靠大家对"信息"价值的共识,认定方向,把大家的精力、兴趣合理地加以调节、协调,多、快、好、省地发挥各自的专长。总之,学术交流促进了新老学科的发展,理论与工程应用的结合,各学科之间渗透和结合,也促进了人才的快速成长。

2.开展国际学术交流

中国学者重视向国际上一切先进的科学技术学习,也重视向世界宣传中国的成就,广交朋友。早在 1946 年,周培源、顾毓琇就参加过在法国巴黎召开的第六届世界应用力学大会。

1980 年中国力学学会加入国际理论与应用力学联合会(IUTAM)后,积极参加该组织活动。组织国内力学工作者参加每 4 年一次的 ICTAM 大会,及时向国内报道有关 IUTAM 组织及 ICTAM 大会的一切动向,向 IUTAM 组织内部推荐中国代表。

(1)承办 IUTAM 高级研讨会及暑期学校。

IUTAM 讨论会是小型高级专家会议,与会代表均由 IUTAM 执行局任命的科学委员会邀请。参加 IUTAM 讨论会本身就是一种荣誉,它代表作者的研究工作受到国际力学界的承认。讨论会不设并行会场,与会代表汇集了该领域的国际专家,大家畅所欲言,争取得到对所选主题有导向意见的研究结果。至今 IUTAM 郑重委托中国力学学会承办了多个学科前沿的专题研讨会。1991 年,在王仁理事长的倡导下,学会第一次承办 IUTAM 高端研讨会。1991 年 7 月在北京召开的国际多晶金属大变形塑性本构关系学术研讨会[12],是中国力学界国际交流史上的一件大事,它是首次在中国举办的 IUTAM 讨论会。这次研讨会的召开,对国内固体力学方面的学术交流起到了极大的推动作用。首先,在中国实现了 IUTAM 讨论会零的突破。其次,通过聆听、汲取和反思各国专家的最新研究工作,找到了我国在本构关系研究领域中还有一些差距,如:"工作的系统性不够,未能在有影响的学科领域中形成中国学派,有分量的实验研究工作不多,在宏细观结合的计算力学方面差距还很大,与国内材料界的结合尚不够紧密"。同时,这次讨论会还反映了力学研究从宏观步入宏细观、宏微观相结合,材料科学研究从定性转入定量阶段的趋势,也使我国力学工作者看到,现代力学的研究利用超级计算机通过数值模拟加上物理观察而取得成果。

此后中国力学学会又先后承办了国际断裂力学与结构工程、强冲击载荷、国际地球动力学中的力学问题、带缺陷物体流变学、非线性力学中的对偶互补对称方法、纳米结构材料的力学行为和微观力学、不确定非线性系统动力和控制、非线性随机动力学与控制、纳米材料和非均质材料力学中的表面效应等多个 IUTAM 高级研讨会。

此外,中国力学学会还承办了 3 次 IUTAM 暑期学校,主题分别为"湍流层次结构与模拟"、"非均质材料的非线性力学"、"细胞和分子生物力学"、"微流体力学"。三次暑期学校均在北京大学举办。值得一提的是 2001 年 8 月举办的"湍流层次结构与模拟"是 IUTAM 第一次在亚洲国家举办暑期学校。

(2)举办国际学术会议。

自 1980 年始,中国力学学会开始每年组织召开某学科领域的国际学术会议,至 2006 年累计召开国际会议百余次,累计参会的国外学者 7000 余人,许多著名学者通过参加会议,在中国访问讲学,与我们建立了友谊,有的还建立了持续合作的关系。

这里列举两个我们曾经举办过的非常重要的国际会议。

图 10—4　1992 年 ICSU/WMO 国际强热带气旋灾害学术研讨会

1992 年 10 月在北京召开的 ICSU / WMO 国际热带气旋灾害学术研讨会[13],是一个由气象、海洋、水利、力学等多学科交叉的专题研讨(图 10—4)。由国际科联(ICSU)、世界气象组织(WMO)、国际理论和应用力学联合会(IUTAM)、国际测地与地球物理联合会(IUGG)、国际工程学会联合会(WFEO)、国际技术学会联合会(UATI)、海洋研究科学委员会(SCOR)等 7 个国际组织联合举办,国内由中国力学学会、中国气象学会、中国海洋学会、中国水利学会共同举办。并由中国科学院、中国科协、国家气象局、国家海洋局、水利部水利电力科学院、国家自然科学基金委员会、中国减灾十年委员会作为会议的联合支持单位,由中国力学学会具体承办。会议是国际科联与世界气象组织在国际减灾十年(International Decade for Natural Disaster Reduction ,IDNDR)中的重要活动之一,受到国际、国内有关各方面的重视。国际理论与应用力学联合会主席 J. Lighthill 及中国科学院院士郑哲敏作为会议的联合主席主持了这次会议,来自世界 15 个国家与地区的近 80 名科学家共同研讨这一领域的前沿课题。会议使我们在许多重要方面了解了当前国际的最高水平,包括用卫星探测热带气旋的新技术尤其是微波技术;发展探测热带气旋的无人驾驶飞机 Aerosonde;数据同化的方法;热带气旋产生机制;势涡理论在热带气旋研究中的应用;热带气旋产生遥相关及动力学机制;热带气旋的数值模拟;热带气旋运动的解析理论;热带气旋运动异常路径;海洋大气相互作用;热带气旋条件下的风浪预报;风暴潮的数值模拟;风暴潮与潮汐相互作用;边缘波理论在风暴潮研究中的应用;暴雨产生机制及模拟;热带气旋灾害的客观评价等。这次研讨会使人们看到,我国在台风灾害的研究与业务预报方面同发达国家相比还有一定的差距。同时,也启发大家使力学科学更好地为减灾防灾服务。为此,郑哲敏写了专门的报告,建议国家有关部门重视减灾力学工作的研究。

1992 年 6 月 1-3 日为庆贺周培源教授 90 寿辰而组织的国际流体力学与理论物理学术讨论会[14]在北京中苑宾馆召开(图 10-5)。会议由周培源教授在海内外的朋友和学生发起,由北京大学、中国力学学会、中国物理学会联合举办。来自 12 个国家和中国香港,台湾地区的 300 多位专家,学者参加。发表论文 124 篇,其中特邀报告 17 篇。林家翘先生主持开幕式。陈省身、杨振宁、李政道、吴健雄、袁家骝、任之恭、顾毓琇、丁肇中、张守廉、朱家鲲、佐藤浩、卢嘉锡、彭桓武、王淦昌、朱光亚、周光召、胡宁、庄逢甘、郑哲敏、王仁等参加,特别是台湾"中研院"院长吴大猷先生首次来京出席会议,开创了两岸科技交流的新的里程碑,也完成了 20 世纪中国物理学界和力学界的一次科学巨星大聚会。在会议召开前夕的 5 月 31 日晚,江泽民总书记,杨尚昆主席,李鹏总理在人民大会堂会见了出席会议的海内外著名科学家代表。此次会议对流体力学和理论物理最新发展进行评述,特别是湍流、粒子理论和引力论方面的评述,反映了当时的最高水平。会议出版了《周培源论文集》。北京大学、中国力学学会、中国物理学会还共同组织了 6 月 1 日晚在北京大学勺园餐厅的周培源九十华诞祝寿会。周培源的几代弟子用一束束鲜花对恩师表示最诚挚的祝愿。

图 10-5 周培源与吴大猷亲切交谈

近年来一些国际例会在中国召开。这些会议都是高水平的,可以启迪我们的新思路,不断吸取世界尖端成果,对我国力学超前的发展有重要作用。如亚洲流体力学会议,我国分别于 1983 年 10 月和 1999 年 12 月成功举办了两届。再如 1992 年 8 月在北京饭店召开的第 8 届国际生物流变学会议北京卫星会、1996 年 8 月在北京举行的第 20 届国际稀薄气体动力学会议、1997 年 8 月在北京举办的第 13 届国际等离子体化学会议、2004 年 7 月在北京友谊宾馆召开的第 24 届国际激波学术会议、2004 年 9 月在北京饭店召开了第六届世界计算力学大会暨第二届亚太计算力学大会、2005 年 8 月在北京友谊宾馆举行的第 18 届国际反应堆结构力学会议等,这些都是国际上某专业领域级别最高的学术会议。这些国际例会在中国的成功举办,不仅使我国力学工作者开阔了眼界,了解了国际动向,同时也向世界宣传了中国力学的发展,提升了中国力学在国际上的地位。

(3)创办系列国际会议。

除了承办国际例会外,中国力学学会还自主创办了几个规模较大的国际例会。如国际非线性力学会议(International Conference on Nonlinear Mechanics, ICNM),就是在钱伟长的倡导下定期召开的国际会议,从 1985 年开始举办至今。还有国际流体力学会议(International Conference on Fluid Mechanics,ICFM),是由沈元、冯元桢、Zierp、庄逢甘、吴耀祖等国际流体力学界著名科学家倡导,在我国举办的流体力学系列会议,从 1987 年举办至今。国际动力学、振动与控制学术会议(International Conference on Dynamics,Vibration and Control,ICDVC)于 1990 年第一次在我国举办,后于 2006、2010 年相继召开两次,形成国际例会。

这些由我国创办的系列国际会议,在国际交往中发挥了重要作用。一方面,改革开放早期我们国家的科研条件落后,科研经费不足难以支持太多科技工作者出国参加学术会议,这无疑对我国力学工作者开阔眼界、了解国际动向造成了阻碍,而在华召开国际会议恰恰可以节省国内学者的会议开支;同时,通过召开国际会议,可以邀请到国际知名学者来华做邀请报告,并借机邀请他们到各大高校和科研单位交流访问,促进国际学术交流与合作。

(4)申办国际理论与应用力学大会。

国际理论与应用力学大会(International Congress of Theoretical Mechanics,简称ICTAM,中文译称为世界力学家大会)是国际力学界最具规模和影响力的综合会议,每 4 年召开一次(二战期间略有变化),每届会议在不同国家举办,由各个国家自愿申请,经ICTAM 大会委员会投票决定举办国家。大会从 1924 年至今已举办 22 届,举办地以欧洲国家居多,其中英、法、荷 3 国各举办过两次及以上,美国也举办过 3 次,亚洲国家迄今仅在土耳其、以色列、日本 3 个国家举办过。能够举办世界力学家大会是每个国家力学界的愿望,是一次难得的被世界同行认可并向世界同行展示自我的机会。我国力学工作者为此奋斗了 20 年,终于在 2008 年取得了第 23 届世界力学家大会(ICTAM2012)的举办权,第 23 届世界力学家大会将于 2012 年在北京召开。

中国力学学会申办世界力学家大会的历史可追溯至 1988 年(法国 Grenoble 第 17 届ICTAM 会议),当时以一票之差落选。2004 年(波兰 Warsaw 第 21 届 ICTAM 会议)再次申办未果。直至 2008 年(阿德莱德第 22 届 ICTAM 会议)中国力学学会第 3 次申办,力克劲敌,终于取得了第 23 届世界力学家大会 ICTAM2012 的举办权。经过中国力学学会几届理事会的积极争取和不断努力,中国力学同仁 20 多年的梦想最终得以实现。

(5)成立"北京国际力学中心"。

为了进一步加强中国力学与国际力学界的交流,促进亚太地区力学科研、教育和社会服务的发展,为解决共同面对的诸如环境、健康、能源、可持续发展、教育和能力建设等问题提供对策,中国力学学会于 2002 年提出了在北京成立国际力学中心的设想。随着我国航天航空事业的崛起,大型工程、桥梁、隧道、高坝、超高层建筑的飞速发展,我国力学科学得到国际力学界的瞩目和认可。中国力学学会与中国科学院力学研究所、北京大学力学系、清华大学工程力学系等科研院所紧密配合已经成为国际力学界学术交流的重要场所。此时在亚洲成立这样一个机构条件已经成熟。

2006 年 8 月,中国力学学会向 IUTAM 执行局提出了在中国北京建立国际力学中心的建议。执行局给予了支持的回复,并要求我们进一步征求亚洲其他国家的意见。2006 年 11 月郑哲敏在庆祝国科联成立 75 周年座谈会上作题为"The Beijing International Center for Theoretical and Applied Mechanics—A Proposal to IUTAM by the Chinese Society of Theoretical and Applied Mechanics"的报告,陈述了中国力学学会在京筹建国际力学中心的基础、构想和前期准备工作,这一建议的提出得到了国科联和中国科协参会代表的赞同和支持。

2007 年 8 月,学会邀请国家科学联合会(ICSU)亚太地区办事处主任、IUTAM 执行局部分委员以及亚太 10 个国家和地区的力学界代表召开"北京国际力学中心筹建研讨会"。会上确定筹建成立"北京国际力学中心(Beijing International Center for Theoretical and Applied Mechanics,BICTAM)",成立了"国际顾问委员会",通过了筹建国际力学中心建议书以及章程,后提交给 IUTAM 执行局,IUTAM 执行局对成立"北京国际力学中心"的建议表示支持。

2007 年,中国力学学会正式成立了"北京国际力学中心(BICTAM)"。2010 年,中国力学学会参加在巴黎召开的 2010 年 IUTAM 全体理事大会。会上"北京国际力学中心"像位于欧洲乌迪内的国际力学中心一样,正式成为 IUTAM 的联属组织(Affiliated Organization)。

(三)学术期刊

学术期刊是学术交流的重要阵地。国内最早的力学期刊是 1957 年创办的《力学学报》。直到 20 世纪七八十年代,与力学有关的期刊才如雨后春笋般陆续创办,例如《力学进展》、《力学与实践》、《岩土工程学报》、《爆炸与冲击》、《计算力学学报》、《工程力学》、《实验力学》。这里仅简要介绍几种编辑部设在中国力学学会办公室的学术期刊。

1.《力学学报》与 *Acta Mechanica Sinica*

国内最早的力学期刊是《力学学报》(图 10-6)。创刊于 1957 年,中国力学学会成立之后。钱学森为第一任主任编辑,潘良儒为执行编辑。创刊初期刊物定位在基础科学和工程技术间具有高度创造性的力学理论及实验研究论文,特约总结性的某专题的研究报告、短文、论文、讨论及书评,其范围是:弹性力学、塑性力学、结构力学、流体力学、空气动力学、气体动力学、一般力学、土壤及岩石力学、化学流体力学、物理力学及有关力学的应

图 10-6 不同时期《力学学报》的封面

用数学等。1958年1月,《力学学报》主任编辑改由郭永怀担任。"文化大革命"期间曾停刊。1978年复刊后编委会重新审定《力学学报》办刊宗旨,再度定位《力学学报》是力学学科的综合性学术刊物。主要刊载:在理论上、方法上以及国民经济建设方面,具有创造性的力学理论、实验和应用研究论文、综述专题论文以及研究简报、学术讨论等,国内外公开发行。1981年由季刊改为双月刊,时任中国科学院院长的郭沫若亲自为《力学学报》书写刊名。

1985年创办《力学学报》英文版 Acta Mechanica Sinica。初期主要是向国外介绍中国力学科学的发展及成果。文章均是从中文版当年发表的文章中选出。1989年开始,单独刊登高质量的优秀论文,聘请国外力学界的知名学者为 Acta Mechanica Sinica 的编委,面向国内外学者征稿。

2.《力学与实践》

图 10-7 不同时期《力学与实践》的封面

《力学与实践》于1979年2月创刊(图10-7),第一任主编卞荫贵。是传播和报道与力学相关的前沿领域、工程应用、教学经验和科学知识的综合性学术刊物。它始终坚持科学性、实践性、知识性、可读性、时效性的办刊宗旨,力求贴近公众,贴近现代生活。它以工程技术人员、科研人员和院校师生为对象,帮助他们丰富力学知识,开阔视野,活跃学术思想,促进力学学科的发展,为国民经济建设服务。刊登的文章力争做到文字简炼,深入浅出,形式多样,生动活泼。

3.《力学进展》

《力学进展》于1971年创刊(1979年前为《力学情报》,图10-8),第一任主编谈镐生。是以刊登综述性评论文章为主的综合性学术期刊,着重反映力学前沿的重要进展,新兴领域中的活跃状态,以及力学与其他学科交叉的研究进展,也反映那些历史较为悠久的分支学科中的新进展。

图10-8 不同时期《力学进展》的封面

4. *Theoretical and Applied Mechanics Letter*

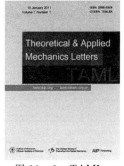

Theoretical and Applied Mechanics Letter(TAML,中文刊名:《力学快报》,图10-9),创刊于2010年,第一任主编由李家春和黄永刚(美国西北大学)担任。期刊定位为国际化的快报类英文期刊,旨在快速、精炼地报道具有原创性和重要价值的力学所有分支学科、力学交叉学科的理论、实验、计算以及应用等方面的研究思想、方法、进展和成果。

20世纪80年代中期,是力学期刊的大发展时期,这一时期刊物发展迅速,专业期刊不断涌现(表10-4)。

图10-9 TAML 创刊号

表10-4 中国力学学会主办或参与主办的力学期刊

期刊	创刊年	首任主编	现任主编	挂靠单位
力学学报	1957	钱学森	郑泉水	中国科学院力学研究所
力学进展	1971	谈镐生	白以龙	中国科学院力学研究所
力学与实践	1979	卞荫贵	蒋持平	中国科学院力学研究所

续表

期刊	创刊年	首任主编	现任主编	挂靠单位
岩土工程学报	1979	黄文熙	殷宗泽（主任） 陈生水（主编）	南京水利科学研究院
固体力学学报	1980	杜庆华	郑晓静	华中科技大学
力学季刊（2000 年以前称《上海力学》）	1980	李国豪	范立础	同济大学
爆炸与冲击	1981	丁儆	刘仓理	中国工程物理研究院流体物理研究所
地震工程与工程振动	1981	刘恢先	谢礼立	中国地震局工程力学研究所
计算力学学报（1997 年以前称《计算结构力学及其应用》）	1984	钱令希	钟万勰	大连理工大学
工程力学	1984	陈祥福	袁驷	1984 年在广西创刊,1988 年批准进京挂靠在北京轻工业学院,1991 年至今挂靠在清华大学,挂靠在清华大学后的首任主编为龙驭球
Acta Mechanica Sinica	1985	林同骥	郑泉水	中国科学院力学研究所
世界地震工程	1985	谢礼立	孙柏涛	中国地震局工程力学研究所
实验力学	1986	贾有权	亢一澜	中国科学技术大学
Acta Mechanica Solida Sinica	1988	罗祖道	郑晓静	华中科技大学
Plasma Science and Technology	1999	万元熙 谢季康	李建刚	中国科学院等离子体物理研究所
动力学与控制学报	2003	钟万勰	赵跃宇	湖南大学
Theoretical and Applied Mechanics Letter	2010	李家春 黄永刚	李家春 黄永刚	中国科学院力学研究所

以上均是由中国力学学会主办或参与主办的力学期刊。此外还有一些力学期刊如：《应用数学和力学》、《应用力学学报》、《水动力学研究与进展》、*Journal of Hydrodynamics* 等,也是力学工作者学术交流的重要阵地。

(四)科学普及

科学技术普及,是指采用公众易于理解、接受和参与的方式,普及自然科学和社会科学知识,传播科学思想,弘扬科学精神,倡导科学方法,推广科学技术应用的活动。是一种对公众进行科学知识的教育。

我国力学的科学普及工作起步较晚。1982 年中国力学学会成立了科学普及工作委员会,旨在用各种宣传方式,生动、形象地介绍力学各分支的基础知识;宣传普及这些新兴的力学分支,使它们在社会主义建设中发挥更大的作用;加强与中国力学学会其他专业委员会和兄弟学会的联系,推广交流科普工作和力学科普创作方面的经验,积极支持各地力学科普的开展。

1.丰富多彩的学生科普活动

早期的科普活动比较单一,主要是针对中学生的力学竞赛和夏令营活动。1986年举办了第一次全国的中学生力学科普夏令营。1987年举办了第一次全国中学生力学竞赛,后来又于1989年举办了全国少数民族中学生力学竞赛。1996年两种竞赛合并为全国第四届周培源中学生力学竞赛及全国第三届周培源少数民族中学生力学竞赛,这次竞赛吸引了台湾新竹高中前来观摩。从1997年开始,竞赛改为夏令营活动,与中国台湾合办,每年交替在两地举办。此项活动持续至今,形成了具有特色的"海峡两岸科普交流及中学生夏令营"活动。

近年来,为贯彻《全民科学素质行动计划纲要(2006－2010－2020年)》,中国力学学会新创办了许多形式多样的针对不同类别学生的科普活动,如:

全国深空轨道设计竞赛,从2009年开始,是面向研究生、青年教师的竞赛活动,旨在为研究生、青年教师提供一个深入研究和探讨的平台,为我国的深空探测领域选拔和储备后备人才。

中学生趣味力学制作邀请赛,2005年创办,是面向中学生的趣味科技活动,旨在引导中学生利用所学过的物理知识、常识、经验,自行设计并动手制作出某种具有特定功能的装置,并进行比赛,激发青少年对于科学知识的好奇心和兴趣,了解力学知识在生活中的应用;充分发挥青少年的动手能力、自主创造能力,培养学生的团队合作和创新精神,扩大力学知识视野。

2.《力学与实践》的科普工作

《力学与实践》是学会开展科普工作的主要阵地。期刊创办的初衷就是力争办一个面向广大工程技术人员、教学人员和能使力学专业大专以上学生都看得懂的普及性刊物。为此,《力学与实践》开设了"力学纵横"栏目,包括力学家、力学史、身边力学趣话、全国周培源大学生力学竞赛等多个子栏目,是力学工作者发表科普文章的重要载体。

1986年,北京大学的武际可在《力学与实践》编委会上建议举办一次大学程度的力学竞赛,1988年"全国大学生力学竞赛"举办,参赛人数62人。后来发展成为今天的全国周培源大学生力学竞赛,参赛人数超过万人。[15]

3.力学科普书籍

与其他基础学科相比,关于力学的科普读物很少。1997年出版过《身边的力学》,收录了35篇科普文章,主要是1996年召开的全国力学科普会议上

图10－10 《身边的力学》与《力学诗趣》

交流的文章,以及《力学与实践》曾经发表过的优秀作品。

1998 年出版的《力学诗趣》是王振东、武际可在《力学与实践》发表过的科普文章的精选(图 10—10)。

2007 年武际可、戴世强牵头成立了中国力学学会《大众力学丛书》编辑委员会,随后撰写出版了一系列力学科普丛书(图 10—10):《拉家常·说力学》(武际可著)、《诗情画意谈力学》(王振东著)、《趣味刚体动力学》(刘延柱著)、《创建飞机生命密码》(乐卫松著)、《奥运中的科技之光》(赵致真著)、《力学史杂谈》(武际可著)、《漫话动力学》(贾书惠著)、《涌潮随笔》(林炳尧著)、《科学游戏的智慧与启示》(高云峰著)、《力学与沙尘暴》(郑晓静著)、《方方面面话爆炸》(宁建国著)。

图 10—11　大众力学丛书

(五)推行学会改革,适应新时期力学学科发展需要

可以说,在中国力学学科起步和发展的进程中,中国力学学会起到了十分重要的促进作用。进入 21 世纪,国家科教兴国战略和可持续发展战略的提出,为科技事业和科技社

团的发展创造了前所未有的良好环境。社会团体日益成为经济振兴、科技进步和社会发展的新兴力量,在政府和企业发挥作用的空间内外,发挥着不可替代的协调、辅助和补充功能。在这种大环境下,中国力学学会与其他社会团体一样,面临着新的挑战。由于长期受计划经济体制的影响,学会改革意识薄弱,专兼职工作人员队伍老化、素质和业务水平有待进一步提高。从整体上看,学会在组织管理体制、运行机制和活动方式等方面,不能完全适应我国新形势的要求,与经济、科技体制相比,学会改革存在明显差距。

在这种情况下,中国科协于 2001 年提出了《关于推进所属全国性学会改革的意见》,明确了学会改革的指导思想和原则,指出了学会改革的总体目标、主要内容和改革进度。中国力学学会抓住机遇,立足现实,大胆探索,率先进行了改革尝试:①以会员为本,完善和发展会员制度;②加快国际化进程,建立和发展自主的、国际化的学术组织,例如成立北京国际力学中心,组织一些国际学术界共同参与的学术活动,为会员和广大科技工作者搭建国际性的学术交流平台;③注重人才培养和队伍建设,设立奖项,对作出突出贡献的科学家、近年来成长较快的优秀青年学者、有影响的优秀学术论文等进行表彰奖励;④创立学会自有品牌项目,包括学术期刊、系列学术会议和其他学术活动;⑤大力加强学会的数字化建设,推动学会工作信息化,充分发挥学会作为全国学科的信息中心的职能;⑥推进学会制度化建设,制定和颁布各种管理条例,使学会工作有据可依、有章可循;⑦提高学会办事机构的工作效率,引进高层次人才,对专职工作人员建立严格的考核制度,定岗、定编,责任到人,并注重对专职工作人员的业务培训和再教育等。

由于在学会改革中取得了显著成效,2004 和 2010 年,中国力学学会相继两次被民政部评为"全国先进社会组织",2011 年被人力资源和社会保障部、中国科协授予"全国科协系统先进集体标兵"荣誉称号。

第三节　各省(直辖市)、自治区力学学会

各省(直辖市)、自治区力学学会,是由所在省(直辖市)的力学科学技术工作者自愿结成的、依法登记的、非营利的学术性法人社会团体,是所在省(直辖市)科学技术协会的组成部分,接受所在省(直辖市)科学技术协会的领导。与中国力学学会一样,各省(直辖市)、自治区力学学会的宗旨是团结和组织所在省(直辖市)力学科技工作者,开展学术上的自由讨论,促进力学学科的发展和繁荣,促进力学科技的普及和推广,促进力学科技人才的成长和提高,促进力学科技与经济的结合,为加速实现我国社会主义现代化作出贡献。

很多省(直辖市)、自治区建立了力学学会(表 10－5),对发展当地力学学科作出了重要贡献。地方力学学会经过几十年的发展,形成了各自品牌的学术交流活动。并且学会还注重省际交流与合作,开创了东北三省力学学术交流会、北方七省市区力学学术交流会、南方计算力学学术交流会、华东固体力学学术会议等学术活动,并延续至今。

除了省(直辖市)、自治区力学学会外,很多力学学科发展迅速的地方还纷纷建立了市级力学学会,如大庆市力学学会、青岛力学学会等。

这里要单独提到的是香港力学学会和台湾省力学学会。两个学会都以地区的身份加

入了国际理论与应用力学联合会(IUTAM)。近年来,内地、香港、台湾、澳门的学术交流越来越频繁,中国力学学会实验力学专业委员会、MTS试验协作专业委员会与台湾省力学学会每年定期进行学术交流,上海市力学学会、江苏省力学学会分别与香港力学学会合作举办系列论坛——"沪港力学及应用论坛"、"苏港力学及其应用论坛"。

表10-5　各省(直辖市)、自治区力学学会及香港力学学会、台湾省力学学会成立时间及首任、现任理事长

成立时间	学会名称	首任理事长	现任理事长
1957	天津市力学学会	张国藩	李鸿琦
1959	上海市力学学会	李国豪	仲 政
1961	江苏省力学学会	金宝桢	王 乘
1962	北京力学学会	王德荣	姚振汉
1962	陕西省力学学会	季文美	杨智春
1963	湖北省力学学会	陈宗基	何玉明
1979	内蒙古自治区力学学会	李炳威	邢永明
1979	山西省力学学会	杨桂通	陈维毅
1979	广西壮族自治区力学学会	秦 荣	杨绿峰
1980	四川省力学学会	康振黄	杨翊仁
1980	云南省力学学会	屈维德	何天淳
1980	浙江省力学学会	王仁东	林建忠
1980	宁夏回族自治区力学学会	庄最清	李 星
1981	河北省力学学会	陈家徽	刘 波
1981	贵州省力学学会	杜家瑶	蔡长安
1982	重庆市力学学会	杨绪灿	彭向和
1982	广东省力学学会	周 履	韩 强
1982	新疆维吾尔自治区力学学会	邓健鸿	侍克斌
1982	甘肃省力学学会	郭尚平	马 巍
1982	山东省力学学会	梁松方	李术才
1982	辽宁省力学学会	唐立民	刘迎曦
1984	江西省力学学会	杨耀乾	扶名福
1984	湖南省力学学会	周鸣瀍	傅衣铭
1984	河南省力学学会	王如芝	周丰峻
1985	安徽省力学学会	沈志荣	胡时胜
1985	福建省力学学会	陈 森	杨晓翔

续表

成立时间	学会名称	首任理事长	现任理事长
1986	黑龙江省力学学会	刘恢先	吴林志
1987	吉林省力学学会	许焕然	姚国凤
1989	海南省力学学会	王运汉	陈超核
1996	香港力学学会	谢定裕	卢伟真
1977	台湾省力学学会	虞兆中	叶铭泉

本编小结

学术共同体是科学家渴望交流的产物。由科学家自愿组成的非营利学术组织,是学术共同体最重要的存在形式之一。由于力学学科最早发源于西方,所以西方与力学有关的学术组织成立得较早。这些学术组织的特点是:历史非常悠久,出版众多在国际上有重要影响的科技期刊,并且开发了强大的在线网络服务平台,被国际力学工作者广泛关注。

中国力学学会是中国力学科技工作者自愿结成的非营利学术社团。中国力学学会的创立与发展源自于中国力学学科的发展。20世纪四五十年代,一批优秀的中国学者学成回国,开设了高校的第一个力学专业,创建了第一个力学研究机构,开展了相应的教学和研究工作,力学工作者的队伍慢慢壮大起来,大家渴望交流的愿望促成了中国力学学会的成立。中国力学学会成立后,力学科技工作者便有了自己的家,通过发展会员、设立学科分支机构、创办期刊、与国际力学组织建立联系等一系列工作,使中国力学学会一步步发展壮大起来。

与此同时,学会的发展对力学学科的发展也起到了促进的作用。从中国力学学会50多年来的发展进程和工作实践来看,学会在学术交流、国际合作、期刊建设、发展新兴学科、凝聚学科队伍、发现和举荐人才、科学普及等方面做出了卓有成效的工作,通过这些工作,明确了学科发展方向,巩固了力学传统学科,提炼和发展了新兴交叉学科,提高了中国力学在国际力学界的话语权,培养和壮大了力学后备人才队伍,进而得到了全国力学科技工作者的支持和认可。

除了中国力学学会,力学工作者还广泛活跃在有力学广泛应用的、与工程紧密相关的领域里,如机械工程学会、土木工程学会、航空学会、水利学会……。中国力学学会同这些工科学会一起,为力学科技工作者提供了广阔的交流与展示平台。

参 考 文 献

[1] 路甬祥.现代科学技术大众百科.杭州:浙江教育出版社,2001.

［2］陆伯华.国际理论与应用力学联合会简介.力学与实践,1979(1).

［3］石光漪.国际理论与应用力学联合会和第 16 届 ICTAM 概况.力学与实践,1984(6).

［4］林鸿荪.记第一次全国力学学术报告会.力学学报,1957(2).

［5］中国力学学会.力学与生产建设.北京:北京大学出版社,1982.

［6］中国力学学会.中国力学学会会讯,1988,内部刊物.

［7］中国力学学会.人,环境与力学.北京:科学出版社,1991.

［8］国家科委基础研究高技术司等.21 世纪中国力学.1994.

［9］中国力学学会.现代力学与科技进步.北京:清华大学出版社,1997.

［10］中国力学学会编著.中国力学学会史.上海:上海交通大学出版社,2008.

［11］白以龙,杨卫."力学 2000"学术大会论文集.北京:气象出版社,2000.

［12］杨卫.金属多晶体塑性研究的新层次——IUTAM"金属多晶体弹塑性大变形本构关系"北京讨论会札记.力学与实践,1992(1).

［13］李家春.ICSU/WMO 国际热带气旋灾害研讨会总结.力学与实践,1993(1).

［14］武际可,石光漪,金和.为庆贺周培源教授 90 诞辰国际流体力学与理论物理学术会议纪要.力学与实践,1992(6).

［15］蒋持平.全国周培源大学生力学竞赛 20 年总结.力学与实践,2007(2).

世界力学大事年表

公元前 1000 多年

- 中国商代铜铙已有十二音律中的九律,并有五度谐和音程的概念。

公元前 1000－前 900 年

- 据《庄子·徐无鬼》记载,已知同频率共振。

公元前 4 世纪

- 希腊亚里士多德解释杠杆原理,并在《论天》中提出重物比轻物下落得快。
- 中国墨翟及其弟子解释力的概念、杠杆平衡。

公元前 3 世纪

- 希腊阿基米德确立杠杆原理、简单形体的重心和浮力的基本原理。

公元前 256－前 251 年

- 秦蜀守李冰主持兴建都江堰,是世界上现有历史最长的无坝引水工程。

公元 100 年左右

- 《尚书纬·考灵曜》提出"地恒动不止而人不知,人在船中不知船在运动"的论点。

公元 132 年

- 张衡制成地动仪,其中有倒立的"都柱"能测地震震源方向。

公元 591－599 年

- 隋工匠李春建成赵州桥,采用 37.02 米的浅拱结构。

公元 1000 年左右

- al. 比鲁尼提出行星轨道可能是椭圆而不是圆。

公元 1088 年

- 沈括在《梦溪笔谈》中记录频率为 1∶2 的琴弦共振调音实验。

公元 1092 年

- 苏颂等人制成水运仪象台。

公元 1103 年

- 李诫在《营造法式》中指出梁截面广与厚的最优比例为 3∶2。

公元 1500 年左右

- 达·芬奇讨论杠杆平衡、自由落体,做铁丝的拉伸强度试验,研究鸟翼运动,设计两种飞行器,认识到空气的托力和阻力作用。

公元 1543 年

- N. 哥白尼发表《天体运行论》,从而确立了日心说。

公元 1586 年

- S. 斯蒂文论证力的平行四边形法则。他和德·格罗特做落体实验,否定亚里士多德轻重物体下落速度不同的观点。

公元 1589－1591 年

- G. 伽利略做落体实验,其后在 1604 年指出物体下落高度与时间平方成正比,而下落速度与重量无关。
- G. 伽利略用斜面法测重力加速度,自制望远镜观测天文现象。

公元 1609 年

- J. 开普勒在《新天文学》中发表关于行星运动的第一定律和第二定律;同书中用拉丁字 moles 表示质量;1619 年他在《宇宙谐和论》中发表关于行星运动的第三定律。

公元 1632 年

- G. 伽利略《关于托勒密和哥白尼两大世界体系的对话》一书出版。

公元 1636 年

- M. 梅森测量声速和振动频率,提出乐器理论;他介绍 G. P. de 罗贝瓦尔关于一种秤的平衡条件。

公元 1637 年

- 宋应星的《天工开物》刊行。

公元 1638 年

- G. 伽利略发表《关于两门新科学的谈话及数学证明》,系统介绍悬臂梁、自由落体运动、低速运动物体所受阻力与速度成正比、抛物体、振动等力学问题。

公元 1644 年

- E. 托里拆利发现物体平衡时重心处于最低位置。

公元 1653 年

- B. 帕斯卡指出容器中液体传递压强的定律。

公元 1660 年

- R. 胡克做弹簧受力与伸长量关系的实验。1676 年以字谜形式发表力与伸长量成比例的实验结果,1678 年正式公布。

公元 1673 年

- C. 惠更斯在《摆钟论》中提出向心力、离心力、转动惯量、复摆的摆动心等概念。

公元 1680 年

- E. 马略特在梁的弯曲试验中发现弹性定律。

公元 1687 年

- I. 牛顿《自然哲学的数学原理》刊行,系统地总结物体运动的三定律并正式根据万有引力定律证明开普勒天体运行的三定律;书中还给出流体的黏性定律和声速公式。
- P. 伐里农给出力矩定理。

公元 1699 年

- G. 阿蒙通发现摩擦定律。

公元 1717 年

- 约翰·伯努利对虚位移原理作一般性表述。

公元 1726 年

- I. 牛顿用质点动力学方法推导出物体在流体中的运动阻力公式。

公元 1736 年

- L. 欧拉发表《力学或运动科学的分析解说》,首先将积分学应用于运动物体力学。

公元 1738 年

- 丹尼尔·伯努利在《水动力学,关于流体中力和运动的说明》中首先采用水动力学一词,给出不可压缩流体运动时压力与流速的关系。

公元 1743 年

- J. Le R. 达朗伯在《动力学》中提出受约束质点的动力学原理。

公元 1744 年

- P. L. M. de 马保梯提出最小作用量原理。

公元 1752 年

- J. Le R. 达朗伯提出物体所受流体阻力为零的佯谬。

公元 1755 年

- L. 欧拉提出理想流体动力学方程组。

公元 1758 年

- L. 欧拉提出刚体动力学方程组。

公元 1765 年

- L. 欧拉推导出刚体运动学方程。

公元 1773 年

- C. A. de 库仑发表梁的弯曲理论、最大剪应力屈服准则等研究结果。

公元 1777 年

- J. L. 拉格朗日提出引力势和速度势概念。

公元 1781 年

- C. A. de 库仑提出并应用摩擦定律。

公元 1782 年

- P. S. de 拉普拉斯得出引力势所满足的微分方程。

公元 1784 年

- C. A. de 库仑用扭秤测电磁力,确定金属丝扭矩与转角的关系,建立静电力与距离的平方反比律。
- G. 阿脱伍德用滑轮两边悬挂物体的办法测重力加速度。

公元 1788 年

- J. L. 拉格朗日的《分析力学》出版。

公元 1798 年

- H. 卡文迪什用扭秤测万有引力常数。

公元 1799 年

- P. S. de 拉普拉斯的《天体力学》第一、二卷出版。至 1825 年第五卷出版。全书共五卷 16 分册。

公元 1803 年

- L. 潘索提出力偶概念和力偶理论。

公元 1807 年

- T. 杨的《自然哲学和机械工艺讲义》出版,提出材料弹性模量的概念,确认剪切是一种弹性变形,并提出能量的概念。

公元 1808 年

- T. 杨用力学方法推导出脉搏波传播速度公式。

公元 1812 年

- S. D. 泊松推导出物体内部引力势的方程。

公元 1816 年

- S. 热尔曼因最早提出弹性薄板的方程并成功解释了薄板振动时的克拉德尼花纹而获得法国科学院的悬赏奖金。

公元 1821 年

- C. L. M. H. 纳维用离散的分子模型得出不可压缩流体和各向同性弹性固体的运动微分方程。

公元 1823 年

- A. L. 柯西建立有两个弹性常量的弹性固体平衡和运动的基本方程,给出应力和应变的确切定义。

公元 1826 年

- C. L. M. H. 纳维提出弹性力学中的位移法思想。

公元 1828 年

- S. D. 泊松指出,弹性介质中可以传播纵波和横波,并推导出横向收缩比(泊松比)为 1/4(1829 年发表)。

公元 1829 年

- S. D. 泊松导出了包含可压缩流体黏性本构关系的运动方程(1831 年发表)。
- C. F. 高斯提出力学中的最小拘束原理。

公元 1830 年

- M. 夏莱证明刚体的位移等于平动和转动的合成。

公元 1834 年

- W. R. 哈密顿建立经典力学的变分原理,建立正则方程。
- L. J. 维卡特发现拉伸蠕变现象。

公元 1835 年

- G. G. 科里奥利指出转动参考系中有复合离心力,1843 年给出证明。

公元 1837 年

- G. 格林提出弹性势的概念,指出一般物质弹性常量有 21 个。
- C. G. J. 雅可比建立解哈密顿正则方程的定理。

公元 1838 年

- J. M. C. 杜哈梅导得热弹性力学基本方程,1841 年 F. E. 诺伊曼独立得到同样结果。

公元 1839 年

- G. H. L. 哈根在管流实验中得到流量与压力降、管径等的关系。1840－1841 年 J. L. M. 泊肃叶发表的论文中得出同样的实验结果。

公元 1843 年

- A. J. C. B. de 圣维南列出黏性不可压缩流体运动的基本方程。

公元 1844 年

- G. G. 斯托克斯导出黏性流体运动的基本方程,即纳维－斯托克斯方程(1845 年发表)。

公元 1846 年

- J. C. 亚当斯利用经典力学的计算结果预言海王星位置。

公元 1847 年

- G. G. 斯托克斯用摄动法研究深水中重力非线性波;提出完全流体中可能存在速度间断面。

公元 1850 年

- G. R. 基尔霍夫给出有关薄板的假设,1862 年由 A. 克勒布什加以修正。

公元 1851 年

- G. G. 斯托克斯指出运动较慢的球受到的流体阻力与球的速度成正比。
- J. B. L. 傅科用摆的转动演示地球的自转。

公元 1852 年

- H. G. 马格纳斯证实旋转炮弹前进时的横向力效应——马格纳斯效应。

公元 1853 年

- W. J. M. 兰金提出较完备的能量守恒定理。

公元 1855 年

- A. J. C. B. de 圣维南提出弹性力学中平衡力系只引起局部应力效应的原理;用半逆解法解扭转问题。

公元 1856 年

- H. P. G. 达西发表渗流定律。
- A. J. C. B. de 圣维南用半逆解法解弯曲问题。

公元 1857 年

- W. J. M. 兰金提出散体极限平衡的应力分析。

公元 1858 年

- W. 胡威立著、李善兰译《重学》刊行。
- H. L. F. von 亥姆霍兹提出涡旋强度守恒律。

公元 1862 年

- G. R. 艾里用应力函数方法解弹性力学问题。

公元 1864 年

- J. C. 麦克斯韦提出位移互等定理和单位载荷法。

公元 1864－1872 年

- H. 特雷斯卡做固体塑性流动实验并提出最大剪应力屈服条件和两个最常用的屈服极限。

公元 1869 年

- W. J. M. 兰金给出激波前后状态方程的关系(1870 年发表);1887 年 P. H. 许贡纽也给出同样的关系。

公元 1870 年

- A. J. C. B. de 圣维南提出塑性增量理论,给出刚塑性应力－应变关系。

公元 1871 年

- F. H. 韦纳姆设计建成第一个风洞。

公元 1872 年

- E. 贝蒂建立功的互等定理。
- L. 克雷莫纳指出桁架形状图和内力图的互易性。
- W. 弗劳德指出流体由摩阻传递动量的机制;在托基建立船模试验基地。

公元 1873 年

- J. W. 瑞利给出求弹性振动固有频率近似值的一个方法——瑞利原理。

公元 1874 年

- H. 阿龙将薄板基本理论中的基尔霍夫假设推广到壳体,1888 年由 A. E. H. 乐甫加以修正。

公元 1876 年

- E. J. 劳思用循环坐标将拉格朗日方程降阶。

公元 1877 年

- J. V. 布森涅斯克提出二元湍流应力正比于平均速度梯度的假设。
- E. J. 劳思提出运动稳定性的数学理论。

公元 1877—1878 年

- J. W. 瑞利在《声学理论》中系统总结了声学和弹性振动方面的研究成果。

公元 1878 年

- H. 兰姆在《流体运动的数学理论》中总结经典流体力学的成果。
- F. 克罗蒂提出计算弹性体位移的定理,后 F. 恩盖塞也独立提出,称克罗蒂—恩盖塞定理。

公元 19 世纪 80 年代初

- M. 贝特洛、P. 维埃耶等发现爆轰现象。

公元 1881 年

- H. R. 赫兹导得弹性接触问题公式。

公元 1882 年

- O. 莫尔提出应力圆——莫尔圆。

公元 1883 年

- O. 雷诺进行圆管中的流动转捩实验,发现湍流,确定流动中动力相似律,提出以雷诺数为相似参数。
- E. 马赫的《力学的一般批判发展史》出版。
- C. G. P. de 拉瓦尔在蒸汽涡轮机中采用能产生超声速气流的管道——拉瓦尔管。

公元 1884 年

- J. 沃尔夫提出骨的生长、吸收、重建都与骨的受力状态有关的论点,后人称为沃尔夫定律。

公元 1887 年起

- E. 马赫做弹丸在空气中超声速飞行的实验。

公元 1888 年

- C. B. 柯娃列夫斯卡娅对刚体绕定点转动问题得到新的可积情形。

公元 1889 年

- L. B. von 厄缶开始测量惯性质量和引力质量之差,历时近 33 年。

公元 1892 年

- A. M. 里雅普诺夫提出运动稳定性的一般数学理论。

公元 1894 年

- J. 芬格提出弹性体有限变形理论。
- S. 邓克利给出弹性振动基频的近似计算方法。

公元 1895 年

- O. 雷诺给出湍流基本方程。

公元 1896 年

- C. A. 帕森斯在英国建造水洞。

公元 1897 年

- И. B. 密歇尔斯基给出变质量质点的运动微分方程。
- S. A. 阿伦尼乌斯给出电流体动力现象中的定量结果。
- K. Э. 齐奥尔科夫斯基导出火箭速度公式,指出实现航天的途径是采用多级火箭。

公元 1898 年

- G. 基尔施发现圆孔附近应力集中现象。

公元 1899 年

- D. L. 查普曼和 1905 年 E. 儒盖分别对爆轰现象作出解释。

公元 19 世纪 90 年代末

- P. 维埃耶用现称激波管的设备研究矿井中的爆炸问题。

公元 1900 年

- H. 贝纳尔在热对流实验中发现胞状结构的流场。
- O. 莫尔提出修正的最大拉应力强度理论。
- M. 普朗克提出量子假说,后发展成量子力学。

公元 1901 年和 1905 年

- J. H. 米歇尔发表弹性力学中变截面弯曲问题和扭转问题的解。

公元 1902 年

- 在舰船螺旋桨上发现空蚀现象。
- M. W. 库塔提出机翼举力的环流理论;1906 年 H. E. 儒科夫斯基提出同一理论。
- H. E. 儒科夫斯基在莫斯科大学建成风洞。

公元 1904 年

- E. T. 惠特克在《分析动力学》中总结经典力学的成果。
- L. 普朗特提出大雷诺数流动流体边界层理论。
- M. T. 胡贝尔提出第四强度理论。

公元 1905 年

- V. 沃尔泰拉提出位错的普遍理论。

公元 1906 年

- L. 普朗特在哥廷根建造马赫数为 1.5 的超声速风洞。

公元 1907-1908 年

- F. W. 兰彻斯特给出二元、三元机翼环流理论。

公元 1908 年

- W. 里兹提出一个可用于解弹性问题的近似方法,后被称为瑞利-里兹法。

公元 1909 年

- G. K. W. 哈茂耳对力学基本原理进行公理化。
- Г. B. 科洛索夫在弹性力学中应用复变函数方法。

公元 1910 年

- G. I. 泰勒指出激波产生的必要条件和内部结构。
- Г. В. 科洛索夫解出椭圆孔附近应力集中问题。

公元 1911－1912 年

- T. von 卡门证明圆柱尾流内涡街的稳定性。

公元 1913 年

- R. von 米泽斯给出材料最大形变比能屈服条件和塑性增量理论中的三维本构关系。

公元 1913 和 1915 年

- И. Г. 布勃诺夫和 Б. Г. 伽辽金就弹性位移和应力问题提出一种近似计算方法——布勃诺夫－伽辽金法。

公元 1913－1918 年

- L. 普朗特提出了举力线理论和最小诱导阻力理论。

公元 1914 年

- A. 本迪克森提出结构力学中的转角位移法。
- E. 赫林格提出弹性力学中的一种二类变量广义变分原理。
- B. 霍普金森提出了子弹射击和高爆炸药爆炸时压力的测量方法。

公元 1915 年

- S. P. 铁摩辛柯用能量法解决加劲板弹性稳定性问题。

公元 1921 年

- A. A. 格里菲斯用能量观点分析裂纹问题。
- G. I. 泰勒确定了湍流的扩散特征,得到了扩散系数和速度场的拉格朗日关联函数之间的关系。

公元 1922 年

- T. von 卡门倡议召开世界范围的国际力学会议,1924 年第一届应用力学大会在荷兰召开(该会议之后更名为国际理论与应用力学大会)。1946 年在第六届国际理论与应用力学大会上,成立了国际理论与应用力学联合会,是国际力学界具有最高学术地位、历史最悠久的世界性非政府学术组织。

公元 1923 年

- G. I. 泰勒提出并解决两同轴圆筒间流动稳定性问题(1938)等,给出壳体的各类方程。

公元 1924 年

- H. 亨奇提出塑性全量理论。

公元 1925 年

- J. 阿克莱特建立二元线性化机翼的超声速举力和阻力理论。
- L. 普朗特提出湍流的混合长度理论。

公元 1927 年

- A. A. 安德罗诺夫指出范德坡耳的自激振动和 H. 庞加莱的极限环之间的关系。

公元 20 世纪 30 年代

- Н. И. 穆斯海里什维里发展弹性力学复变函数方法。
- 壳体理论取得发展，В. З. 符拉索夫(1932)、L. H. 唐奈(1933)、K. 马格雷(1938)、H. M. 穆什塔利(1938)等给出壳体的各类方程。
- 湍流理论中统计理论取得发展，G. I. 泰勒、T. von 卡门、周培源、J. M. 伯格斯等提出各种理论模型。

公元 1930 年

- H. 克罗斯提出刚架结构分析的力矩分配法(1932 年发表)。
- L. H. 唐奈发现塑性波。
- L. 普朗特和格劳厄脱给出超声速机翼二元线性修正理论。

公元 1932 年

- H. 布莱希提出简单桁架的弹塑性安定性理论。
- K. 霍恩埃姆泽尔和 W. 普拉格发展塑性动力学本构关系。

公元 1937 年

- A. A. 安德罗诺夫等的《振动理论》、H. 克雷洛夫和 H. H. 博戈留博夫的《非线性力学》出版，两书总结了非线性振动问题的定性和定量研究结果。

公元 1938 年

- A. V. 希尔提出肌肉收缩的力学模型。
- C. V. 克卢切克提出刚架结构分析的变形分配法。

公元 1939 年

- T. von 卡门和钱学森用壳体非线方程来研究其稳定性问题。

公元 20 世纪 40 年代

- G. I. 泰勒提出破甲理论中的不可压缩流体模型。

公元 1940 年

- J. L. 辛格和钱伟长提出弹性板壳的内禀理论。

公元 1940－1943 年

- Я. Б. 泽利多维奇、J. von 诺伊曼、W. 杜林发展爆轰理论。

公元 1941 年

- A. H. 柯尔莫果洛夫提出局部各相同性湍流模型。

公元 1942 年

- S. E. 巴克利、M. C. 莱弗里特得出二相液体一维渗流问题的解。
- H. 阿尔文发现电磁流体动力学波。

公元 1944 年

- T. von 卡门、G. I. 泰勒和 X. A. 拉赫马图林各自独立建立塑性波的传播理论。
- Л. Д. 朗道提出层流向湍流过渡的一种模型。
- 林家翘解决流体运动稳定性问题中的一些数学难题。

公元 1945 年

- M. 赖纳提出非线性黏性流体理论。
- 周培源发表《关于速度关联和湍流脉动方程的解》,之后在国际上发展为湍流模式理论,他的这篇文章至今仍被引用。
- 钱学森和郭永怀发现:当来流马赫数超过上临界值时,连续的数学解会突然不可能,即可能导致激波出现,所以真正有实际意义的是上临界马赫数。郭永怀进一步研究跨声速不连续解的理论,为突破声障奠定理论基础。他随后又成功研究激波边界层干扰。

公元 1946 年

- 钱学森提出高超声速流动中的相似律。
- R. T. 琼斯提出小展弦比机翼理论。

公元 1947 年

- W. 普拉格和 J. L. 辛格提出超圆法。
- K. 外森伯发现旋转黏弹性流体向中心轴爬升的现象。
- N. 维纳创建控制论。

公元 1948 年

- A. L. 科普利提出生物流变学一词。
- R. S. 里夫林在非线性弹性力学中对任意形式的贮能函数获得一些精确解。
- R. S. 里夫林提出了现代有限弹性应变理论,发展了非线性黏弹性体的研究,为理解非线性流体的流变学铺平了道路。
- N. F. 莫脱引出裂纹扩展极限速度的概念。
- C. M. 法因贝格给出极限设计中上下限定理。

公元 1949 年

- L. 昂萨格和 N. 西曼托提出了大气和海洋准二维流动中孤立涡形成的理论,构成了点涡相互作用运动方程的 Hamilton 形式。

公元 1950 年前后

- B. B. 索科洛夫斯基、L. E. 马尔文等发展黏塑性理论。

公元 20 世纪 50 年代

- 复合材料力学形成。
- 固体力学中开始应用有限元法。

公元 1950 年

- H. 瑞斯纳提出弹性力学中的一种二类变量广义变分原理。
- J. G. 奥尔德罗伊德提出物质本构关系应和坐标无关的原理。
- J. R. 莫里森给出海洋结构波浪力公式。
- S. 昌德拉塞卡应用湍流理论研究磁流体动力学。
- J. G. 奥伊洛特提出了联系流变学状态方程和运动方程的一般方法,奠定了流变学的基础。

公元 1952 年

- M. J. 莱特希尔提出空气动力声场模型。
- B. Г. 列维奇创立物理－化学流体动力学。
- 吴仲华提出叶轮机三元流动理论。

公元 1953 年

- 郭永怀在研究边界层理论时,发展了庞加莱－莱特希尔方法,即奇异摄动的参数或坐标变形法,被称为 PLK 方法。

公元 1954 年

- 胡海昌提出弹性力学中三类变量变分原理,鹫津久一郎于 1955 年提出同一原理。
- 风沙物理学家 R. A. 拜格诺认为,流动的沉积物内无粘聚力的颗粒可以传递剪切力,产生流动,提出了颗粒流的概念,到 80－90 年代因计算机发展,颗粒流已被应用到自然现象和工业问题研究。

公元 20 世纪 50 年代－60 年代初

- 电流体动力学、岩石力学、断裂力学开始形成。

公元 1956 年

- W. T. 科伊特证明塑性力学中的机动安定性定理。
- R. A. 图平建立有限变形弹性电介质静力理论。

公元 1957 年

- G. R. 欧文提出应力强度因子概念。
- J. D. 艾胥比证明了无限大基体中受均匀本征应变的椭球夹杂在夹杂内产生的应变场是均匀的,被称为 Eshelby 性质。

公元 1957－1960 年

- B. D. 科勒曼和诺尔提出连续介质热力学理论和记忆衰退材料的理论。

公元 1958 年

- W. 诺尔发表连续介质力学行为的数学理论即简单物质公理体系的雏形。

公元 1959 年

- B. R. 列维奇发表专著《物理化学流体力学》,这是一门研究对流、扩散、传热、传质、电解、毛细现象与物理化学交叉的学科。

公元 20 世纪 50 年代末

- 钱学森提出物理力学的研究方向。

公元 20 世纪 60 年代

- 断裂力学取得发展,G. R. 欧文提出弹塑性断裂理论,A. A. 韦尔斯等提出 COD 法 (1963),J. R. 赖斯提出 J 积分(1968)。
- 冯元桢等为生物力学学科的形成作奠基性的工作。
- 林家翘等用局部渐近解理论得出了恒星与气体线性密度波的自洽解。

公元 1961 年

- J. F. 戴维森提出流化床气泡模型。

- W.普拉格提出二维、三维塑性极限分析理论。

公元 1962 年

- M.施泰因提出壳体前屈曲非线性失稳理论。

公元 1963 年

- E.N.洛伦茨在确定性动力学系统中找到无规则解（即混沌解）；分析力学中卡姆定理建立。

公元 1964 年

- K.鲍威尔在 Lighthill 声比拟理论的基础上，发展了涡声理论，认为低马赫数条件下的等熵绝热流体，其产生的流体动力场和辐射声场的基本且唯一的源是涡。

公元 1965 年

- N.J.扎布斯基和 M.D.克鲁斯科提出了孤立波的形成机理是由于非线性和频散共同作用的结果。

公元 20 世纪 70 年代

- 有关非线性动力学系统内在随机性的分岔、混沌和奇怪吸引子等理论迅速发展。
- 零方程模型、一方程模型、两方程模型、四方程模型、七方程模型等各种湍流模型得到发展和广泛应用。

公元 1971 年

- J.C.R.亨特和 J.A.希克里夫首次从一般的观点解释了磁流体动力学中 Hartmann 层的重要作用。

公元 1972 年

- G.K.巴切勒利用积分重整化解决了 J.M.伯格斯在研究随机弥散两相系统沉降问题时遇到的障碍，将爱因斯坦的固体球悬浮液的有效黏度公式推广到高阶粒子浓度。

公元 1974 年

- G.布朗和 A.罗什科在湍流实验中发现拟序结构。
- 在 J.斯马格林斯基和 K.列利工作基础上，J.W.迪尔道夫发展了大涡模拟，并从气象领域推广应用于工业流动。

公元 1977 年

- J.詹森与 J.赫尔特提出"损伤力学"，后逐渐形成新的学科分支。

公元 1982 年

- 在 J.S.拉塞尔逝世 100 年之际，在他发现孤立波的运河边树立了塑像，以志纪念。

公元 1986 年

- S.沃尔弗雷姆提出元胞自动机（cellular automata），格子气（lattice gas）方法，开创了计算机拟粒子离散模拟的先河。

公元 20 世纪 90 年代

- 用超级计算机开展了均匀各向同性湍流和典型剪切湍流的直接数值模拟。

公元 1996 年

- 美国国家基金委员会出版 *Research Trends in Fluid Dynamics*（作者：J. L. 拉姆利）一书，提出了流体力学的未来发展方向。

公元 1997 年

- J. 格林姆和 D. H. 夏普发表了 *Multiscale Science：A Challenge for the Twenty-First Century* 一文，指出了研究多过程耦合和跨尺度关联的重要性和应用前景，促进了多尺度力学的发展。

公元 1999 年

- 美国国家基金委员会出版 *Research Trends in Solid Dynamics*（作者：G. J. 德沃夏克）一书，提出了固体力学的未来发展方向。

公元 2000 年

- G. K. 巴切勒出版 *Perspective in Fluid Dynamics* 一书，展望了 21 世纪流体力学发展前景。
- 第 20 届国际理论与应用力学大会 ICTAM2000 在芝加哥召开，为纪念新千年，B. M. Jackson 绘制了题为 *Meters of Motion* 的水彩画，描述了在国际力学界作出突出贡献的几位力学大师。

中国力学大事年表

公元前 1000 多年

· 中国商代铜铙已有十二音律中的九律,并有五度谐和音程的概念。

公元前 1000-前 900 年

· 据《庄子·徐无鬼》记载,已知同频率共振。

公元前 4 世纪

· 中国墨翟及其弟子解释力的概念、杠杆平衡,对运动做出分类。

公元前 256-前 251 年

· 秦蜀守李冰主持兴建都江堰,是世界上现有历史最长的无坝引水工程。

公元 100 年左右

·《尚书纬·考灵曜》提出"地恒动不止而人不知,人在船中不知船在运动"的论点。

公元 132 年

· 张衡制成地动仪,其中有倒立的"都柱"能测地震震源方向。

公元 591-599 年

· 隋工匠李春建成赵州桥,采用 37.02 米跨度的浅拱结构。

公元 1088 年

· 沈括在《梦溪笔谈》中记录频率为 1:2 的琴弦共振调音实验。

公元 1092 年

· 苏颂等人制成水运仪象台。

公元 1103 年

· 李诚在《营造法式》中指出梁截面广与厚的最优比例为 3:2。

公元 1637 年

· 宋应星的《天工开物》刊行。

公元 1858 年

· W. 胡威立著、李善兰译《重学》刊行。

公元 1862 年

· 京师同文馆成立。同一时期成立的还有天津西学堂(1895)、京师大学堂(1898)。这些学校先后开设有关力学的课程,讲授者大多为外国人。

公元 1903 年

· 清政府规定在小学设理化课;高等学堂分政艺两科,艺科所设课程中有力学、物性、声学、热学、光学、电学和磁学等物理学的内容。

公元 1909 年

- 中国人冯如在美国制造出第一架飞机。1910 年清朝政府拨款在北京南苑庑甸毅军操场建筑厂棚,由刘佐成和李宝试制飞机一架,这是中国官方首次筹办航空。
- 詹天佑主持修建的京张铁路全线通车。这是中国人自行设计和施工的第一条铁路干线。

公元 1912 年

- 罗忠忱回国,一直于唐山铁道学院教授工程力学类课程,最早开创了我国工程力学的教学。

公元 1913 年

- 北京大学建立物理学与数学系,开设理论力学课程。

公元 1917 年

- 丁西林设计了一种新的测量重力加速度 g 的可逆摆。

公元 1919 年

- 茅以升在美国卡内基－梅隆理工学院获博士学位,学位论文为《桥梁力学二次应力》。

公元 1922 年

- 商务印书馆出版夏元瑮的译著《相对论浅释》。

公元 1928 年

- 陆志鸿著《材料强度学》由国立中央大学出版。

公元 1929 年

- T. von 卡门首次访华,后指派他的学生华敦德帮助清华大学建设 5 英尺风洞。1936 年他再次访华参观指导。

公元 1930 年

- 南京成立中央工业试验所,下设材料试验室。

公元 1931 年

- 商务印书馆出版由郑太朴翻译的牛顿著作《自然哲学的数学原理》。

公元 1932 年

- 商务印书馆组织出版《大学丛书》。之后,商务印书馆陆续出版的力学书籍有《应用力学》(徐骥,1933),《水力学》(张含英,1936),《工程力学》(陆志鸿,1937),《理论力学纲要》(严济慈翻译,1947)。西北农学院出版《超稳结构应力分析之基本原理》(孟昭礼,1945)。

公元 1933 年

- 中国第一水工试验所成立。

公元 1935 年

- 中央大学和北洋工学院先后成立航空工程系,培养飞机设计及制造技术人员。之后,1938 年西南联大成立航空工程系;1945 年浙江大学成立航空工程系;抗战期间,西北工学院、成都空军机械学校、交通大学等根据战争需要培养了一批航空和力学人才。

- 张国藩在美国衣阿华大学完成博士论文《溪流中的落体及对湍流的影响》。

公元 1936 年

- 清华大学自行设计 5 英尺风洞安装完毕,风速可达 80 英里/小时,是中国第一个风洞。
- 清华大学在南昌成立航空研究所,顾毓琇任所长,1938 年迁往成都。
- 江仁寿设计了一种带有惯性棒的双线悬挂球形容器,测量了液态碱金属的黏滞性。

公元 1937 年

- 由茅以升主持修建的钱塘江大桥建成通车,这是中国人自己建造的第一座现代化公路、铁路两用桥。
- 周培源在美国数学杂志上发表《爱因斯坦引力论中场方程各向同性静态解》。
- 林同骅等造飞机。
- 中国在南昌建设 15 英尺风洞。

公元 1939 年

- 航空委员会航空研究所在成都成立,黄光锐任所长。1941 年扩大并改名为航空研究院。
- 钱学森研究可压缩效应对气动性能的影响,提出计算亚声速翼型压力系数的卡门一钱公式(1941)。他在美国期间,还对应用力学和航空工程的众多领域:高超声速流动(1946)、稀薄气体动力学(1946)、薄壳稳定性理论(1940)作出开创性的贡献,在开创与发展火箭技术和有关理论方面有多项贡献(1939,1950),并完成了《物理力学》手稿。

公元 1940 年

- 周培源在《清华大学学报》上发表《探求湍流性质和表观应力的雷诺方法的推广》,此后周培源又在国外发表过若干篇研究湍流的文章。
- 黄希棠对橡胶弹性的各种参数做了测定。

公元 1944 年

- 钱伟长在美国应用数学季刊(Quarterly Appl. Maths.)上连续三期发表《板壳的内禀理论》论文。
- 林家翘解决流体运动稳定性问题中的一些数学难题。
- 林同骅、顾光复在南川航空委员会第二飞机制造厂主持设计并制造成功中运－1 式运输机,可乘坐 8 人。

公元 1945 年

- 李四光在重庆大学、中央大学作"地质力学之基础与方法"报告,这是他 20 多年来研究地质力学的第一次总结。
- 钱学森和郭永怀发现:当来流马赫数超过上临界值时,连续的数学解会突然不可能,即可能导致激波出现,所以真正有实际意义的是上临界马赫数。郭永怀进一步研究跨声速不连续解的理论,为突破声障奠定理论基础。他随后又成功研究激波边界层干扰。

- 周培源发表《关于速度关联和湍流脉动方程的解》，之后在国际上发展为湍流模式理论，他的这篇文章至今仍被引用。

公元 1946 年

- 周培源作为中国代表参加在巴黎举行的第六届国际理论与应用力学大会，并被选为国际理论与应用力学联合会理事。1948 年亦当选为理事。1956 年，我国首次派代表团参加第 9 届国际理论与应用力学大会。1980 年，中国力学学会正式加入该国际理论与应用力学联合会。
- 钱学森提出高超声速流动中的相似律。
- 钱伟长回国在清华大学机械系讲授近代力学，张维、陆士嘉从德国回国。

公元 1947 年

- 钱学森在上海交通大学、浙江大学和清华大学作"超级空气动力学"和"技术科学"的学术报告。
- 葛庭燧创制了研究内耗用的一种扭摆，后被命名为"葛氏摆"，他首次发现的晶粒间界内耗峰，被称为"葛氏峰"。
- 李四光发表《地质力学之基础和方法》。
- 周培源回国。

公元 1951 年

- 中国船舶模型试验研究所在上海成立，后迁至无锡，现为中国船舶重工集团公司第七〇二研究所，首任负责人辛一心。

公元 1952 年

- 周培源（时任北京大学教务长）在北京大学设立数学力学系力学专业，这是我国第一个力学专业。此后全国各高等院校纷纷建立力学系或力学专业。1958 年中国科学技术大学设立近代力学系，首任系主任钱学森。同年，清华大学成立工程数学力学系，首任系主任张维。
- 北京航空学院在北京成立，华东航空学院在南京成立，两个学院均由多所院校航空工程系合并而成。1956 年，北京航空学院设立我国第一个空气动力学专业。
- 中国科学院数学研究所组建力学研究室，钱伟长任室主任，研究员有钱伟长、沈元、周培源。
- 吴仲华提出叶轮机三元流动理论。

公元 1953 年

- 郭永怀在研究边界层理论时，发展了庞加莱－莱特希尔方法，即奇异摄动的参数或坐标变形法，被称为 PLK 方法。

公元 1954 年

- 中国科学院土木建筑研究所成立。现为中国地震局工程力学研究所。
- 中国在上海建成拖曳水池。
- 胡海昌提出弹性力学中三类变量变分原理，鹫津久一郎于 1955 年提出同一原理。

- 钱学森发表《工程控制论》(英文版),由美国 McGraw Hill 出版社出版。

公元 1955 年

- 钱学森回国。20 世纪 40—50 年代,我国大批留学西方、苏联和东欧的力学专家回国。

公元 1956 年

- **1 月 5 日** 中国科学院力学研究所成立。第一任所长钱学森,副所长钱伟长。研究重点除固体力学、流体力学外,以后陆续开拓了物理力学、磁流体力学、化学流体力学、爆炸力学等研究方向。
- 郭永怀回国,后任中科院力学所副所长。
- **10 月** 国防部第五研究院成立,第一任院长钱学森。12 月,五院下属空气动力学研究室成立,该室 1959 年发展为研究所(701 所)。
- 钱学森起草《建立我国国防航空工业的意见书》,为我国火箭与导弹技术提供重要实施方案。
- 国家制定《1956—1967 年科学技术发展远景规划纲要》,其中第 37 项"喷气和火箭技术的建立"与力学关系密切。同时还制定了我国第一份力学学科规划,确认力学为一级学科。钱学森、周培源、钱伟长、郭永怀及一批知名的力学家参与了力学专业的规划的调研、制定。钱学森任综合组组长。

公元 1957 年

- 第一次全国力学学术报告会在北京召开。钱学森、钱伟长分别作"论技术科学"和"我国力学工作者的任务"的报告。于 1952 年 2 月 10 日成立中国力学学会,首届理事长钱学森,选举理事 35 人。会后相继成立了固体力学、流体力学、一般力学、岩土力学 4 个专业委员会;以及哈尔滨、西安、北京、天津、上海、南京、大连 7 个地方分会。
- 《力学学报》创刊,第一任主编钱学森,执行编辑潘良儒。次年,由郭永怀担任第二任主编。
- 钱学森在《科学通报》发表《论技术科学》。
- 中国科学院力学研究所与清华大学联合办工程力学研究班,钱伟长、郭永怀先后任班主任,第一届学员 120 人,连续招生三届。
- 钱学森《工程控制论》获中国科学院 1956 年度自然科学奖一等奖。

公元 1958 年

- 中国水利水电科学院成立,首任院长张子林。
- **8 月** 中国科学院成立负责拟定发展人造地球卫星规划的'581'任务组。随后,中科院力学所成立负责卫星总体设计和运载火箭研制的'上天'设计院。10 月其总体部、结构部和发动机部迁至上海,对外称机电设计院,1959 年研制工作中止。
- 中国科学院与清华大学联合在清华园内组建动力研究室,室主任吴仲华。1960 年该室并入中科院力学所,1984 年单独建所。
- 中国科学院力学研究所研制和建设超声速风洞、激波管与激波风洞、电弧风洞等试验设备和测试系统。

公元 1959 年

- 中科院力学所成立怀柔分部,对外称北京矿冶学校,开展火箭发动机及高能推进剂的预先研究和试验工作。
- 第二机械工业部成立北京第九研究院,后于 1985 年发展成为中国工程物理研究院。

公元 20 世纪 50 年代末

- 钱学森提出物理力学的研究方向。

公元 20 世纪 60 年代末

- 冯元桢等为生物力学学科的形成作奠基性的工作。
- 林家翘等用局部渐近解理论得出了恒星与气体线性密度波的自洽解。

公元 1960 年

- 中科院力学所渗流力学组转到中国科学院兰州地质研究所,成立渗流流体力学研究室。1987 年该室发展为渗流流体力学研究所(河北廊坊),由中国科学院和中国石油天然气总公司合办。
- 中国科学技术大学首开工程爆破专业,1962 年改为爆炸力学专业。

公元 1961 年

- 钱学森、赵九章、卫一清等发起,中国科学院组织召开"星际航行座谈会",共进行 12 次,历时一年半。内容涉及运载工具、推进剂、姿态控制、通讯、气动力、气动热、生物空间实验、微重力影响等多方位的科学探讨。

公元 1962 年

- 在原中南力学研究所基础上,组建中国科学院武汉岩土力学研究所,第一任所长陈宗基。
- 郭永怀所著《边界层理论讲义》在中国科学技术大学发表。
- 李四光所著《地质力学概论》一书,全面介绍了地质力学的理论和方法,为研究地质构造、探索地壳运动规律开辟了新的途径。
- 钱学森所著《物理力学讲义》出版。
- 钱学森(力学学科组组长)、周培源(副组长)、郭永怀(副组长)、钱令希、张维、王仁、郭尚平等数十位力学家参加国家科委组织的《1963－1972 年科学技术发展规划纲要》(即十年科学发展规划)的制定工作。规划认定力学仍属基础科学之一。

公元 1963 年

- 钱学森、郭永怀主持北京高速空气动力学讨论班。
- 钱学森所著《星际航行概论》出版。

公元 1964 年

- 10 月 16 日　我国第一颗原子弹试验成功。

公元 1965 年

- 中国在无锡建成长 474 米的实验水池。
- 中国科学院重启人造地球卫星研制工作(代号 651),1966 年 1 月经中央批准正式成立中国科学院人造地球卫星设计院（651设计院），院长赵九章，党委书记杨刚毅。院办公室和总体部设在中科院力学所。

- 郭永怀所著《宇宙飞船的回地问题》发表在星际航行科技资料汇编中，由科学出版社出版。

公元 1967 年

- 空气动力研究院（第十七院）筹备组成立，组长钱学森，副组长郭永怀、严文祥。1968年2月经中共中央、中央军委批准，十七院在四川绵阳正式成立，后于1976年发展成为中国空气动力研究与发展中心。

公元 1968 年

- **12 月 5 日** 郭永怀先生因公牺牲。

公元 1970 年

- **4 月 24 日** 我国第一颗人造地球卫星发射成功。

公元 1971 年

- 《力学情报》创刊，1979年更名为《力学进展》，第一任主编谈镐生。

公元 1972 年

- **7 月** 周培源上书周恩来总理，直陈基础科学研究重要性，得到周总理批示认可。
- **10 月 6 日** 周培源在《光明日报》发表《对综合大学理科教育革命的一些看法》，强调重视基础科学研究，对当时的"理科无用论"予以批判。
- **12 月** "力学学科基础理论研究座谈会"在北京举行，座谈 1973－1980 年力学学科的主攻方向、重点课题和具体措施，强调基础研究的重要性。
- 美国科学代表团任之恭等访华，其中力学家有林家翘、易家训、张捷迁、徐皆苏等。次年，美国加州科技工作者代表团访华，团长冯元桢。

公元 1974 年

- 《力学》创刊正式出版。
- "北京地区断裂力学座谈会"（即全国第一届断裂力学会议）在中科院力学所召开。我国开始开展断裂力学研究。

公元 1976 年

- **3 月 8 日** 吉林降落陨石雨，中国科学院组织了联合考查组，701所和中科院力学所参加并对陨石轨道、烧蚀和对地撞击进行了考查和研究。

公元 1977 年

- 经中国科协批准，中国力学学会以团体会员身份加入国际断裂力学组织，并参加在加拿大召开的第4届国际断裂会议，柳春图带队，后曾任该组织副主席。
- 谈镐生上书中央，论述力学学科的重要性和基础性，邓小平批示立即组织制定《1978－1985年全国力学学科发展规划》，在力学界开展了学科性质的学术讨论，周培源、钱学森、钱伟长、谈镐生、陈宗基、钱令希等发表意见。

公元 1978 年

- 《力学学报》复刊，季刊，主编为郑哲敏。《力学》停刊。

- 全国力学学科规划会召开。会议文件《1978—1985 年全国基础科学发展规划(草案)·理论和应用力学》于次年正式发布,力学再次被确认为基础学科之一。规划起草小组组长:区德士,副组长:丁憼等三人,组员共计 22 人。

公元 1979 年

- **8—9 月** 应美国科学院邀请,郑哲敏率中国理论与应用力学代表团访美,到华盛顿、费城等主要城市和周边地区的大学和研究机构以及美国国家标准局、海军水面武器研究所、富兰克林研究院等研究机构,深入了解当代力学的发展主流和趋势。
- 林家翘访华,做应用数学的系列学术讲学。20 世纪 80 年代初,在他的推动下,中国科学院先后邀请易家训、梅强中、吴耀祖、朱家鲲、沈申甫、谢定裕、丁汝等来华讲学。

公元 1979 年

- 《力学与实践》1979 年创刊,第一任主编卞荫贵,季刊。之后相继有一些力学刊物创办:《岩土工程学报》(1979)、《空气动力学学报》(1980)、《固体力学学报》(1980)、《上海力学》(1980,后更名为《力学季刊》)、《爆炸与冲击》(1981)、《水动力学研究与进展》(1984)、《工程力学》(1984)、《计算结构力学及其应用》(1984,后更名为《计算力学学报》)、*Acta Mechanica Sinica*(1985)、《实验力学》(1986)、*Plasma Science and Technology*(1999)、《动力学与控制学报》(2003)、*Theoretical & Applied Mechanics Letters*(2011)。

公元 1980 年

- 中国空气动力学会成立(成立时称中国空气动力学研究会,1989 年改为本名),第一届名誉会长钱学森、沈元,会长庄逢甘,副会长曹鹤荪。
- **12 月** 以周培源(发起人之一)为首的中国力学学会流体力学代表团,出席了在印度班加罗尔召开的第一届亚洲流体力学会议(简称 AMFC)。AMFC 同年被 IUTAM 通过成为该联合会的联属组织。随后,林同骥、周恒、崔尔杰先后任副主席,李家春任主席(2006)。

公元 1981 年

- 国际有限元学术邀请报告会在合肥召开,辛克维奇(O. C. Zienkiewicz)、卞学鐄(Th. H. H. Pian)等八位国际最著名的有限元专家来华报告,国内学者钱伟长、胡海昌、冯康、钟万勰、石钟慈等在会上作了报告,推动了我国有限元理论与方法的发展。

公元 1982 年

- 中国力学学会第一、第二届理事会扩大会议在北京京西宾馆召开,会议报告中提出了力学在生产建设中需要解决的重大问题或亟待解决的问题。出版《力学与生产建设》论文集。

公元 1983 年

- 中、日、美生物力学国际会议在武汉召开,冯元桢、康振黄等主持。会后,冯元桢系统讲授生物力学,为我国培养了第一批生物力学人才。此后该会在三国轮流进行。
- 第二届亚洲流体力学会议在京举行,林同骥任会议主席。1999 年,第八届亚洲流体力学会议在中国深圳召开,崔尔杰任会议主席。

- **11 月 22—25 日** 国际断裂力学学术会议（北京）（即 ICF）由中国力学学会和中国航空学会联合主办。

公元 1984 年

- 上海市应用数学与力学研究所成立，首任所长钱伟长。

公元 1985 年

- 《中国大百科全书·力学》出版发行。力学编辑委员会主任：钱令希，副主任：钱伟长、郑哲敏、林同骥、朱照宣。
- 第一届国际实验力学会议（ICEM）在北京召开，贾有权任主席。（2008 年，国际实验力学会议在南京召开）
- 首届国际非线性力学会议在上海召开，钱伟长任主席。（迄今，该会已形成在我国召开的国际系列会议，之后的第二、第三、第四、第五届会议分别于 1993 年在北京，1998、2002、2007 年在上海召开）
- 庄逢甘组织北京计算流体力学讨论班，由航天部、中科院力学所、应用物理与计算数学研究所分别承办，延续至今。
- **1 月** *Acta Mechanica Sinica* 正式出版，季刊，当年试发两期，主编林同骥。

公元 1986 年

- 国际强动载荷及其效应（即爆炸力学）、国际等离子体科学与技术、国际复合材料和结构 3 个国际学术会议在京召开。
- 钱令希作为国际发起人之一，参与发起成立国际计算力学协会（IACM），并成为国际计算力学协会首届执委会成员。
- 中国力学学会首次举办"全国青年力学竞赛"。1996 年起更名为"全国周培源大学生力学竞赛"。2006 年，教育部高教司发文，委托教育部高等学校力学教学指导委员会、中国力学学会和周培源基金会联合主办。每两年举办一次。

公元 1987 年

- 第一届国际流体力学会议（ICFM'87）在北京科学会堂召开，沈元任会议主席。国际流体力学会议由沈元、冯元桢、Zierp、庄逢甘、吴耀祖等国际流体力学界著名科学家倡导，至 2011 年已在我国举办 6 届。
- 中国力学学会首次组织全国中学生力学竞赛。1989 年首次举办全国少数民族中学生力学竞赛。1995 年两项竞赛得到国家教委批准，定名为"全国周培源中学生力学竞赛"和"全国周培源少数民族中学生力学竞赛"，由周培源基金会和中国力学学会共同主办。之后由于台湾地区中学生的参与，该项活动演变为"海峡两岸力学交流及中学生夏令营"，1997 年起每年举办一次，在大陆和台湾地区交替举行。

公元 1988 年

- 在法国 Grenoble 举办的第 17 届 ICTAM 大会上，王仁首次作关于"地球构造动力学"的大会报告。程耿东、胡文瑞分别在第 19 届和第 22 届 ICTAM 大会上作大会报告。

公元 1990 年

- 动力工程多相流国家重点实验室在西安交通大学成立。

- 郑哲敏参加国际理论与应用力学联合会与国际大地测量和地球物理联合会(IU-TAM/IUGG)组织的关于强气旋与热速风暴的小型工作会议。会后郑哲敏撰文《关于在我国配合国际减灾十年,开展多学科研究的建议》。
- 中国力学学会第三、四届理事会扩大会议在河北北戴河召开。会议明确了力学学科与经济振兴的关系,尤其是力学在保护环境和灾害、合理开发利用能源、发展现代化农业等重大经济活动中起到的重要作用,出版文集《人,环境与力学》。

公元 1991 年

- 湍流国家重点实验室(后更名为湍流与复杂系统国家重点实验室)在北京大学成立。
- 工业装备结构分析国家重点实验室在大连理工大学启动建设。
- IUTAM 主办的金属多晶体塑性大变形本构关系讨论会在京召开,王仁及美国佛罗里达大学 D. D. Drucker 任大会主席。这是 IUTAM 高级研讨会第一次在中国召开。(此后,分别于 1994 年、1997 年、2002 年、2004 年、2005 年、2006 年、2010 年在中国举办了不同主题的 IUTAM 高级研讨会)
- 《钱学森文集 1938－1956》出版,该书中译本于 2011 年出版。

公元 1992 年

- 国际流体力学与理论物理学术讨论会——庆贺周培源 90 寿辰在京举行,吴大猷、顾毓琇、丁肇中、李政道、杨振宁、林家翘、陈省身、吴健雄、袁家骝、卢嘉锡、任之恭、朱光亚、周光召等著名科学家出席。
- 第 2 届国际复合材料及结构学术会议在京召开。罗祖道与美国孙锦德主持。
- 第 8 届国际生物流变学会议北京卫星会在北京饭店举行。
- 由国科联(ICSU)、世界气象组织(WMO)、国际理论与应用力学联合会(IUTAM)等7 个国际组织联合在北京召开热带气旋灾害研讨会。J. Lighthill 与郑哲敏任主席。
- 9 月 第 18 届国际航空科学大会在北京召开。
- 9 月 22—25 日 亚太地区等离子体科学技术讨论会、第三届中日等离子体化学讨论会和第六届全国等离子体客机讨论会在南京召开,会议主持人为吴承康。

公元 1993 年

- 《中国科学技术专家传略》工程技术编·力学卷Ⅰ出版主编钱令希,副主编郑哲敏、王仁。(第Ⅱ卷于 1997 年出版发行)
- 11 月 24 日 周培源先生去世。
- 郑哲敏当选为美国工程科学院外籍院士。
- 钱学森就"湍流"研究写信给郑哲敏。信中提到,当今的湍流是流体的宏观混沌,而平流在微观水平上也是分子的混沌运动。他希望我们要从现代混沌理论中吸取营养,悟出新的方向,走上新的道路。

公元 1994 年

- 21 世纪中国力学研讨会在北京举办,会议内容是研讨当代力学的发展趋势、中国力学现状及"九五"发展设想、21 世纪的中国力学。出版《21 世纪中国力学》。
- 第 1 届国际水动力学会议(ICHD)在无锡召开,发起人顾懋祥等。(之后历届会议分别在香港、首尔、横滨、Perth、台南、Ischia、Nantes 召开,第 9 届国际水动力学会议于 2010 年在上海召开,主席吴有生)

- 远东断裂组织(FEFG)固体断裂与强度国际学术会议在西安召开,黄克智、沈亚鹏主持。

公元 1995 年

- 牵引动力国家重点实验室在西南交通大学成立。
- 第 20 届国际稀薄气体动力学学术会议在京举行,沈青主持。

公元 1996 年

- 王仁当选为 IUTAM 执行局委员会委员,任期四年。

公元 1997 年

- 周培源基金会设立周培源力学奖。首届周培源力学奖由张涵信获得。之后,白以龙、黄永念、崔尔杰、李家春、黄克智、杨卫分获第二、第三、第四、第五、第六、第七届周培源力学奖。
- 第 13 届国际等离子体化学会议在京举行,吴承康主持。
- 现代力学与科技进步学术大会暨庆祝中国力学学会成立 40 周年纪念活动在北京举行。

公元 1999 年

- 非线性力学国家重点实验室在中国科学院力学研究所成立。
- 钱学森、郭永怀荣获由中共中央、国务院、中央军委颁发的"两弹一星功勋奖章"。
- **11 月 20 日** 我国第一艘载人航天实验飞船在酒泉卫星发射中心发射成功。
- 郭永怀先生诞辰 90 周年纪念大会在北京友谊宾馆召开。出版《郭永怀先生诞辰 90 周年纪念文集》。

公元 2000 年

- "力学 2000"学术大会在北京召开。

公元 2001 年

- IUTAM 非均质材料的非线性力学暑期学校在北京大学举办,这是 IUTAM 暑期学校第一次在中国举办。(此后分别于 2002 年、2004 年、2009 年在北京举办了不同主题的暑期学校)
- **1 月 10 日** 我国自行研制的"神舟二号"无人飞船在酒泉发射中心发射成功。
- 为祝贺钱学森院士 90 寿辰,新世纪力学学术研讨会——钱学森技术科学思想的回顾与展望大会在清华大学召开。钱学森手稿(1938—1955)出版。
- 第四届世界结构和多学科优化大会(WCSMO—4)在大连召开,程耿东担任大会主席。

公元 2002 年

- 纪念周培源诞辰 100 周年科学论坛在北京大学召开。

公元 2003 年

- 我国成功发射载人宇宙飞船"神舟五号",宇航员杨利伟成为中国太空第一人。

公元 2004 年

- 第 24 届国际激波学术会议在北京召开,会议名誉主席俞鸿儒,主席姜宗林。

- 第 6 届世界计算力学大会暨第二届亚太计算力学大会在北京饭店举行，大会主席袁明武。
- 郑哲敏当选为 IUTAM 执行局委员会委员，任期四年。

公元 2005 年

- 第 18 届国际反应堆结构力学大会在京召开。
- 中国力学学会学术大会'2005 在京举行，这是中国力学界综合性最强、规模最大的学术会议，之后每两年举办一次。2011 年起，大会更名为"中国力学大会"。
- 第 11 届国际断裂力学大会理事国代表投票通过 ICF-13（2013 年）在中国北京举行。
- **10 月 12－17 日**　我国"神舟六号"载人航天飞行成功。随后，2008 年完成出舱行走，2011 年实现空间交会对接。

公元 2006 年

- 大型飞机基础力学问题研讨会在京召开。
- 郑哲敏院士参加在北京友谊宾馆召开的庆祝国际科学联合会（ICSU）成立 75 周年座谈会，在会上，郑哲敏院士陈述了中国力学学会在京筹建"国际力学中心"的基础、构想和前期准备工作，受到了与会代表和中国科协的赞同和支持。

公元 2007 年

- 岩土力学与工程国家重点实验室在中国科学院武汉岩土力学研究所成立。
- 北京国际力学中心筹建研讨会在北京友谊宾馆举行，IUTAM 执行局秘书长 Dick H. van Campen 教授出席，会议通过了相关文件，并成立了国际顾问委员会。2010 年北京国际力学中心正式被国际理论与应用力学联合会批准为关联所属组织（Affiliated Organization）。
- 第七届国际结构冲击与碰撞会议在北京召开。
- **10 月 24 日**　成功发射"嫦娥一号"卫星，标志着中国深空探测的起步。

公元 2008 年

- 中国力学学会成功申办第 23 届世界力学家大会（The 23rd International Congress of Theoretical and Applied Mechanics，ICTAM2012）。第 22 届 ICTAM 会上确定第 23 届 ICTAM 会议在中国北京召开，会议主席白以龙。
- **9 月 25 日**　"神舟七号"载人飞船发射成功。

公元 2009 年

- **10 月 31 日**　钱学森先生去世。

公元 2010 年

- **7 月 30 日**　钱伟长先生去世。
- **7 月**　IUTAM 理事会正式批准北京国际力学中心（Beijing International Center for Theoretical and Applied Mechanics，缩写为 BICTAM）为其联属组织。